生态理念下的
建筑设计创新策略

朱国庆/著

中国水利水电出版社
www.waterpub.com.cn
·北京·

内 容 提 要

面对生态危机和能源危机，世界各国建筑界纷纷探索新的发展路径，对生态建筑的研究与实践给予了充分重视，力求在实现建筑现代化发展的同时，最大限度地降低对大自然的伤害，尽可能做到节地、节水、节能，对资源进行充分利用。

本书对生态理念下的建筑设计创新策略进行了研究，主要内容包括：生态学理论及建筑生态化背景、生态理念下的建筑认识与探索、建筑设计中的生态技术整合、生态理念下的建筑设计创作原则、生态理念下的建筑设计创作方法、生态理念下的建筑设计创作策略、生态理念下的建筑设计美学导向等。

本书内容全面准确，结构清晰，逻辑严谨，语言通俗易懂，具有一定的科学性、学术性、前瞻性和可读性，是一本值得学习研究的著作。

图书在版编目（CIP）数据

生态理念下的建筑设计创新策略 / 朱国庆著. -- 北京 : 中国水利水电出版社, 2017.5 （2024.8重印）
ISBN 978-7-5170-5440-5

Ⅰ. ①生… Ⅱ. ①朱… Ⅲ. ①生态建筑－建筑设计－研究 Ⅳ. ①TU201.5

中国版本图书馆CIP数据核字(2017)第104343号

书　　名	生态理念下的建筑设计创新策略　SHENGTAI LINIAN XIA DE JIANZHU SHEJI CHUANGXIN CELÜE
作　　者	朱国庆　著
出版发行	中国水利水电出版社 （北京市海淀区玉渊潭南路 1 号 D 座 100038） 网址：www. waterpub. com. cn E-mail：sales@waterpub. com. cn 电话：(010)68367658(营销中心)
经　　售	北京科水图书销售中心(零售) 电话：(010)88383994、63202643、68545874 全国各地新华书店和相关出版物销售网点
排　　版	北京亚吉飞数码科技有限公司
印　　刷	三河市佳星印装有限公司
规　　格	170mm×240mm　16 开本　19 印张　340 千字
版　　次	2017 年 8 月第 1 版　2024 年 8 月第 4 次印刷
印　　数	0001—2000 册
定　　价	58.00 元

前　　言

随着全球气温变暖和自然资源的不断减少，世界各国都开始注重环境保护和节约能源，建筑作为人类主要生活工作的场所，也是保护环境和能源消耗的主要目标对象。为促进社会经济的科学发展、可持续发展，在对建筑进行设计时必须坚持生态理念，将建筑业发展和生态环境保护放到同等重要的位置上，依托当地的生态环境，综合运用生态学、建筑学以及高新技术，使自然环境和人工制造完美结合。

面对生态危机和能源危机，世界各国建筑界纷纷探索新的发展路径，对生态建筑的研究与实践予以了充分重视，力求在实现建筑现代化发展的同时，最大限度地降低对大自然的伤害，尽可能做到节地、节水、节能，对资源进行充分利用。一些发达国家在发展生态建筑方面已取得突出的成就，并建立了完善的生态建筑评估机制。而我国生态建筑设计研究起步较晚，大多只是关于生态建筑设计原则、理论框架等方面的内容。基于此，笔者撰写了《生态理念下的建筑设计创新策略》一书，力求为生态建筑研究者提供新的思路，为建筑设计工作者提供一定的指导。

本书内容共分为七章。第一章对生态学理论及建筑生态化背景进行了具体的分析；第二章对生态理念下的建筑进行了认识与探索；第三章对建筑设计中的生态技术整合进行了具体的研究；第四章对生态理念下的建筑设计创作原则进行了系统的阐释；第五章对生态理念下的建筑设计创作方法进行了专门的探讨；第六章对生态理念下的建筑设计创作策略进行了全面的分析；第七章对生态理念下的建筑设计美学导向进行了详细的探究。

总体来说，本书内容全面准确，结构清晰，逻辑严谨，语言通俗易懂，具有一定的科学性、学术性、前瞻性和可读性。相信本书的出版，能够为生态建筑设计提供一定的帮助。

本书在撰写过程中参阅了大量有关生态建筑方面的著作，也得到了诸多同行的帮助，在此一并表示衷心的感谢！但由于时间仓促，作者水平有限，书中难免会有疏漏或不当之处，敬请广大专家学者和读者不吝指正，以便本书日后的修订与完善。

作　者

2017年3月

目　录

第一章　生态学理论及建筑生态化背景

进入21世纪，随着科学技术的迅速发展以及生态学理论的不断完善，建筑业已经从传统的仅仅满足对住房的需求转变为生态化背景下的建筑设计，这将在很大程度上促进我国对生态环境的保护和对资源的合理利用。本章就对生态理论及建筑生态化背景进行具体分析。

第一节　生态学理论

一、生态学的产生及发展

（一）生态学的产生

生态学是生物学发展到一定阶段后，从生物学中孕育出来的一门分支学科。近代科学产生后，人们开始对自然界的各种动植物进行分门别类的研究。19世纪上半叶，不同门类的生物学家都在各自的研究领域进行了深入的研究，对自然界的各类生物有了一个更为全面而深刻的认知。随着研究的不断发展与进步，人们逐渐意识到生物体的生存与环境之间具有密切的联系。一方面，生物生存所必需的食物、水、氧气等只有在环境中才能获取，可以说，环境在生物体的生存中发挥着至关重要的作用；另一方面，生物体自身的活动在某种程度上会对环境产生一定的影响，如植被的覆盖使裸露的土壤表面的温度发生了改变，动物的排泄物和遗骸使土壤的营养成分增多。因此人们发现，只对生物有机体的形态、结构和功能进行研究，无法形成一个全面的认识，而只有将生物与环境视为一个整体进行研究，才能获得全面的认识。

1886年，德国动物学家赫克尔第一次提出了“生态学（Ecology）”的概念，这也标志着生态学作为一门独立学科的诞生。“ecology”一词可以追溯到希腊文“oikos”和“logos”，前者是“家”或“住所”的意思，后者是“学科”的意思。“生态学（ecology）”与“经济学（economics）”的词根“eco-”相同，经济学最初是研究“家庭管理”的，因此，生态学有管理生物或创造一个美好家园之意。赫克尔最初给生态学下的定义是：“我们把生态学理解为与自然经济有关的知识，即研究动物与有机和无机环境的全部关系。此外，还包括与它有直接或间接接触的动植物之间的友好或敌意的关系。总而言之，生态学就是对达尔文所称的生存竞争条件的那种复杂的相互关系的研究。”[①]显然，这一定义主要是基于研究动物提出的。1889年，他又进一步指出：“生态学是一门自然经济学，它涉及所有生物有机体关系的变化，涉及各种生物自身以及他们和其他生物如何在一起共同生活。”这样，生态学的研究范围不断得到拓展，动植物、微生物等各类生物体与环境的相互关系都得到了研究者的关注。在很长一段时期内，生态学的定义基本没有发生变化。

（二）生态学的发展

作为一门多形态的学科，早期的生态学不像其他传统学科一样具有明确而具体的研究对象，也不具有确定的研究范围。因此，大多研究者并不将生态学视为独立的学科，随着种群研究的广泛开展，这种认识才有所改观。

20世纪前半叶，生态学得到了显著的发展，理论体系和研究方法不断完善，并产生了许多分支学科，这些分支学科采用不同的研究方法对生态学进行了有所侧重的研究。例如，有研究水生动物的，有研究植物的；有研究个体的，有研究群体的。总的来看，植物生态学是这一时期最主要的研究内容，其次是动物和微生物生态学，而很少将人类自身纳入生态学进行研究。

20世纪后半叶到现在是生态学主要的发展阶段，这一时期主要对生态系统进行了研究。生态系统最早是由英国植物学家坦斯利提出的，他将有机体与其共生的环境视为一个不可分割的整体，并且有机体（多种生物个体、种群和群落）与无机环境（水、热、光、土）之间并不是孤立的，而是具有密切的联系，二者相互影响制约，进行着物质和能量的交换，构成了一个稳定的生态系统。其后，伯吉、朱迪、林德曼等对生态系统进行了更加深入的研究。进入20世纪60年代以后，环境问题日益凸显出来，越来越多的研究者对生态学研究予以了充分重视。一方面，运用生态学传统理论对动植物和微生物的生态学过程进行了具体的分析；另一方面，在很大程度上推进了对个体、种群、群落和生态系统等领域的研究。随着生态学与其他学科的不断渗透，以及信息技术的广泛应用，生态学研究内容和方法不断丰富。

目前，环境污染、生态破坏、资源短缺等问题严重制约着人类的发展与进步，生态学研究由对动植物的研究逐渐扩展为对人与环境之间关系的研

---

① 冉茂宇，刘煜．生态建筑[M]．武汉：华中科技大学出版社，2014：1-2.

究，并且对地球生态系统的结构和功能、稳定和平衡、承载能力和恢复能力进行了深入的探讨。生态学得到迅猛发展，并向自然科学的其他领域和社会学、人类学、心理学等社会科学领域渗透，逐渐成为一门综合性学科。

随着生态学研究对象和内容的不断拓展，学界对生态学的定义也不断发生变化。例如，美国生态学家奥德姆曾提出："生态学是研究生态系统的结构和功能的科学。"[①]1997 年，他又出版了《生态学——科学与社会的桥梁》一书，进一步指出，生态学是对有机体、物理环境与人类社会进行综合研究的科学，以科学与社会的桥梁作为该书的副标题，强调了人类在生态学发展中的作用。这也突出了现代生态学的特点，即"生态学已成为一门边缘科学，它综合了自然、社会、经济以及人文科学等多方面、多方位的当代最复杂的科学"[②]。我国学者马世骏也提出："生态学是一门综合的自然科学，研究生命系统与环境系统之间相互作用规律及其机理。"[③]纵观生态学发展历程，生态学表现出三个主要特点："从定性探索生物与环境的相互作用到定量研究；从个体生态系统到复合生态系统、由单一到综合、由动态到静态地认识自然界的物质循环与转化规律；与基础科学与应用科学相结合，发展了生态学，扩大了生态学领域。"[④]

二、生态学的基本原理

虽然地球上同时存在着不同的生态系统，但这些生态系统并不是完全不同的，而是具有一定的共性，这些共性也就是生态学的基本原理，对这些原理进行认识，有利于人们对生态学有一个更加深入、全面的认识。一般而言，生态学的基本原理主要包括以下几点。

（一）整体性

整体性原理是生态学最基本的原理，也就是指生物体与环境构成了一个不可分离的有机整体，二者相互依存、相互影响。

（二）生态流

生态流原理也就是物质的循环再生原理。物质循环、能量流动、信息传

---

① 尚玉昌，蔡晓明．普通生态学[M]．北京：北京大学出版社，1992：86．

② 刘云胜．高技术生态建筑发展历程：从高技派建筑到高技生态建筑的演进[M]．北京：中国建筑工业出版社，2008：167．

③ 冉茂宇，刘煜．生态建筑[M]．武汉：华中科技大学出版社，2014：2．

④ 何强，等．环境学导论[M]．北京：清华大学出版社，1994：30．

递是生物体的主要表现。

（三）生态因子

生态因子可以分为直接因子和间接因子。

直接因子是对生物或人类产生直接影响的因子，具体包括光照、温度、水、二氧化碳、氧气等。

间接因子是通过影响直接因子而对生物与人类产生间接影响的因子，具体包括地形、坡向、坡度等，这些因素通过对光照、温度、土壤质地等产生影响，进而影响到生物与人类。

（四）因子的不可代替性和补偿性

在环境中，生态因子，特别是主导因子对生物发挥着重要的作用。生态因子的缺失会直接阻碍生物体的正常生长发育，引发疾病，甚至死亡。总体来说，生态因子是不可代替和补偿的。但如果是在多个生态因子共同发生作用的过程中，某一个因子在量上表现出不足，可以由其他因子进行补偿，这样并不会影响到整体的生态效应。

（五）限制因子与耐性定律

生态因子的数量和质量会直接影响到生态系统功能的发挥。在综合环境因子中，生物的生长发育主要受到那个数量最小的因子的限制。生物的生长发育同时也会受到它们对环境因子的耐性限度控制，即耐性定律。

（六）生态位

所谓生态位，是指在群落中，某一个生物种群与其他种群在时空上的相对位置及其功能的关系，或生物有机体在与环境的相互关系中所处的地位。

（七）生态平衡

当受到外界干扰时，生态系统在某种程度上能够抵抗胁迫，通过自身的调节功能实现新的平衡。

（八）拮抗作用与协同作用

各个因子在一起联合作用时，一种因子能抑制或影响另一种因子起作用时称拮抗；两种或多种化合物共同作用时的毒性等于或超过各化合物单独作用时的毒性总和称协同作用；两种或多种化合物共同作用时的毒性为化合物单独作用时的毒性的总和称叠加。

（九）生态演替

生态演替是由外因引起，受内在控制的有序进行的实现系统稳定的过程，这个过程是可以预见的。

（十）人与自然统一

生态学的本质是实现人与自然的和谐统一。人类在充分发挥主观能动性的同时要做到顺应自然、尊重自然，合理利用资源，实现生态建设与经济生态建设的统一，维护生态平衡。

三、生态系统及其特征

（一）生态系统

生态系统具体可以分为自然生态系统和人工生态系统，下面对其进行具体分析。

1. 自然生态系统

1）自然生态系统的组成

自然生态系统是由非生物环境和自然生物成分组成的系统。非生物环境包括气候因子（太阳辐射、风、温度、湿度等）、生物生长的基质和媒介（岩石、沙砾、土壤、空气和水等）、生物生长代谢的物质（二氧化碳、氧气、无机盐类和水等）三个方面。在自然生态系统中，生物被分为生产者、消费者、分解者。生产者主要指绿色植物，它利用光合作用将太阳能以化学键能的形式储存于有机物中。消费者指直接或间接从植物中获得能量的各种动物，包括草食动物、肉食动物和杂食动物等，人就是典型的杂食动物。分解者是指能分解动植物尸体的异养生物，主要是细菌、真菌和某些原生动物和小型土壤动物。

地球上有无数大大小小的自然生态系统，大到整个海洋、整块大陆，小至一片森林、一块草地、一个小池塘等。根据水陆性质不同，可将地球生态系统划分为水域生态系统和陆地生态系统两大类。水域生态系统又可分为淡水生态系统和海洋生态系统两个次大类；陆地生态系统则可分为森林生态系统、草原生态系统、荒漠生态系统、高山生态系统、高原生态系统等。

2)自然生态系统的特征

概括而言,自然生态系统主要具有以下几个特征。

①属于生态学的最高层次。

②内部能够进行自我组织、调节、更新。

③自身可以实现能量流动、物质循环、信息传递。

④营养级的数目是有限的。

⑤具有动态性和相对稳定性。

3)自然生态系统的功能

自动产生物质循环、能量流动和信息传递是自然生态系统的主要功能。

(1)物质循环。生态系统中的物质主要是指生物为维持生命活动所需要的各种营养元素,包括能量元素——碳、氢、氧,它们占古生物总重量的95%左右。大量元素是指氮(N)、磷(P)、钙(Ca)、钾(K)、镁(Mg)、硫(S)、铁(Fe)、钠(Na);微量元素是指硼(B)、铜(Cu)、锌(Zn)、锰(Mn)、钼(Mo)、钴(Co)、碘(I)、硅(Si)、硒(Se)、铝(Al)、氟(F)等。它们对于生物来说,缺一不可。这些物质存在于大气、水源或土壤中,依次被生产者、草食动物和肉食动物等消费者吸收,接着被还原者分解,再一次被植物利用吸收,完成物质循环。

(2)能量流动。在自然生态系统中,绿色植物利用光合作用将太阳能转换为化学键能储存于有机物中。随着有机物质在生态系统中从一个营养级到另一个营养级传递,能量不断沿着生产者、草食动物、一级肉食动物、二级肉食动物等逐级流动。这种能量流动是单向的、逐级的,且遵循热力学第一定律和第二定律,即能量在流动过程中,要么转换为其他形式的能量,要么以废热形式消散在环境中,如图 1-1 所示。能量在从一个营养级向下一个营养级流动的过程中,一定存在耗散。

生态效率是指能量从一个营养级到另一个营养级的利用效率,即在营养级生产的物质量与生产这些物质所消耗的物质量之比值。在自然生态系统中,食物链越长,损失的能量也就越多。在海洋生态系统和一些陆地生态系统中,能量从一个营养级到另一个营养级,其转换效率仅为 10%,而 90%的能量在流动过程中都散失掉了。这一定律称为林德曼“百分之十”定律,也是自然生态系统中营养级一般不能超过四级的原因。

物质循环和能量流动是自然生态系统的两大基本功能,两者不可分割,是一切生命赖以生存的基础。如果说太阳为自然生态系统提供了能量,那么地球则为自然生态系统提供了其所需要的物质。

(3)信息传递。在自然生态系统中,生物个体之间、群体之间以及与环境之间都可以进行信息的传递。信息不是物质,也不是能量,但信息必须以物质为载体，通过能量进行传输。信息传递与能量流动和物质循环一样，都是生态系统的重要功能。它通过多种方式的传递把生态系统的各组分联系成一个整体，具有调节系统稳定性的功能。我们一般把信息分为基因信息和特征信息两大类。基因信息是生命物种得以延续的保证，是一组结构复制体。它记录了生物种类的最基本性状，在一定的生物化学条件下，可以重新显示发出者的全部生理特征。特征信息分为物理信息、化学信息、营养信息、行为信息四类，主要用于社会交流与通信。

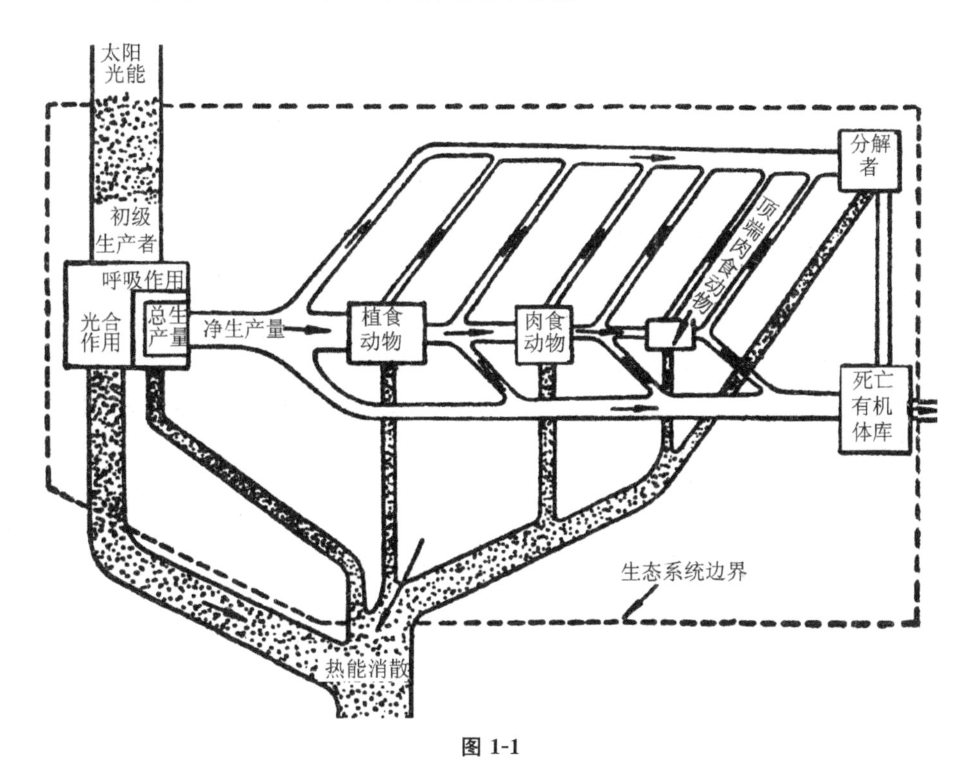

图 1-1

通信是指种群中个体与个体之间互通信息的现象。只有互通信息，个体之间才能互相了解，各司其职，在共同行动中协调一致。信号是个体之间用以传递信息的行为或物质。通信根据信息的传递途径分为三种。一是化学通信，即由嗅觉和味觉通路传导信息；二是机械通信，即由触觉和听觉通路传导信息；三是辐射通信，即由光感受或视觉传导信息。通信的生态意义主要有以下几点。

①相互联系。通信引导动物与其他个体发生联系，维持个体间相互关系。例如，标记居住场所、表示地位等级等，可以通知对方本身的存在，使行为易于被感受者所接受。

②个体识别。通过通讯，动物彼此达到互相识别。

③减少动物间的格斗和死亡。标记居住场所、表示地位等级，可以减少社群成员之间的竞争。

④帮助各个体间行为同步化。

⑤相互警告。

⑥有利于群体的共同行动。

4)自然生态系统的平衡与演替

自然生态系统的平衡是指在一定时间内，系统中能量的流入和流出、物质的产生和消耗、生物与生物之间相互制约、生物与环境之间相互影响等各种对立因素达到数量或质量上的相等或相互抵消。生态平衡是一种动态平衡，它使生态系统的结构和功能在一定时间范围内保持相对不变，即处于相对稳定状态。一个相对平衡稳定的自然生态系统，在环境改变和人类干扰的情况下，在一定的范围内，能通过内部的调节机制，维持自身结构和功能的稳定，保持自身的生态平衡。这种调节机制称为稳定机制。生态系统的稳定机制是有一定限度的，超出了这个限度，将造成系统结构的破坏、功能的受阻和正常关系的紊乱，系统不能恢复到原有状态，甚至导致系统的毁灭，这种状态称之为生态失衡。影响生态平衡的因素很多，主要有植被破坏、物种数量减少、食物链被破坏等。

自然生态系统演替就是生态系统的结构和功能随时间的改变，是指生态系统中一个群落被另一个群落所取代的现象。自然生态系统的演替具有自调节、自修复和自维持、自发展并趋向多样化和稳定的特点，是有规律地以一定顺序向固定的方向发展的，因而是能预见的。任何一类演替都经过迁移、定居、群聚、竞争、反应、稳定六个阶段。演替是物理环境改变的结果，但同时受群落本身的控制。演替是从种间关系不协调到协调，从种类组成不稳定到稳定，从低水平适应环境到高水平适应环境，从物种少量性向物种多样性发展，最后形成一个与周围环境相适应的、稳定的顶级生态系统（如气候顶级生态系统）的过程。在顶级生态系统中有最大的生物量和生物间共生功能。

在自然生态系统演替各阶段中，各种物种是相互适应的，一个物种的进化会导致与该物种相联系的其他物种的选择压力发生变化，继而使这些物种也发生改变，这些改变反过来又进一步影响原有物种的变化。因此，在大部分情况下，物种间的进化是相互影响的，共同构成一个相互作用的协同适应系统。

2.人工生态系统

人工生态系统是指有人为因素参与或作用的生态系统。人工生态系统按人为因素参与或作用的程度不同可分为低级、低中级、中级、中高级、高级人工生态系统。人工程度越高,人为主导作用越强,自然因素就越少或所起的作用就越小。例如,渔猎文明时期,人类作为消费者,其运作对自然生态系统没有多大影响;农业文明时期,人类培养栽种农作物,驯养禽兽,自身可以部分控制调节生态系统物质能量的生产和输出;工业文明时期,现代化高度发达的城市属于高级人工生态系统,它本身不具备物质能量的生产和废弃物降解能力,是一个物质、能量高度集中和高度消费并产生大量废弃物的人为生态系统。人工生态系统有以下几个特性。

(1)任何人工生态系统都存在于某一自然生态系统之中,并成为其消费者或调节者,可增加或减弱该系统的物质能量生产,可促进或阻止该系统的进化发展,还可修复或破坏该系统的结构和功能。其结果的好坏完全取决于人类的活动。

(2)人工生态系统主要以人为中心。人是这个系统的核心和决定因素。这个系统是人根据自己的需要创造的,反过来又作用于人。因此,在人工生态系统中,人既是调节者也是被调节者。人的主观能动性对人工生态系统的形成和运行有很大影响。例如,人可以在人工生态系统中合成并利用自然界并不存在的新物质,但这些新物质如果不能被自然界分解,就会危害自然界,进而危害人工生态系统自身。人工生态系统除了涉及生物人的特性,还涉及人与人之间的社会关系以及经济关系。

(3)人工生态系统中的各组成部分之间仍是通过物质循环、能量流动、信息传递而进行活动的。物质循环的快慢、能量流动的大小、信息传递的多少与人工程度的高低有关。

(4)人工生态系统通常是消费者占优势的生态系统。其能量和物质相对集中,全部或部分由外环境输入,因此,它对其所在自然生态系统有依存性。人工生态系统中,物质能量结构是金字塔、倒金字塔还是其他形状,取决于人工程度的高低。在自然生态系统中,能量和物质只是依靠食物链或食物网而流动循环,在人工生态系统中,吃、穿、住、行等都是能量和物质的流动途径。

(5)人工生态系统通常是分解功能不充分的生态系统。由于人工生态系统中缺乏或仅存少量的分解还原者,造成其分解还原功能低下;此外,大量废物排出,导致人工生态系统中的环境受到严重污染。因此,人工生态系统无论是物质能量生产还是废弃物吸收,都依赖于外部环境系统。人工程度越高的系统，对周围环境的依赖越强。

(6)人工生态系统的自我调节能力和自我维持能力较自然生态系统薄弱。由于人工生态系统或多或少对外界自然环境有依存性，其抗外界干扰和破坏能力薄弱，稳定性较差。

(二)生态系统的特征

与其他系统一样，生态系统也具有整体的结构，各组成部分之间是相互影响与联系的。但生态系统是一个有生命的系统，使得生态系统具有不同于机械系统的许多特征，这些特征主要表现在以下几个方面。

1. 整体性

生态系统内部各组成成分之间以及不同的生态系统之间是一个不可分割的整体。有学者指出，“地球上各种类型的生态系统都不是孤立存在的，每一部分都是生物圈的一个组成部分，也可以说是扩大了的整体的一部分”①。

2. 区域性

生态系统都与特定的空间相联系，这种空间都存在着不同的生态条件。戴兴华认为，“生命系统与环境系统相互作用以及生物对环境长期的适应结果，使生态系统的结构和功能反映了一定的区域特征，这也是生命成分在长期进化过程中对各自空间环境适应和相互作用的结果”②。

3. 开放性

开放性是生态系统一个重要的特征，它同外界之间进行着能量交换与物质交换。生态系统中的能量通常是单向流动的，生物体将接受的太阳光能以热能的形式消耗出去，不断再被利用，如图 1-2 所示。生态系统中的物质是不断进行循环的，碳、氧、氢、磷等是维持生命的重要元素，它们最初是以无机物的形式存在的，在营养级的转移过程中形成有机物，被微生物分解后回归环境，开始新一轮的循环，如图 1-3 所示。此外，生态系统中还存在着信息流动。

---

① 陈易. 城市建设中的可持续发展理论[M]. 上海：同济大学出版社，2003:4.

② 戴兴华. 城市环境生态学[M]. 北京：中国建材工业出版社，2002:35.

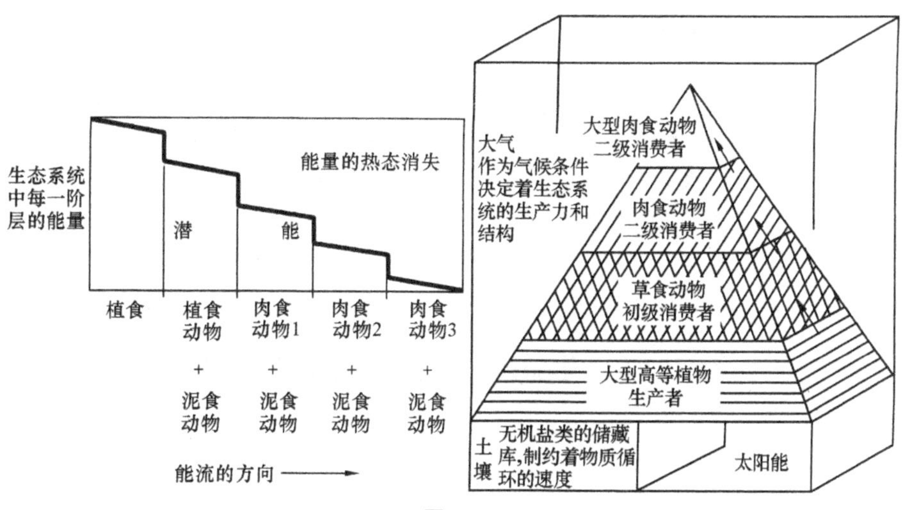

图 1-2

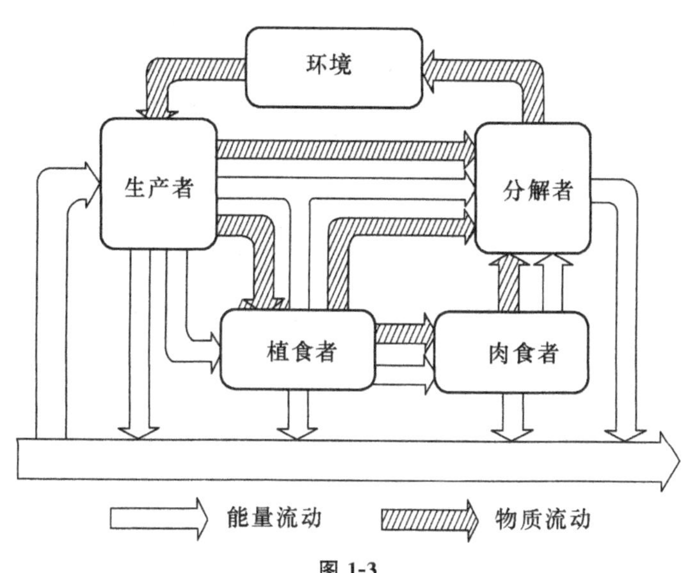

图 1-3

4. 动态性

动态性生态系统不是静止的，而是处于运动之中。当生态系统中的生产者、消费者和分解者能够维持一定的稳定关系，促进能量流动和物质循环处于平衡状态时，也就实现了生态平衡。需要注意的是，这种稳定的平衡仍在不断地进行着能量流动，物质循环。与此同时，随着时间的推移和条件的不断变化，生态系统本身也在不断地改变与演化着。

5. 自身调节和复原性

生态系统在受到外界环境干扰时，其自身具有一种恢复调节的能力，通过自我调节，重新恢复平衡状态。生态系统的调节与复原能力通常取决于生态系统的多样性，以及能量流动和物质循环的复杂性。需要强调的是，生态系统的自身调节和复原能力是有一定限度的，当超过这一限度时，就会引起生态环境的破坏。

第二节　生态建筑学的起源与发展

一、生态建筑学的起源

在工业化发展过程中，环境污染越来越严重，直接对人们的生存和健康产生威胁，人们开始对人与环境的关系进行关注，就建筑业的发展而言，逐渐渗透了生态理念，主要体现在城市发展的生态意识和建筑学的生态意识。

（一）城市发展的生态意识

20 世纪六七十年代以来，城市问题成为世界范围内面临的重要问题，基于此，国际社会开始在城市建设过程中应用生态学的理论和方法，提出了“生态城市”的概念。“生态城市”的思想渊源可以追溯到 16 世纪英国人莫尔的“乌托邦”。为促进城市健康发展，联合国教科文组织“人与生物圈计划”积极倡导建立城市生物保护区，各国在城市建设中进行积极探索，力求做到对生态环境的保护。

与此同时，国内学界对城市建设问题也予以了充分重视，中国科学院生态环境研究中心积极进行城市生态理论和生态规划实践，在生态城市、生态村和生态镇的建设中都取得了较好的效果。

（二）建筑学的生态意识

随着人类社会的迅猛发展，生态环境问题越来越严重，主要表现为森林草原的破坏与减少、土地沙漠化、气候变暖、生物多样性减少等。不得不承认，人类的发展在某种程度上破坏了生态平衡，这也必将危害人类自身的发展。因此，人类在谋求发展的同时，要尊重自然，顺应自然规律，做到与自然的和谐相处。当然，建筑业的发展也不例外。

20世纪初，随着科学技术的不断发展，以及社会审美的逐渐完善，一批建筑大师抓住了推动建筑学向前发展的契机，将建筑发展推向了一个新的高度。进入20世纪60年代，面对新的时代要求，建筑人积极探索未来建筑的发展方向，生态建筑的概念应运而生。建筑学的研究对象逐渐从个体建筑向群体建筑发生转变，进而转向人居环境，建筑科学也从传统建筑学走向广义建筑学或人居环境科学。

二、生态建筑学的发展

生态建筑学从产生以来，就致力于解决建筑领域的环境与生态问题，并在此基础上不断得到发展，设计出生态建筑是生态建筑学的主要目标，在不同的阶段，生态建筑学面临着不同的任务。

20世纪60年代，生态建筑学主要对环境污染产生的问题进行了研究。美籍意大利建筑师保罗·索勒瑞将生态学和建筑学合并成为生态建筑学，从生态学的角度对建筑进行了重新审视，在建筑设计中不断渗透生态理念，进而促进人与自然的统一。美国景观建筑师伊恩·麦克哈格在1969年出版的《设计结合自然》一书中指出："生态建筑学的目的就是结合生态学原理和生态决定因素，在建筑设计领域寻求解决人类聚居中的生态和环境问题，改善人居环境，并创造出经济效益、社会效益和环境效益相统一的效益最优化。"①

20世纪70年代，受到石油危机的影响，生态建筑学对能源的供应与使用予以了充分重视。从生态学的角度来看，节能是生态建筑首先应具备的特征，另外，还要充分考虑绿色能源、可再生材料的使用，实现可持续发展，在此背景下，各国对被动式太阳能建筑以及建筑物的保温隔热等方面开展了研究。1977年12月，国际建协大会在秘鲁签署了《马丘比丘宪章》，对现代建筑与城市规划建设中的主要经验和教训进行了总结；对城市与区域、建筑与技术、环境与文化等面临的新问题进行了探讨，并提出了新对策；指出了两次大会选址的特殊含义：对自然的探索与尊重。

20世纪80年代，随着环境污染问题的日益严峻，环境和生态保护成为生态建筑学关注的重点。

20世纪90年代后，可持续发展理论在世界范围内得到认可，环境、生态、资源成为各国关注的重点，并致力于全方位解决环境问题。

从目前发展来看，建筑业是耗能巨大的产业，为使现代建筑在发展过程

---

① 朱鹏飞.建筑生态学[M].北京：中国建筑工业出版社，2010：4.

中实现生态保护和可持续发展，就应在建筑设计中遵循生态原则，重视生态技术的开发与应用，使建筑与生态环境有机地融合。

第三节　生态建筑学的概念及本质内涵

一、生态建筑学的概念

生态建筑学是生态学在建筑学领域进行延伸的一个分支，反映了建筑的生态理念。生态建筑学既强调对资源的有效利用，兼顾经济效益、环境效益与社会效益，又强调对资源进行合理分配，实现社会结构的优化。

生态建筑学是在传统建筑学的基础上得以发展的，其融入了新的发展理念，并注重对技术的运用。生态建筑学要求建筑设计的整个过程都是绿色的、生态化的，这就要求建筑工业将可持续思想理念和生态学理论渗透到建设工程的各个方面。

二、生态建筑学的本质内涵

从本质上说，生态建筑学就是运用生态学的理论对建筑设计、建造、管理等进行指导，实现建筑与自然的和谐发展。认识生态建筑的本质内涵，可以从以下两方面入手。

（一）与建筑领域相关的生态问题

20 世纪 90 年代初，环境保护专家指出人类居住的地球面临着十大急需解决的问题。

（1）沙漠在日趋严重。世界范围内农田沙漠化严重。

（2）森林遭到严重破坏，水土流失严重。

（3）世界人口急剧增长，地球人满为患。

（4）臭氧层被破坏，地球温度明显上升。

（5）酸雨现象日趋严重，威胁农作物生长和人类健康。

（6）淡水资源减少，淡水不足将成为经济发展的一个重要制约。

（7）生物物种大量灭绝，动植物资源急剧减少，影响生态平衡。

（8）大量使用农药，危害人体健康。

（9）大量废物不经处理或处理不当，严重污染环境。

(10)渔业资源逐渐减少，世界25%的渔场遭到破坏。

这些问题引起了人类的重视，人们逐渐意识到这种趋势的发展会使自然界失去供养人类的能力。我国的环境问题由于近年来经济与社会的大发展，已成为一个突出的问题。我国现阶段的污染状况，已相当于20世纪60年代西方工业发达国家的污染水平。在某些重要城市，情况更为严重。如不采取有力的措施，环境问题将更加严重，它将制约生产的发展，威胁人们的健康。

建筑活动在很大程度上影响着生态环境，次生环境问题和社会环境问题与建筑活动具有密切的关系。因此，正确认识环境对建筑活动有着指导性的意义。

人类在漫长的发展过程中，基本上能够做到与自然生态环境的和谐相处，建造的建筑形式也表现了对自然的尊重，如图1-4所示。

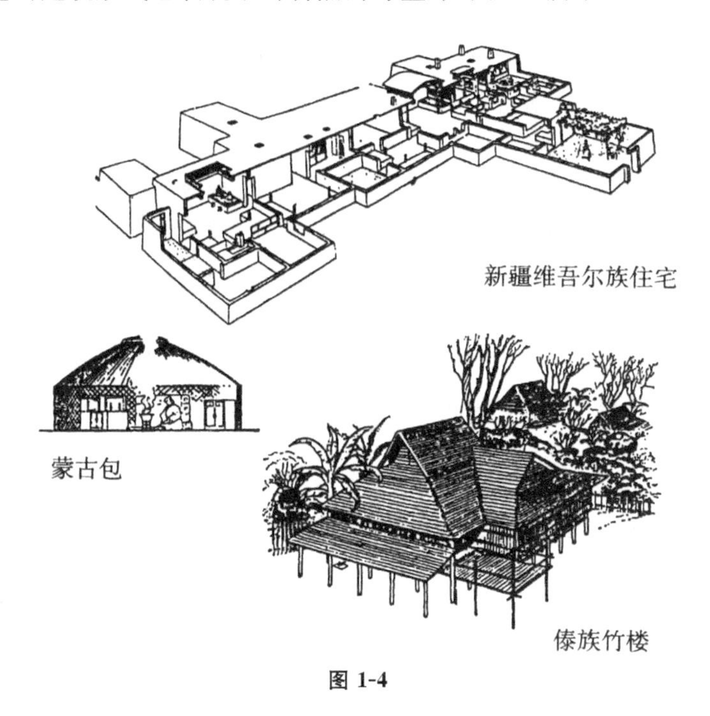

图1-4

工业革命以后，随着生产力的大幅度提升，人类对自然环境进行了过度干预，导致了生态失衡。而建筑设计可以说是对人的行为的规划，建筑环境构成人为环境。大大小小相对独立的建筑环境组成一级级的人工生态系统。美国南加利福尼亚理工大学的莱尔教授将人工生态系统划分成大小七个层次：地球，次大陆，区域，规划单元，建设项目，建筑基地，建筑，如图1-5所示。

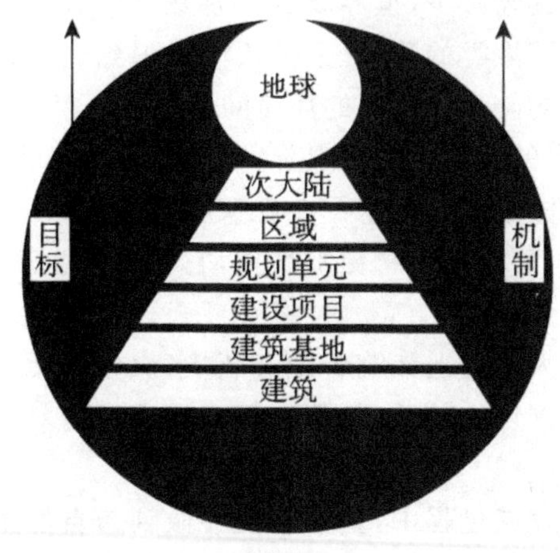

图 1-5

建筑对这些大大小小的系统都有影响。这种影响日积月累,往往要经过很多年才能被人察觉到,而改善和恢复平衡就需要更长的时间。由于人工生态系统与自然生态系统不同,而其各个层次又同自然环境的各个层次紧密相连,所以建筑师和规划师的任何一个决定都对环境有着深刻的影响。例如,对土地形式的规划在很大程度上会影响到该地区的整个生态环境。城市设计、区域规划对生态环境的影响更加明显,甚至会导致大气、水体、地表、植被的破坏。污染源不仅包括“三废”,还包括声光热方面以及其他美学上的污染源。例如,视觉污染将造成心理失调,影响健康。相关实践表明,对土地进行合理的规划设计,能够做到兼顾环境效益和社会效益,满足人们对美和健康的追求。

许多单体建筑对环境及生活在其中的人都有着同样深刻的影响。例如工厂,甚至有过之而无不及。其他建筑也对生态环境有不同程度的污染。这些污染造成的建筑环境问题是非常明显的。例如,现代生活中的“城市病”、密斯式摩天楼的巨大能耗等都要求建筑师在进行建筑设计时贯彻生态化理念。

(二)人类对环境的认知和设计

人类对环境的认知和设计主要经历了以下四个阶段。

(1)古代适应自然为主的环境设计,人类本能地顺应自然环境。

(2)农业社会文化经验指导下的环境设计。农业社会和谐的农耕生态文化对环境设计产生了重要的影响。

(3)工业社会生产指导下的环境设计。工业生产的专业化、社会化直接促进了生产环境和生活环境的分离，生产过程中，环境问题日益突出，引发了各种“城市病”等。

(4)生态环境设计。人类越来越注重建筑设计与生态保护的结合，具体而言，生态环境设计具有以下特点：一是尊重环境的自然属性；二是整体地考虑生态、社会、文化等环境及其相互关系，强调设计每一局部、每一层次间各级环境整体不可分割性；三是设计过程的多学科性，没有一门学科能独立处理人与环境的复杂关系。生态建筑学就是在这一时期内产生的。

由此可见，生态建筑学符合时代发展的要求，它的主要任务就是对人类聚居环境进行改善，创造自然、经济、社会综合效益。

第四节 生态建筑学的研究对象和研究方法

一、生态建筑学的研究对象

作为一门新兴的交叉学科，生态建筑学是生态学与建筑学的结合，其主要对人、社会、建筑、自然共同组成的人工生态系统进行研究。

生态建筑系统的边界范围可大可小，既可大到一个城市、一个国家，甚至全球生态系统，也可小到由建筑物单体及其环境共同形成的生态系统。既可采用道萨迪亚斯的“人类聚居学”方法分类，也可以采用吴良镛先生的5层次分法，见表1-1，还可以有四级地理范围分法（即区域城市级、城镇小区级、街道地段级、建筑单体级）和三级聚落分法（院落、村落、城市）。这些划分都是为了研究分析的方便而提出来的。总之，生态建筑学与传统建筑学研究的主要对象基本相同，然而前者是从“整体”和“生态”的角度审视研究建筑的，在理念上与传统建筑学相比有很大差别，其关注的内容较传统建筑学要广得多，关注的重点也与传统建筑学不一样。

表1-1 生态建筑系统的范围

社区等级	人数范围	聚居人口	道15层次	道10层次	吴5层次
		1	人体	家具	建筑
		2	房间	居室	
	3～15	5	住所	住宅	
Ⅰ	15～100	40	住宅组团	住宅组团	

续表

社区等级	人数范围	聚居人口	道15层次	道10层次	吴5层次
Ⅱ	100～750	250	小型邻里	邻里	社区（村镇）
Ⅲ	750～5 000	1.5 k	邻里		
Ⅳ	5 k～30 k	9 k	小城镇	城市	城市
Ⅴ	30 k～200 k	75 k	小型城市		
Ⅵ	200 k～1.5 M	0.5 M	中等城市	大都市	
Ⅶ	1.5 M～10 M	4 M	大城市		
Ⅷ	10 M～75 M	25 M	小城市连绵区	城市连绵区	区域
Ⅸ	75 M～0.5 G	150 M	城市连绵区		
Ⅹ	0.5 G～3 G	1 G	小型城市州	城市州	
Ⅺ	3 G～20 G	7.5 G	城市州		
Ⅻ	20 G及更多	50 G	普世城	普世城	全球

二、生态建筑学的研究方法

生态建筑学研究的方法主要有系统分析法、模拟设计法、现场实测法和指标评价法。这四种方法相互补充，对生态建筑学研究进行着有效指导。

（一）系统分析法

生态建筑系统是一个复杂的系统，其包含了人、社会、建筑、自然等众多的事物和现象。通过对生态建筑系统进行全面分析，能够有效掌握事物之间的内在联系，制订促进建筑可持续发展的方案。系统分析主要包含以下两方面内容。

1.建筑的环境分析

建筑的环境分析具体是指对自然、社会、人进行分析。

1）对自然的分析

对自然的分析是指对设计区域的地形、地貌、水文、气候等相关的自然条件，景观资源，动植物种类与分布等进行综合的分析。

2）对社会的分析

对社会的分析是指对设计区域的社区结构、民俗文化、历史沿革等进行具体的分析认证。

3)对人的分析

对人的分析是指对设计区域居民的生理、心理进行具体的分析。

2.建筑的功能分析

建筑的功能分析主要是对生态建筑系统各构成要素之间的能量流、物质流、信息流等进行分析。判断不同功能单元之间的连接、兼容、并列等关系,进而确定合理的功能配置。

(二)模拟设计法

模拟设计法是指“在系统分析的基础上,通过建立模型,对生态建筑系统的整体或部分进行结构或功能的模拟,将系统内种种复杂的、不可见的、直接或间接的关系,以可见的、直观的、定性或定量的方式来表达,从而获得最优化的设计方案”[①]。生态建筑系统的模型主要可分为理论思维的形式、物质模型的形式、理论思维与物质的综合模型。例如,为了观察大型商业中心的建造、新机场的建设、私人交通的增长会对周边环境产生影响,就要利用模型对该地区进行分析研究。通过模型,一方面可以对生态建筑系统的结构要素和运行机制进行科学的分析,另一方面可以对生态建筑系统的未来发展情况进行准确预测。可以说,模型的建立过程就是对系统深入研究的过程,进而可以对不同的设计方案进行比较评估。值得说明的是,利用实物模型模拟可以得到较为真实准确的结果,但是实物模型的建造成本高、模拟周期长;利用计算机模拟的方法,可以大大降低成本、缩短模拟周期,但其真实准确性取决于理论模型的正确性和计算方法的可行性。目前,利用计算机模拟,不同的模拟软件和模型构建方式,都不同程度地存在内容、深度、计算精度和可靠性等方面的局限性。因此,在应用模拟方法对设计方案进行技术分析时,必须对其结论的可靠性有清醒的认识。

(三)现场实测法

无论是系统分析法还是模拟设计法,与真实的实际情况都存在或多或少的差异。例如,系统分析通常会忽略一些次要因素,模拟方法通常使用理想的边界和初始条件。现场实测法,就是指在建筑工程完工之后,通过现场实测得到某些参数。通过这种方法,可以对建筑工程的实际性能进行准确反映,既能够用于对建成环境的分析评价,也能够用于对系统分析和模拟设

---

① 冉茂宇,刘煜.生态建筑[M].武汉:华中科技大学出版社,2014:26.

计方法正确性的评价，并对系统分析和模拟设计进行修正。现场实测的方法通常工作量大、时间长，因此，一般是对重要的、典型的工程进行现场实测或抽检。现场实测法所得结果是否准确，在很大程度上取决于检测方法以及检测仪器。

（四）指标评价法

指标评价法是指通过一系列指标对建筑设计成果进行评价，主要针对其满足人和环境内在需求的程度以及实施可能性。这种方法是对设计方案进行的再次分析与论证。可以说，指标是一种对复杂现象进行简化的方式，对设计方案的评估必须采用多个指标。

指标有预测指标和现状指标之分。预测指标常用于(拟建)建筑的方案阶段，一般通过模拟的方法获得；现状指标常用于(现有)建筑的使用阶段，一般通过实测的方法获得。通过模拟方法获得的指标数据有时与建筑建成后的实测数据差别很大，需要特别引起注意。

在生态建筑设计过程中，系统分析、模拟设计、现场实测和指标评价四者之间相辅相成、互为补充。在实际过程中，对四种方法的运用常是多次循环往复的综合运用。

第五节　生态建筑学的发展方向

随着人类社会的发展，建筑学经历了实用建筑学阶段、艺术建筑学阶段、空间建筑学阶段、环境建筑学阶段之后，人们日益强化环境保护和生态健康意识，进入生态建筑学阶段。在这个阶段，人们更加强化可持续的设计理念，将自然、社会、经济、文化等作为研究的对象，考虑怎样构建一个更为合理的复合生态系统，以人类为中心，将生态学理论和技术融入建筑设计和建设之中，形成生态建筑系统。人类和建筑在本质上都体现着自然，正如蜜蜂和蜂巢都装着蜂蜜一样。但由于各方面的因素，我们的建筑工业远没有蜂房那么完美：和蜜蜂不同，它们所创造的产品是有营养的，而建造建筑物过程的环境后果却常常是有害的。建筑工业自身的非生态结构，以及传统的建筑专业人员缺乏环境意识和生态理论知识，建筑物建造的方式、建筑环境和建设过程，在地球环境生态健康劣化的趋势中扮演着重要的角色。生态系统是一个生命支持系统，建筑物由生态系统所维持，建造不破坏生态的建筑物是十分必要的。这就需要应用现代科学对生态构成、功能形式等各个方面有更为详细的认知。目前，这种新知识和新理念也开始被部分建筑专业人员和建筑工业所使用，以保护支持生命的物质和服务生态系统，提供一种在地球上维持生命的基础，并且形成一种有生命的建筑，使建筑成为人工生态系统的一个有机组成部分。

综合来看，伴随着生态理念在建筑学中的快速发展，在未来一段时间内，生态建筑学将主要朝着以下几方面发展。

(1)以低能低耗、环保优先的设计理念为依据。生态建筑的核心是节能、环保。通常情况下，节能和环保是相辅相成的，节约能源和物质资料是环保的一部分，而环保就是要低排耗、高节俭，环保就成了节能的体现形式。现代中国建筑的能耗是西方国家的三倍之多，因此作为发展中国家的中国实行生态建筑和绿色建筑是必然的选择。绿色建筑便是其显著代表，它是人为了适应环境、改善环境而创造的介于人与自然之间的建筑，是在建筑产品整个生命周期内有限考虑建筑的环境属性，同时保证其应有的基本性能、使用寿命和质量的设计。因此，与传统建筑相比，绿色建筑在设计上具有两大特点：一是在保证建筑物的性能、质量、寿命、成本要求的同时，优先考虑建筑物的环境属性，从根本上防止污染，节约资源和能源；二是设计时所考虑的时间跨度大，涉及建筑物的整个生命周期，即从建筑的前期策划、设计概念形成、建造施工、建筑物使用直至建筑物报废后对废弃物处置的全生命周期环节。

(2)以建筑舒适、健康安全为目标。人类生活水平的提高，使得当代居民对建筑住宅提出了更高的要求，越来越多的住户不仅要求住宅舒适，还将更多的注意力转移到了住宅的安全性和环保性上，关注建筑材料的辐射性、稳定性等化学特性，甚至有些居民开始关心建筑物的环保性。这使得建筑行业的发展面临着严峻的考验，所以当代建筑投向生态建筑，并且将建筑舒适、健康安全作为建筑住宅楼的目标，以此来获得居民的认证。

健康住宅有别于绿色生态住宅和可持续发展住宅的概念，绿色生态住宅强调的是资源和能源的利用，注重人与自然的和谐共生，关注环境保护和材料资源的回收和重复使用，减少废弃物，贯彻环境保护的原则。台湾的一批学者在“绿色建筑设计技术录编”中将其定义为“消耗最少的地球资源，消耗最少的能源，产生最少的废弃物的住宅和居住小区”。绿色生态住宅贯彻的是“节能、节水、节地和治理污染”的方针，强调的是可持续发展原则，是宏观的、长期的国策。

健康住宅围绕人居环境“健康”二字展开，是具体化和实用化的体现。对人类地球居住环境而言，它直接影响人类持续生存的必备条件；保护地球环境人人有责。但从地球环境一直到地域环境、都市环境以及居室内的环境，如何着手呢？不言而喻，从小到大，从身边到远处，从基本人体健康着手，以至于室外场地、城市地域以及向地球大环境不断地延伸与拓展。

从居住者的健康需求出发来探索住区健康的影响因素，是确定住区健康要素的基础，也是建立健康住宅建设指标体系的首要任务。从国内外住宅的发展看，居住环境越来越影响人们的健康，可以概括为两类：一类是显性的，如装修选材、建筑选材、通风设备不当等造成甲醛等有害物质超标，隔声不良造成的声干扰以及光污染等；另一类是隐性的，对人体构成潜在危害的，如住宅选址不当、室内空间设计不合理等，这些都将通过心理的影响再影响到人的生理健康。对此，应处理好健康住宅的基本要素、多层次需求、可持续发展与健康要素之间的关系。

①健康住宅的基本要素与健康要素。住宅建设具有四个基本要素，即适用性、安全性、舒适性和健康性。适用性和安全性属于第一层次，从适用和安全的角度提出问题，解决问题，现行的有关规范和标准由此而建立。随着国民经济的发展和人民生活水平的提高，对住宅建设提出更高层次的要求，即舒适性和健康性。如果仅提舒适性，说明对健康性认识不足。健康是发展生产力的第一要素，保障全体国民应有的健康水平是国家发展的基础。而且，健康性和舒适性是关联的。健康性是以舒适性为基础的，是舒适性的发展。

提升健康要素，在于推动从健康的角度研究住宅，以适应住宅转向舒适、健康型的发展需要。提升健康要素，也必然会促进其他要素的进步。之所以要提升健康要素，原因包括三个方面：第一，目前标准的空白。实际上健康住宅社会环境的大部分要素在目前的规范体系下还不能完整表达。第二，规范中的一般性的要求可能成为健康住宅的强制要求，如住宅室内隔声、楼板撞击声标准等。制定健康住宅指标时，在住宅建设中非强制执行。通过调查发现，20 世纪 80 年代前是实心砖，240 mm 厚墙甚至更厚，楼板是预制的，必须找平加垫层。而现在随着墙体材料革新，隔墙重量、厚度减少，现浇楼板越来越薄，技术的发展带来新的居住健康问题。第三，很多标准指标在目前的技术和可支付能力下可以提高，国家标准必须考虑整个国家的经济、技术水平，而健康住宅的发展，可以从条件较好的地区启动，逐步发展。

②健康住宅的多层次需求与健康要素。住宅既在物质方面、也在精神方面反映出居住者对健康的需求。“健康”的概念过去只注重生理、心理方面，即人的躯体和器官健康，身体健壮、无病，精神与智力正常。1989 年 WHO（世界卫生组织）把道德健康纳入健康的范畴，强调一个人不仅要对自己的健康负责，而且要对他人的健康负责，道德观念和行为合乎社会规范，不以损害他人的利益来满足自己的需要，有良好的人际交往和社会适应

能力。只有在生理、心理、道德和社会适应四个层次都健康，才算是完全的健康。

③健康住宅的可持续发展与健康要素。健康住宅建设必须满足可持续发展的要求，必须满足节约资源，有效利用资源；满足减少或合理处理废弃物以保护环境；确保居住者最广泛意义上的健康。强调在节约资源和保护环境的同时，要考虑健康要素，相互协调发展。

(3)以人文和建筑环境相结合为宗旨。建筑、人和环境三者之间相互影响、相互制约。因此，生态建筑的设计离不开人和周边环境的配合，人文是一个地域的特色，生态建筑的设计要想融合到当地的文化势必要能够体现当地的人文气息、风土人情、历史文化等特色，同理生态建筑的实施离不开绿化，绿化是对周边环境进行的改造，其不仅可以提升建筑物的档次和品位，还能够美化周边环境，增加周边的含氧量，营造良好的居住环境。

总之，生态建筑已经成为世界发展中不可或缺的重要部分，但其仍处于初级状态，我们仍需要加大对生态建筑的研究，提倡各种生态技术的应用。

第二章　生态理念下的建筑认识与探索

在生态理念的引导下，人们对传统的建筑观念进行了重新认识，并逐步确立了融合生态理念的符合时代发展的现代建筑观，在此基础上不断进行多元化的探索，力求在促进工业化迅速发展的同时，兼顾生态环境的保护，做到人与自然的和谐相处。本章就对生态理念下的建筑认识与探索进行具体分析。

第一节　对传统建筑观念的再认识

一、对人类在自然环境中地位的再认识

在对生态建筑环境的理论与实践进行探讨的过程中，对人类在自然环境中的地位进行再认识是十分必要的，这主要是因为生态建筑体系不仅要正确处理建筑与人的关系，同时还要正确处理与自然生态环境的关系。

（一）"以人为本"思想的认知

在建筑领域，人们对于"以人为本"思想的理解有很多种，有些人认为其中的"人"凌驾于一切之上，将人的利益放在第一位，认为自然环境的保护与人的利益是相互冲突的，进一步指出人类社会发展的历史就是战胜自然、征服自然、改造自然的历史。实际上，"以人为本"思想中的"人"是广泛意义上的人，并不是指单个的生命个体，因此在发展过程中不能只考虑自己眼前利益的获得，而忽略人类社会的可持续发展。进一步说，所谓"以人为本"，是指在满足自己需求的同时考虑他人生存的权利。这里的"人"应该是指整个人类，是涵盖了现代与将来，考虑了人类永续发展的人。

在过去很长一段时间内，人类只关注自身眼前利益的满足，对大自然进行无节制的开采和利用，在很大程度上造成了生态环境的破坏。20 世纪 80 年代，随着可持续发展思想的提出，人们逐渐意识到，过去以"自我"为中心，只考虑自我满足，而不顾及后代人的思想是极其自私的。为促进人类社会

的可持续发展，必须从长远利益出发，重新建立起新的生态发展观。

（二）伦理观与道德规范的建立

要创造符合生态原则的建筑环境，首先必须有符合生态原则的伦理观和道德规范，对人们的行为进行约束，使保护生态环境、创造绿色建筑成为人们的自觉行为，贯彻于建筑设计、建设、维护、报废等每一个环节之中。从目前来看，建立一种符合可持续发展原则的伦理观和道德规范已经在社会上得到了广泛认可。

二、对传统设计观念和方法的再认识

（一）传统设计观念的再认识

随着时代的发展，面对新的社会问题，建筑师对设计观进行着积极的探索，具体而言，设计观可以分为传统设计观和生态设计观两类，二者具有明显的不同，见表 2-1。

表 2-1　传统设计观与生态设计观的比较

比较因素	传统设计观	生态设计观
对自然生态秩序的态度	认为人凌驾于一切之上，想要以“人定胜天”的思想征服自然	将人视为大自然中的一员，注重生态系统的整体性
对资源的态度	缺少资源有效利用和生态环境保护的意识	力求做到节约资源和保护生态环境
设计依据	依据建筑自身要求来设计，注重经济效益	依据环境效益、生态环境指标以及建筑空间的特点设计，兼顾环境效益、经济效益、生态效益
设计目的	使建筑的功能满足人的需求	改善人类居住与生活环境，实现可持续发展
施工技术和工艺	较少考虑对清洁能源以及可再生能源的使用	能够保证施工过程中不产生毒副作用，最大限度地降低废弃物

可见，与传统的设计观念不同，生态设计观更加注重尊重自然、保护自然，首先考虑的是对可再生能源的充分利用，最大限度地降低对不可再生资源的消耗，同时对生态环境进行保护。这就要求设计师不仅仅要保证建筑

的形式美观，更要注重资源节约、环境保护，可以说，生态设计观是一种整体设计观，也是一种符合可持续发展的设计观，体现了可持续发展的两方面内容，即发展性和持续性。生态设计符合时代发展的需要，能够有效推动设计领域的重大变革。

生态设计观在生态建筑设计当中有着直接的体现，要求设计师将生态理念渗透到建筑设计之中，以可持续发展的眼光对所有影响建筑环境的因素进行重新审视。美国绿色建筑的倡导者威廉·麦克唐纳认为："设计是实现人们意图的表现形式，如果我们用我们双手所做的一切是神圣的，是对给予我们生命的地球的尊重，那么，我们所创造出的一切必须不仅要在大地上出现，而且同样要回归于大地——向土壤索取的归还给土壤，向海洋索取的归还给海洋，从地球索取的一切都能自由地归还给地球而不损害任何生物系统，这就是优秀的设计，是符合生态学原则的绿色设计。"①因此，生态设计观是在传统设计观的基础上增加对环境考虑的内容，降低能源消耗，实现环境保护，进而促进可持续发展。

（二）传统设计方法的再认识

生态建筑与室内具体实践手段的多样性导致了生态建筑审美表现的多样性。生态建筑追求的是一种自然的美，原生态的美。传统的建筑形式通常借助于自然方式，如绿化、水体、穿堂风等来达到室内物理环境的调节，体现出一种原生态自然美。例如，日本的客房、百匠博物馆、乌洛鲁·卡塔丘塔文化中心等都体现出一种原始美、自然美。

目前的生态建筑实践越来越注重现代技术与生态智慧的结合，体现了生态建筑的终极目标。生态建筑设计师力图充分发挥人类的智慧，将先进的技术与朴实的自然方式相融合，实现自然美学与技术美学的交汇。

生态建筑的外延已不仅仅是建筑本身，而应该是建筑、文化、心理、生态等各方面因素的综合，杨经文在他的专著《设计结合自然：建筑设计的生态基础》中就指出："生态设计牵扯到对设计的整体考虑，牵扯到被设计系统中能量和物质的内外交换以及被设计系统中从原料到废弃物的周期。"同时提出"大多数建筑师缺乏足够的生态学和环境生物学方面的知识……"②

随着专业界限的模糊化，从生态学角度设计的建筑必定是相互作用的

---

① 周浩明，张晓东.生态建筑——面向未来的建筑[M].南京：东南大学出版社，2002:39.

② 同上.

各个部分组成的共同体，为了实现建筑与环境的协调共生，需要建筑师、环境设计师、结构师等人员能够超越专业间的界限，相互协作。

就建筑工程学而言，供暖、制冷、照明发挥着与结构同等重要的作用。在结构体系方面，在确保建筑稳定性的同时，也要考虑到立面的完整性。就经济投资而言，对建筑进行造价预算的同时，也要准确判断其生命周期，通常是对相关人员的生活质量及建筑的长期环保性进行判断。在了解以上内容之后，一些设计师才能设计出综合性能良好，并且能够满足大众需求的优秀建筑。

三、对建筑所包含的资源消耗的再认识

建筑建设会消耗一定的自然资源，如土地资源、水资源、生态资源等，而只有克制自身对外界能量、物质的索取，才能实现建筑与周围环境组成的生态系统的平衡。

在建造建筑的过程中，大面积开挖地基必然会引起虫兽迁居、树木倒伐、地质土壤改变和地下水位变化等，不可避免地会破坏原有的自然生态环境。因此，在对城市进行规划时，应该对城市的容量及其发展进行土地使用预测与长效管理，避免城市对自然资源无节制的利用。从现在的发展来看，一些功能复杂的大型建筑物，如商贸中心和航站候机楼等，其内部设施齐全，能够为人们提供优质的服务，同时也不会受自然气候状况的影响，但消耗的能源却令人唏嘘。

为了最大限度地降低资源消耗，在建造建筑时应提升资源的利用率，对可重复利用的资源进行回收利用。历史上，对建筑材料进行回收利用的现象很早就出现了，如埃及金字塔的外层材料重新应用于其他建筑物中，罗马集市废弃后的石材在城市建筑中得到运用，拆除后的北非庙宇的材料在清真寺的建造中得到运用。国外建筑师很早就在实践过程中对旧建筑材料进行利用，他们将旧建筑上的材料运用于新建筑的建造，如图 2-1 所示。

实现资源的循环利用是建筑建造的一个重要理念，这在我国的建筑中也有所体现。例如，在徽州民居中，通常会在内院屋檐下敷设砖砌的雨水槽，收集从屋顶上排下的雨水，对其进行利用。

20 世纪末，建筑师们对环境问题进行了关注，积极开展绿色运动，对生态建筑进行了研究，但尚未认识到建筑材料的回收、内含能源耗费和废弃物处理等环境隐患问题。

图 2-1

四、对建筑生命周期的再认识

资源再利用的一个重要的表现就是对旧建筑物的再利用。随着时代的不断发展，许多建筑的原有功能已不能满足人们的需要，同时建筑物本身的构造也不再符合人们的审美追求。旧建筑凝聚了普通百姓往昔的回忆，也记录着城市的发展与进步，其文化价值自然不是新建筑可以比拟的。虽然旧建筑的改造投资不菲，但是从长期的经济效益和整个社会效益来看，还是有着深远的意义的。建造建筑这一人类活动，总是或多或少地会影响原生态环境。对旧建筑进行改造翻新，能够有效地节约资源，降低成本，同时也能够有效解决当前世界范围内存在的能源紧缺问题。

旧建筑改造的实践很早就有了，帕提农神庙曾被改作过基督教堂，伊斯坦布尔的圣·索菲亚教堂被改建为清真寺，四角加建的尖塔就是很好的证明。从历史上来看，除非战火或自然灾害的摧毁，通常情况下，建筑都会持续地使用，或者稍加改造，增加新的功能。只是到了工业革命以后，经济飞速发展，人口剧增，急功近利的商业竞争引起大规模的拆建式城市更新，先“拆”后“建”过程中不可避免地会造成资源浪费、环境污染。

正如《建筑回顾》中所言：“变化是文化和社会的驱动力。所有的东西都会过时，然而它并不需要总是巨变的或者破坏性的。”从发展来看，欧美发达国家在旧建筑改建方面取得了显著成就，如文丘里的伦敦国家画廊的扩建，格雷夫斯的纽约惠特尼美术馆扩建等。当然，巴黎的奥尔赛艺术博物馆(图2-2)也是一个典型的例子。

图 2-2

在我国，城市改造仍存在一定的问题，改造区域只是局限于城市中心有商用价值的地段，“拆”“建”过程中造成了严重的资源浪费，这种“创造性破坏”，造成了城市原有机理的破坏、农用耕地的减少，不利于实现可持续发展。

第二节 生态理念下的建筑认识

一、生态建筑观

(一)新的生态自然观

自然观是指人们对人与自然之间关系的认识，其直接影响到人们的自然伦理观和价值观。

传统的自然观具有明显的中西方差异。在西方，受到基督教文化和“人类中心主义”的影响，其传统自然观认为，人与自然是一种统治与被统治、征服与被征服、支配与被支配的关系，自然界主要是为人类服务的。除此之外，没有其他价值可言。因此，人类对自然界进行无节制的索取，进而造成了整个生态环境的破坏。在中国，受到儒、释、道思想的影响，人们追求“天人合一”的一元论思想，认为自然万物的运转具有一定的规律，人们的行为必须顺应自然规律，只有这样，才能实现人与自然的和谐统一。古代哲学家们认为自然界能够为人类发展提供广泛的物质生活资料，对于一个国家、一个地区的发展具有重要的意义。此外，自然还具有某种伦理道德意义，能够陶冶人的情操，净化人的心灵。

中国古代，城市选址、城市建设、宫殿布局等都具有一定的要求，要以地理方位、地形地貌为依据。中国较早的《黄帝宅经》提出“夫宅者，乃是阴阳之枢纽，人伦之轨模，非博物明贤者未能悟斯道也”。中国古代这种顺应自然，强调“天人合一”的建筑思想，对于生态建筑设计以及可持续发展的实现都有一定的借鉴意义。正如美国学者西蒙德在他所著的《景观建筑学》一书中指出，东方古老朴素的自然观是值得我们重新学习的“旧日真理”。

新的生态自然观认为，人类是自然界的一员，它与自然界的其他组成部分共同形成了一个有机整体，如图 2-3 所示。人与自然的关系不是统治与被统治、征服与被征服、改造与被改造的对立关系，而是相互依存、相互制约的关系。

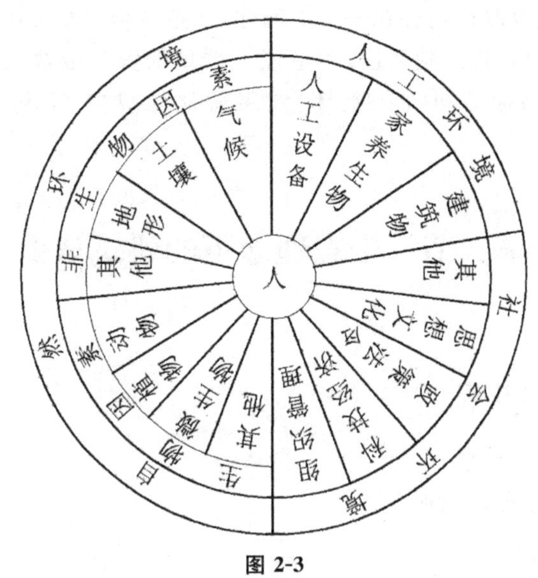

图 2-3

目前地球生态系统承载力、净化能力以及稳定性已大大降低，要抑制生态环境的进一步恶化，必须树立新的生态自然观，采取一系列措施对自然进行保护，并尽可能使其恢复。生态建筑必须在维护和促进地球生物圈稳定与繁荣的基础上去改造和利用自然，走节俭、节能、高效、低耗、无污染或少污染的发展道路。

（二）可持续发展观

可持续发展观是人类在长期发展中总结经验教训提出的一种崭新的社会发展观和发展模式。20 世纪五六十年代，随着环境问题日益突出，人们意识到经济的增长会严重威胁到环境，随后采取了很多技术措施对环境污染进行治理，但并未收到预期效果。1972 年罗马俱乐部《增长的极限》首次指出，世界经济增长在未来将面临的困境，并提出了经济“零增长”的概念。20 世纪 80 年代以后，环境和生态问题成为世界范围内的重要问题，人们希望能探索出一条兼顾经济增长和环境保护的道路，为可持续发展观的提出奠定了基础。

1980 年，世界自然保护联盟在《世界保护策略》中第一次提出了“可持续发展”的概念，1983 年，21 个国家研究环境与发展问题的著名专家组成了联合国世界环境与发展委员会（WECD），对经济增长和环境问题之间的相互关系进行了深入研究，在 1987 年发表的长篇调查报告——《我们共同的未来》中从环境与经济协调发展的角度，正式提出了“可持续发展”的观念。

可持续发展观念提出后，很快在世界范围内受到广泛关注，并逐渐形成一种共识，成为解决环境问题、促进经济增长和社会发展的重要指导思想。“可持续发展”在不同的领域具有不同的含义，总体而言，可持续发展是一个综合性概念，涵盖了经济、社会、技术及自然环境等多方面内容，也是一种从环境和自然资源角度出发提出的关于人类长期发展的战略和模式。具体来说，可持续发展的思想内涵主要表现为以下几点。

（1）不否定经济增长，但要对经济增长方式进行重新审视。可持续发展在承认经济增长重要性的基础上，指出经济增长不仅要重视数量，还要依靠科技进步，转变传统的以“高投入、高消耗、高污染”为特征的生产模式和消费模式，不断提升经济活动的效益和质量，实现经济的可持续发展。

（2）强调以自然资源为基础，充分考虑环境的承载力。随着经济的迅猛发展，人口的不断增长，人们对自然资源的需求也日益增加，为保证经济发展过程中不对自然生态进行破坏，要求控制人口增长、提升人口素质和环保节约意识，以可持续的方式使用自然资源，提升资源的利用率，使经济和社会发展不超越资源和环境的承载能力。

(3)注重人们生活质量的提升,促进社会的进步与发展。发展不仅仅是经济的发展,还应当包括人类生活质量的改善,人类健康水平的提高,和谐有序的社会环境的营造。可以说,在人类可持续发展系统中,要在经济发展、自然生态保护的基础上,不断促进社会的发展与进步。

(4)自然资源的价值要在产品和服务的价格中有所体现。自然资源的价值不仅包括环境对经济系统的支撑和服务,同时也包括环境对生命系统的重要支持和保障。

(5)强调政策法规的建立,以及“综合决策”和“公众参与”。转变过去各个部门将经济、社会、环境政策进行分离的做法,提倡对社会、经济、环境进行综合考虑,在可持续发展原则的指导下科学制定政策。

(6)可持续发展不仅包含代际公平,还包括代内公平,同时还涉及当代的或一国的人口、资源、环境与发展等多方面因素。

将可持续发展观用于建筑活动,可以说是一种全新的建筑发展观。与一般的建筑思想不同,可持续发展观不仅仅强调形象、风格,更强调设计思想和具体技术。建筑建造在满足人类生产生活需要的同时,要做到与周围环境的和谐统一,使人类赖以生存的家园得到长远发展。

(三)整体系统观

系统观中的“系统”是指“由若干相互作用和相互依赖的组成部分结合而成、具有特定功能的有机体”,或简称为“具有特定功能的综合体”。系统具有层次性,如图 2-4 所示,每一个层次包含若干个子系统。

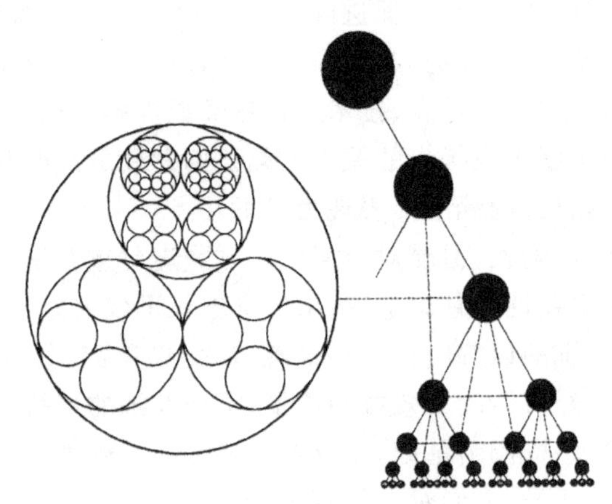

图 2-4

整体系统观认为,任何事物都不是孤立存在的,而是与周围的事物存在着密切的联系,共同构成一个统一的有机整体。构成整体系统的各个组成部分或子系统只有相互协调与配合，才能实现整体效能的最大化。

整体系统观也适用于建筑活动，可以将“人”与“建筑”视为同一层次上的两个子系统，它们与其他子系统共同构成一个整体系统。在对建筑进行认识时，不仅要考虑建筑与人之间的关系，还要考虑建筑与其他环境之间的关系，使各种关系都做到和谐统一。

传统建筑学主要研究“建筑”与“人”之间的关系，这种认识方法虽然抓住了主导因子——人对建筑的作用，在过去推动了建筑学的发展，但是从整体系统观来看，这种认识方法是有局限的。建筑及其环境（人，社会环境、自然环境、人工环境等）共同形成的整体系统，在这一整体系统中，“人”与“建筑”只是同一层次的两个系统，研究它们之间的关系，只能揭示同层次两个子系统之间的直接关系，不能揭示建筑与其他因素之间的关系，更不能涉及上下级系统之间的相互作用。因此，传统建筑学的研究方法，不能从总体的角度把握建筑，往往由于看不到全局而过分强调主体“人”的需要，从而偏离了系统的整体性能优化方向。

就建筑领域而言，整体系统观不仅将建筑及其环境视为一个完整的有机整体，对各系统之间的相互关系进行关注，而且注意到建筑及其环境组成的系统是一个动态的生态系统，建筑设计、建造、运行应符合生态学的基本原则，顺应社会的发展规律。简单来说，建筑及其环境是一个不可分割的生态系统，在这个整体的生态系统中，包含各种生物及非生物因素，这些因素相互制约与影响，使整体生态系统的功能得以充分发挥。

二、生态思想在建筑中的自觉运用

（一）生态建筑对自然地理的适应

目前，越来越多的人已意识到传统民居建筑群中潜藏的价值。这些民居建筑群充分体现了人与自然的关系，自然村落因地就势而建，在时代变迁过程中不断得到发展。

在规划选址、建筑设计、景观效果分析的整个过程中，都必须充分考虑社会与自然以及自然现象。在古代埃及文明和玛雅文明中，建筑位置的确定主要是依据宗教和神灵的旨意，采用占星术的方法，灵感和分析成为建筑艺术的源泉，也体现在建筑与环境的关系中。我国古代建城，除了遵循《考工记·匠人》营国制度以外，还结合自然地理环境，因此各个地区虽然都遵循周制礼数，但也表现出其独特性，如图 2-5 所示。

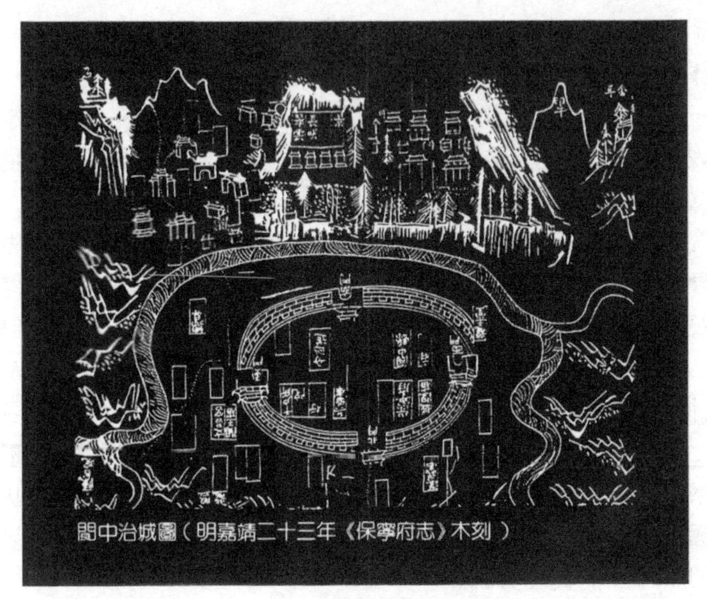

閬中治城圖（明嘉靖二十三年《保寧府志》木刻）

图 2-5

选址是建造建筑面临的首要问题。在我国古代，风水说阐述了建筑与天候、地域、人事之间的关系，对地质、水文、气候、气象、日照、风向、景观等一系列自然地理环境因素进行了具体的分析和评价，进而确定规划设计和建筑设计的方法，实现趋吉避凶纳福的目的，创造适宜人们生存的良好环境。“左青龙，右白虎，前朱雀，后玄武”以及“万物负阴而抱阳、冲气以为和”是建筑选址应遵循的基本原则，同时民居建筑的建造位置及平面组合形态也会受到地形、地貌、山脉、河流、动植物等的影响。例如，处于丘陵地带的四川民居依山而建，根据山势选用台、挑、吊等不同的形式，如图 2-6 所示。

图 2-6

在我国云南丽江，纳西族民居也是充分依地形地势而建的典型，雪山融水保证了居民的生活用水，同时在夏季也能起到降温的作用，如图 2-7 所示。

图 2-7

我国园林造景也堪称一绝，能够对自然地势、地貌进行充分利用，采用借景、对景的手法，将山形水景与整个环境和谐地融合在一起。以颐和园的规划布局为例，主建筑群面向广阔的昆明湖，背靠万寿山，临湖傍山散置着各种亭台楼阁等园中景观，佛香阁凭借山形地势成为全园的主体建筑，而远处的西山、玉泉山和平畴远村也一并借景入园，如图 2-8 所示。

图 2-8

（二）生态建筑的具体影响因素

为追溯生态建筑的影响因素，可以从以下几方面进行分析。

1. 气候因素

气候因素一直以来都是建筑建造的一个关键性因素，一些优秀的建筑师总是能因地制宜地建造适应当地气候条件的建筑形式。例如，在炎热地区，充分利用空间组织增加室内空气的流动速度、防止阳光对室内的直射来降低室温，选择储热性能较高的建筑材料用于隔热，并对日间的热量进行储存，以便在晚间温度降低时运用。在严寒地区，建筑师们则采用多种手段充分利用太阳热能，抵御寒风的侵袭。

当外界气温高达 50℃时，西亚地区的通风塔能够将室内气温降低到 20℃左右，使室内气温适宜；美国科罗拉多州迈萨瓦迪的悬崖宫殿，利用大地的恒温性和太阳辐射的残余热量，使冬季的室内保持适宜温度；日本居家屏风和移门的设计，既有利于通风，又有利于对空间进行分隔，如图 2-9 所示。

图 2-9

中国福建的客家土楼，既阻隔了恶劣气候，也阻挡了外敌的侵犯，如图 2-10 所示。

可见，建筑设计不仅要考虑室内环境的舒适，还要考虑其他因素，进而达到一种可持续的居住形态。可以说，任意一种建筑形式都综合考虑了气候、文化、技术和用地等多种因素。

我国的民居建筑也大都注重对气候的适应。例如，云南西双版纳的傣族“竹楼”就是为了适应湿热多雨的气候建造的，它们多采用竹、木结构，屋顶挑檐深远，使房间气温阴凉适宜，底层是架空的木楼板，一方面有利于空气流通，另一方面也避免了雨水的淹没和虫蛇的侵扰，如图 2-11 所示。

图 2-10

图 2-11

窑洞是我国西北地区一种重要的建筑形式，这种建筑形式一方面适应了当地的自然气候条件，另一方面也适应了当地独特的地质特点。在黄土高原上建设的黄土窑洞，既不占用耕地，还可以防止水土流失，冬暖夏凉，十分适合人居住，如图 2-12 所示。

院落和檐廊(图 2-13)是中国传统民居中的典型元素。院落中的绿化能够有效净化空气、调节温度；檐廊是室内与室外的过渡，既为户外活动提供了场所，又能起到调节室温的作用。院落式的民居建筑还表现出南北方的差异性，北方寒冷干燥、日照较短，院落南北向较长，空间开阔，以获得充足的阳光；南方湿热多雨、日照较长，院落南北向相对较短，空间较小，建筑的阴影正好投射在院落中，以获得凉爽的空间。

当然，并不是所有的建筑都是会受到气候制约的，宗教建筑偏重于营造宗教精神氛围，宫殿重视展示王公贵族的权势，但这两类建筑均明显地忽视了人的尺度和居住的舒适性。

图 2-12

图 2-13

2. 建造材料

建造材料在建筑建造过程中也发挥着重要的作用。在中国古代，由于交通不便，一个地区的普通建筑通常只采用当地的材料。只有有权势的富贵人家的宫殿才会从各地广罗奇材。

通常而言，对于任何建筑用地来说，只有泥土是免费的建筑材料，对泥土的合理应用，既可以节约时间和金钱成本，还可以减轻劳作的负担。早期对建筑材料的加工技术有限，材料的准备以及建筑构件的生产消耗的能源极少。除了土质材料外，还可以利用大量的植物材料，如芦苇、麦秸等。此外，还可以将芦苇、麦秸编织成门帘、窗扇等，进行通风和遮阳，如图 2-14 所示。

图 2-14

竹子也是一种重要的建筑材料，既可以直接用作建筑的结构材料，也可以制成各种建筑构件，还可以制作成各种家具，如图 2-15 所示。

图 2-15

在中国传统的建筑中，木材可谓是得到了充分的利用，从叠梁式、穿斗式的建筑结构，到斗、拱、昂等建筑构件，雕梁画栋、木器家具、门扇窗格等都充分展现了中国传统建筑的特点。

3. 经济因素

经济因素直接影响到人们对建筑材料的选择。建造住宅时，人们首先要考虑的就是经济因素,人们对建筑材料的使用量、可重复利用和回收利用特性进行深入分析,另外对所选取材料的使用也不断升级。例如,在我国南方地区,一些民居对砖的利用,除了普通地用作砌墙以外,还作为铺地材料,与鹅卵石共同装饰院落的地面,既有利于雨水的渗透,又有利于植物生长,如图 2-16 所示;而室内用青砖铺地,显得平整洁净,让人感到舒适清爽,如图 2-17 所示。

图 2-16

图 2-17

(三)使用低技术的原生态建筑聚落

人类在最初之所以建造建筑主要是为了藏身。他们通常就地取材,根据当地的气候、地理状况选择适宜的建造方式,这种建造方式世代相传,发展缓慢。

从本土建筑发展来看，其传承了人类对建筑与自然关系的阐释，随着社会文化的不断发展，人们从自然环境中获取灵感，通过建筑形式记录着与自然的交流，今天所说的生态建筑元素早在几千年前的土屋中就已经隐约可见。今天，世界各地仍保留着大量较为原始的建筑聚落，它们在现代文明中依然具有独特的魅力。

现代建筑师在对原始本土建筑的考察中获益匪浅，并不断汲取灵感，将其所包含的生态学含义及其与自然环境的完美融合运用到现代建筑中。可见，本土建筑及其在自然环境中的存在形式在建筑史上发挥着极其重要的作用。建筑大师路易斯·康从非洲回来后就曾说起："我看到很多土人的茅屋，它们形式相似，都非常好用，而在那里没有建筑师。我很感动，人类竟可以如此聪明地解决太阳、风雨的问题。"①

三、现代建筑中的生态建筑元素

建筑设计是直觉感受与理智分析的综合过程，很少有建筑能达到圆满的境地——既如诗画般迷人，又如机器般实用。有些设计不是因为讲究艺术造型而忽略了建造技术，就是追求实用效果而缺乏了情感魅力。要想真正达到感性与理性的完美结合，就必须处理好建筑与周围环境以及自然生态环境之间的关系。

建筑师只有对建筑与周围环境的关系提出个人的见解，才有可能进行创造性的建设。建筑师也只有具备了丰富的情感和独到的领悟力，才有利于促进建筑与周围环境的和谐融洽。现代建筑师常常对用地周围的原有建筑形式如获至宝，以求得在建筑造型上的统一或对比。

西方古典建筑师将建筑作为人类的杰作与自然进行完全对立，在对建筑进行设计时以几何学和数学为设计准绳，而忽视了周围的自然因素。19世纪中期，达尔文等科学家在自然科学领域的发现，改变了人们对自然的理解。此后，钢和玻璃被大量地运用到建筑中，现代建筑运动的成就之一就是采用了玻璃，既分隔了室内外空间，又能达到内外交融，人与自然的交流。

在人们的印象中，现代建筑通常是与自然环境、地域特性相对立的，它以令世人瞩目的技术和经久耐用的材料——钢、玻璃和混凝土，让建筑傲然注视世间万物。第二次大战后整个世界进入了百废待兴的阶段，重建工作非常紧迫，同时由于追求建筑的自我形象、商业利润和施工便利，而疏忽了

① 周浩明，张晓东．生态建筑——面向未来的建筑[M]．南京：东南大学出版社，2002:10.

对建筑环境的考虑，国际式的建筑风格流行一时。不可否认，现代主义建筑中充斥着机械论的观点，孕育于包豪斯，发展成熟于美国的现代建筑理论左右了许多建筑师的个人实践，从格罗比乌斯和密斯等先驱，到约翰逊、SOM事务所以及美国一些大型建筑公司等追随者，以致最终泛滥成为一种国际风格。

对建筑大师的建筑作品进行分析可以发现，他们杰出的作品并不是受到了国际式建筑风格的影响，而且他们积极研究自然环境，从本土文化中汲取灵感。他们的作品体现了建筑与自然的完美融合，可以说是当代生态建筑运动的序曲。

（一）哲理与诗意的融合

从勒·柯布西耶的建筑作品中可以充分感受到哲理与诗意的融合，以及对自然环境的深情。在早期，他对现代建筑语言进行了理性的分析研究，在新艺术运动理论的影响下，对传统的建筑与景观之间的关系进行了重新审视，在其设计中主要表现为选择平整开阔的建造用地以及白色的建筑色彩，另外，他强调增加绿化面积，萨伏伊别墅（图 2-18）就是一个典型的例子，乍看周围景观与建筑造型仿佛并没有联系，但仔细分析可以发现，室内与屋顶的视觉景观不断得到了延伸，每一扇窗都具有极佳的视觉效果。

图 2-18

类似于乡间住宅的退层式屋顶花园也在柯布西耶的城市住宅设计中有所体现。柯布西耶在设计过程中对建筑与景观的关系有了更加深入的理解，此后，他注重将建筑与自然进行诗意的融合。例如，印度的昌迪加尔行政中心（图 2-19）和位于哈佛大学的卡朋特视觉艺术展示中心（图 2-20）与所处自然环境的融合就非常和谐。

图 2-19

图 2-20

（二）神话般建筑的创造

美国建筑师路易·康的设计是对勒·柯布西耶式的建筑理论的继承，他热衷于创造神话般的建筑。他为印度次大陆的孟加拉国设计了首府达卡的政府建筑群（当时勒·柯布西耶以事务繁忙为理由，阿尔瓦·阿尔托以身体健康原因都拒绝了这项设计任务），他从建筑场地独特的自然环境中获得灵感，融入了一些宗教思想，其中一些建筑细部的处理充分考虑了当地的气候特点，他曾这样描述道："建筑试图寻找到一种适当的空间形式，通过出挑的屋檐、深深的前廊和防护墙体使室内外过渡空间免于太阳的暴晒、强光的灼射、热浪的侵袭和雨水的淋湿。"他在建筑空间和形式的设计中融合了建筑物与自然气候之间的矛盾。直至今天，所有建筑物仍然散发着自然的气息，没有任何一座建筑物中装有空调，如孟加拉国议会大厦（图 2-21）。

图 2-21

（三）对人类、自然和技术的关注

芬兰建筑师阿尔瓦·阿尔托对人类、自然和技术之间的关系进行了分析，他在设计中坚持浪漫情感与地域特点的结合，这对目前的生态建筑设计有着重要的影响。他的建筑设计植根于现代建筑，强调整体功能的发挥，同时他避开了抽象简化的思想体系，融入了引起他内心共鸣的因素。他的早期作品帕米欧结核病疗养院（图 2-22），是一幢白色建筑，掩映在白桦树和松树林之间，以七层的病房大楼为主体，整个疗养院依地就势舒展开来，与环境和谐统一。

图 2-22

从整个建筑的形式和功能布局中可以看出其在建设过程中对现代主义建筑原则的遵循，许多评论者认为这是现代建筑运动发展阶段的典型代表。

从阿尔瓦·阿尔托个人的建筑生涯来看，这可以说是其建筑设计的一个转折点，其后的设计主要侧重于对地域文化与建筑关系的研究，不规则的曲面、变化多样的平面形式、室内空间的自由流动等在他的建筑中得到了广泛的运用。这些看起来并不符合现代建筑工业化横平竖直、排列规则的要求，但他坚持在建筑设计中融入经济性和标准化的因素。

阿尔瓦·阿尔托所设计的建筑形式、特点、风韵都是与芬兰的自然景观相协调的，同时还受到建筑基地地形、地势的制约，如赫尔辛基理工大学（图2-23）和退台式住宅（图2-24）的设计。

图 2-23

图 2-24

由于他对木材的广泛运用，因此能够满足建筑的经济性要求，如图 2-25 所示。由于不像钢铁和钢筋混凝土那样具备坚固耐久的结构特性，木材在现代建筑中已很少作为结构材料使用了，仅在手工制品和民间工艺品中得到运用。阿尔托认为，丰富的弹性和可塑性是木材的典型特征，木材变化的纹理和人情化的质感表现出不同于工业产品的独特魅力。阿尔托不仅在建筑空间中使用木材，而且也在家具设计中广泛使用木材，如图 2-26 所示。

图 2-25

图 2-26

可以说，阿尔托在建筑设计中运用了现代主义手法，但他更注重在精神与实用方面对人与建筑的关系进行审视。同时，他注重对自然光的利用，自然光透过窗子投射在家具上、人的身上等，突显出一种温情，如图 2-27 所示。

与勒・柯布西耶威严的建筑风格不同的是，阿尔托的建筑与自然环境完美结合，呈现出一种自然和谐之美。作为一位现代建筑师，阿尔托的建筑形式和建造方式从他的祖国——芬兰的自然环境、地域特点中汲取灵感，他建立在对当地整体风貌的熟悉和了解基础上的设计方式是现代生态建筑思维中所必须的。

图 2-27

（四）对传统建筑及其自然环境的借鉴

F. L. 赖特在建筑设计中也始终坚持着自己的设计信念，从传统建筑及其自然环境中获得设计的灵感。赖特生长于美国的中西部，他以敏锐的洞察力和判断力对欧洲建筑产生的根源进行了深入的探讨，但他并没有受到欧洲历史文化的束缚。他的建筑理论在很大程度上还得益于日本早期的传统建筑，他对日本建筑的流动空间、建筑材料的选择等非常推崇。他在选择材料时主要考虑材料的实用性，同时他还积极发现一些原材料新的效用，可以说，这些天然材料在今天所提倡的可持续设计中具有极其重要的作用。

赖特从家乡独具特色的自然景观和深厚的历史文化中不断获得设计灵感，他强调建筑应该植根于大地，与自然环境做到和谐统一。他为匹兹堡富商考夫曼设计的周末度假住宅——流水别墅（图 2-28、图 2-29）可以说是建筑与自然环境完美结合的一个典型例子，整个建筑的人工物与自然景观和谐地融合在一起，蕴含着欧洲现代主义建筑技术的精粹。

图 2-28

图 2-29

赖特的私人住宅和工作室——西塔里埃森(图 2-30、图 2-31),也是其非常成功的建筑设计。砂石荒漠是整个建筑的背景,建筑周围种有仙人掌,如从大地中直接冒出来似的,纵横交错的木架像是风沙荡涤后的残存,在时光中散发着独特的魅力。赖特的"有机建筑"理论对现在的生态建筑实践具有重要的指导性意义,他认为有机建筑设计是一个不断发展的过程,没有终结的时候。建筑设计处于动态发展之中,环境及其使用者是其重要的影响因素。

图 2-30

图 2-31

(五)对智慧和技术的重视

现代主义建筑大师巴克明斯特·富勒同样对生态建筑做出了重要的贡献。美国建筑师学会对他的评价是“一个设计了迄今人类最强、最轻、最高效的围合空间手段的人,一个把自己当作人类应付挑战的实验室的人,一个时刻都在关注着自己发现的社会意义的人,一个认识到真正的财富是能源的人和一个把人类在宇宙间的全面成功当作自己的目标的人”[①]。他所从事的工作具有广泛的外延,包括设计、艺术、科学和哲学等。非常值得一提

① 周浩明,张晓东.生态建筑——面向未来的建筑[M].南京:东南大学出版社,2002:21.

的是他的研究理论。他认为,相对于宇宙而言,地球是非常渺小的,地球上各个系统及组成部分是相互依存、相互制约的。

早于马韶尔·麦克鲁恩的“地球村”35 年,富勒已经提出了“全球村计划”。他在出版于 1938 年的《登月之链》中对地球各组成系统之间彼此依赖、和谐相处、多样共存的特性进行了详细的阐释。他指出技术能够有效解决社会发展中面临的问题,但从未提及即将发生的生态环境危机。他对全世界的资源分配利用问题进行审视,认为应在全世界范围内倡导可持续发展的观点,对有限的物质资源进行合理的分配与利用,促进人类的长远发展。他的发明创造和建筑设计都经过了精密的分析和对所用材料的模拟想象,以尽量少的资源耗费完成建筑任务。他所创作的装配式球形穹隆凭借节约材料、重量轻的特点著称于世,如 1967 年加拿大蒙特利尔世界博览会上的美国馆(图 2-32),这种球形架组成的多面体张力杆件穹隆,直径 76 m,高 60 m。

图 2-32

(六)现代建筑中的生态建筑元素的典型分析

除了以上几位先锋建筑师的设计外,目前已经有越来越多的有识之士加入了生态建筑的实践行列,在现代建筑中积极融入生态元素。下面主要从文化建筑、办公建筑、居住建筑等方面出发对其进行具体分析。

1. 文化建筑

1)印度尼西亚大学日本研究中心

印度尼西亚大学是全国最大的大学之一,该校园将以前散落于雅加达的三个不同地区的设施组合在一起。与其他大多数环太平洋城市一样,城中的建筑都非常具有地方特色和当代风格。印度尼西亚大学日本研究中心与众不同，它采取了低层建筑、分散布局以及人性化的设计手法，没有刻意地借鉴任何传统形式，整个设计既反映了印度尼西亚种族的多样性，也反映了传统日本建筑的恬静风格。每个学院的建筑都反映了一些印尼传统建筑的风格，并都以坡度为 45°的瓦屋顶和白色支撑构架统一起来。该建筑群在场地布局上是以传统的日本建筑模式来进行规划的：以演讲厅为中心，较为随意地布置各点；景观特点则以绿树掩映和连绵起伏的草坪为主，这些树木是基地上原来就有的。

雅加达为热带雨林气候，因此，相应地在建筑上尽量利用了自然通风，通过悬挑的屋檐来遮阳，并确保建筑物之间的所有通道都是开敞且避雨的，仅在进深较大和人员拥挤的房间安装空调。

斜坡的屋顶使室内空间宏大、宽敞，让人颇感舒朗，从屋顶射入的阳光更强化了这一空间特点。校园建筑的瓦屋顶在这片经过精心规划但略显随意的场地中起着统率作用，如图 2-33 所示。

图 2-33

简单的造型与凝练的用材使建筑表现出和谐统一的特点，如图 2-34 所示。

图 2-34

建筑与建筑之间由走廊连接,为行人提供方便,如图 2-35 所示。

图 2-35

内庭院给人以温馨自然的感觉,如图 2-36 所示。

图 2-36

2)赫顿图书馆与文化中心

赫顿图书馆与文化中心是一座用南向的玻璃暖房充分利用太阳能的绿色建筑,这是德国 LOG ID 公司常用的手法。在建筑的南面,他们充分利用太阳为亚热带植物的生长提供足够的热量,即使是在冬季,也能充分地享受到阳光。

但在紧密的城市建筑工程中,要做到这一点并非易事,赫顿图书馆与文化中心就是这样。建筑师迪特尔·欣泊在建筑各个立面的顶部设计了一套空气收集装置,太阳能对进入收集器的空气进行加热,收集器发挥着热交换的作用,对建筑内的气温进行有效调节。

玻璃的中央大厅为文化中心,实墙部分为图书馆,二者共用一个入口。玻璃中央大厅为读者提供了交流的场所,同时也具有音乐厅的功能,当在这里演奏音乐的时候,听众可以在图书馆通向中央大厅的挑台上欣赏音乐。由于植物能够有效地吸收声音,因此玻璃大厅中可以不采用任何吸声材料,如图 2-37 所示。

图 2-37

主入口所在的西北立面,顶部突出的玻璃屋顶正是建筑的特征所在——空气收集器,如图 2-38 所示。

图 2-38

建筑剖面显示了圆柱形的中央大厅和四层的图书馆。在折线形玻璃屋顶的下面装有太阳能收集器,可以将水和空气加热,如图 2-39 所示。

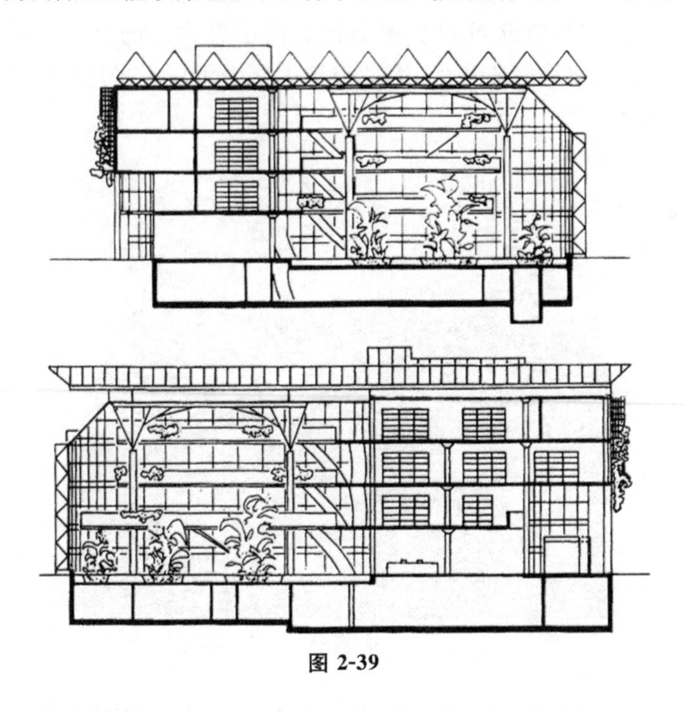

图 2-39

玻璃圆柱大厅上面是悬挑的玻璃屋顶。圆柱大厅的玻璃具有很高的隔热性能;圆柱形大厅的屋顶可在天热时打开,形成烟囱效应,将室内热空气排出,使建筑冷却,如图 2-40 所示。

图 2-40

从底层平面来看,这座位于拥挤市中心的建筑似乎不像是 LOG ID 公司太阳能建筑的理想形象,但事实上,它却很好地保持了该公司的能源策略,如图 2-41 所示。

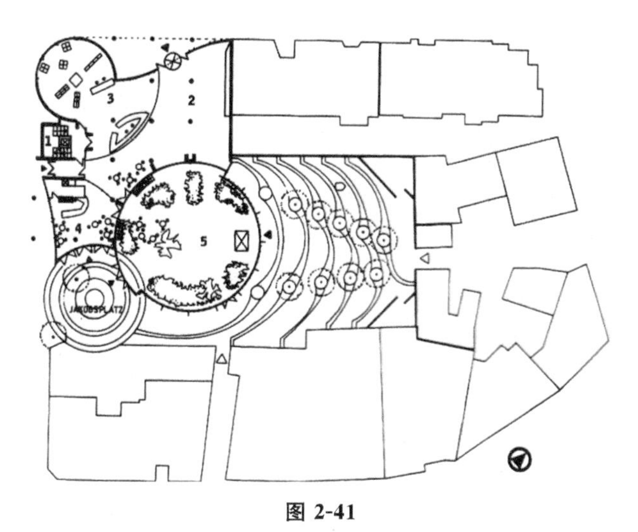

图 2-41

1—楼梯间;2—接待室;3—目录室;4—咖啡室;5—中央大厅

3)亚里桑那州州立沙漠博物馆

亚里桑那州州立沙漠博物馆是一座建在沙漠中的博物馆,其以环境为基础,与环境相呼应。建筑中有两个餐厅,共用一个厨房,可以同时容纳350人。这个设计力求创造宜人的小气候、实现水资源的循环利用、最大限度地节约原材料。考虑到遮荫与周围环境的完美融合,建筑进行了相应的设计。参观者们在进行了一段沙漠旅行后,迎面会看到一株巨大的仙人掌,引导他们进入博物馆,如图 2-42 所示。仙人掌在夏天和冬天具有不同的光影效果,也是沙漠中一个独特的景观。

图 2-42

餐厅经过改建形成了就餐和室外平台两个区域,如图 2-43 所示。

图 2-43

建筑的地基处理得非常巧妙，它俯卧于珍贵的植物之中，而止于倾斜的地形之上，如图 2-44 所示。

图 2-44

流线型的护栏在平台和远处的沙漠景观之间提供了一个恰当的视觉转换，如图 2-45 所示。

自然石材的倾斜墙体可以说是建筑逐渐融入沙漠边缘的一个非常好的过渡，如图 2-46 所示。

2. 办公建筑

1)巴克雷卡德总部

巴克雷卡德总部位于英国中部北安普顿郊区的一个商业圈内，是英国当代低能耗综合性办公大楼极具代表性的建筑，并在英国建筑研究中心环境评价方法的评估中取得突出成绩，该评价方法专门界定了新建办公室的能源和环境标准：这幢房子的最初设想是容纳巴克雷卡德的2 300名英国职员（要求建成一个标准的总部办公建筑，但由于广泛使用计算机而导致室内热负荷过高的状况），另外，还要将三个独立的部分出租给他人。

图 2-45

图 2-46

这座建筑具有良好的自然采光和通风效果，建筑北面有一个很大的人工湖与建筑对景，在正立面的北面设有一个大面积的玻璃窗可俯瞰湖泊；南立面的窗洞较深，采用的材料具有良好的储热性能，有利于建筑物温度的调节。这座建筑根据季节的不同，有两种运行模式，保障室内温度适宜。

来自窗户和内廊的良好日光可以照射到所有的区域，人工照明的高频整流器带有感光自动控制系统。所用的木材是以可持续方式开采的，饰面材料也避免选择易挥发的有害有机化合物。卫生间采用低水量的 6 L 节水型冲水马桶，尽管建筑附近有公交线路，但还是为骑车者提供了自行车停放设施。圆形的构架所划分的门厅空间，如图 2-47 所示。

图 2-47

2）国立奥杜邦协会

1990 年初，国立奥杜邦协会得到了一栋已有百年历史、带有明显历史特征的商业建筑——希默洪大楼。在自然资源保护委员会对工程的关注下，克洛克斯顿联合事务所受托从环境的观点出发，对这幢面积约为 9 100 m^2 的旧建筑进行改造，作为国立奥杜邦协会新的国家总部。

建筑本身在尺度上的优势，以及事务所在整栋建筑中设计机械和控制系统的良好能力，不仅使自然资源保护委员会的策略得到了加强，而且还通过这些策略的最新应用，进一步扩展了内涵。为保护和回收利用资源而制订的五点计划在此工程中取得了显著的进展。这五点计划是：尽可能利用原有的建筑；垃圾分类并回收利用建筑垃圾；最大程度地循环利用厂商推荐的新材料；用物理设备来支持循环利用的实施（即滑槽、回收中心、堆肥设施等）；其中最重要的是一份由奥杜邦制定的与购买和使用计划相一致的有关垃圾含量的详尽的分析报告。

自然驱动（节能的金属板装置和框架结构可以使空气流通量增加 100%）和能量驱动装置（燃气的冷热调节装置）的开发，可以最大限度地常年利用室外环境气温。同时，提供了高水准的空气过滤装置（85%）。最为关键的是，奥杜邦向我们证明，如果所有的建筑都能在水资源保护、固体垃圾管理和大规模转运等方面以此为榜样的话，那么随后的排污设施、垃圾焚化炉、垃圾掩埋场以及交通干线等问题就可以避免了。它代表着对现有政策的挑战，能极大地改善现有基础设施，避免因建造新的基础设施而造成的惊人浪费。

曼哈顿的历史建筑重新起用，作为奥杜邦协会的新总部。这一措施充分利用了蕴含于建筑之中百年之久的能量，如图 2-48 所示。

楼梯的踏步采用低瓦数日光灯照明以补充自然光照的不足，如图 2-49 所示。

图 2-48

图 2-49

会议室在顶层，采用自然光照明，以节约能源。不含有毒挥发物质的低碳采用非挥发性的黏合剂黏接，如图 2-50 所示。

3）松下电子公司

这座建筑位于东京一个工业和居住的混合区域内，是日本大型公司——松下电子公司的信息交流中心，其设计基于两个主导理念：其一是实现“人性与技术和谐”；其二是创建一个高效而多功能的研究中心。为减小建筑物的体量以及底层的阴影区域，松下电子公司设计者采用了梯形的建筑形式。南两北部分的地坪彼此错开，中间形成了一个同样的梯形中庭空间。中庭的东端是大面积的玻璃墙，西端为电梯和一些集中设施。接待区位于底层中庭，与花园结合在一起，内部人工与自然的融合，可以使人们心情放松，也可以掩盖风机产生的噪声。

图 2-50

建筑的节能策略则综合了自然通风与空调、人工照明与自然采光。设计方案曾根据模型进行模拟试验，其结果是非常详尽而复杂的。从建筑的底层平面图可以看出中庭的布局及其两边的办公区，如图 2-51 所示；从办公空间的剖面图可以看出该建筑的采光和通风措施，如图 2-52 所示。

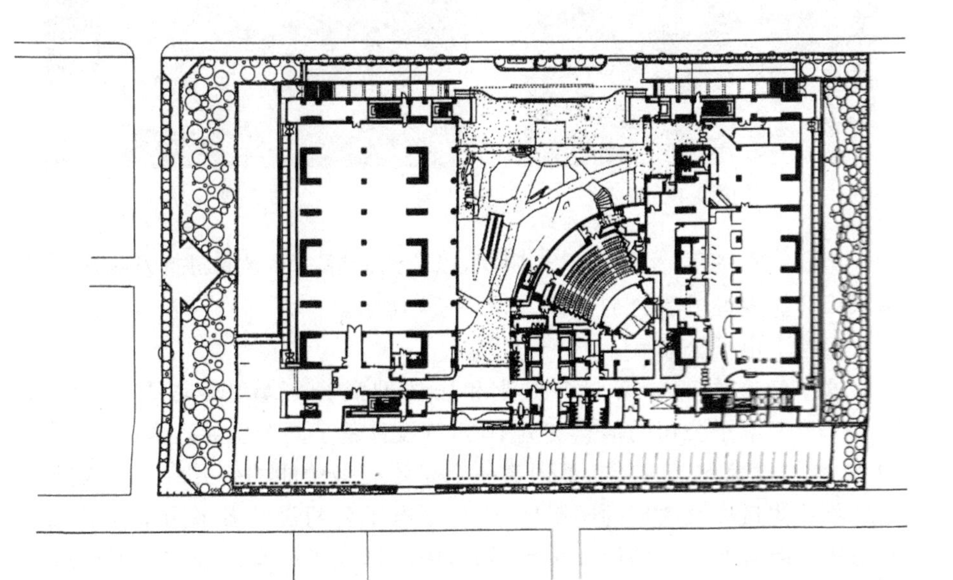

图 2-51

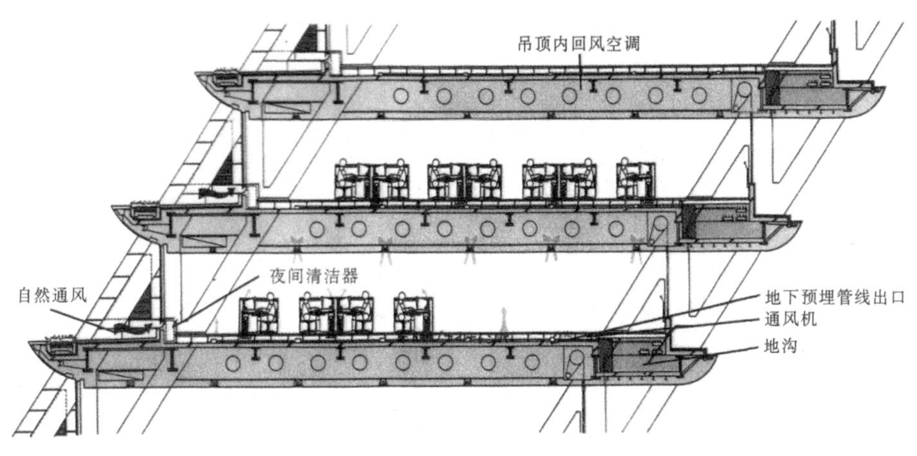

图 2-52

大面积的玻璃墙面突出了建筑的主入口，如图 2-53 所示，同时还具有梯形的建筑立面和抗震的支撑结构，如图 2-54 所示。

图 2-53

图 2-54

另外，面向中庭的室内玻璃墙，上有太阳能控制系统和桥架，如图 2-55 所示。

图 2-55

3. 居住建筑

1)比尔的公寓楼

比尔的公寓楼是一幢三层楼的郊区公寓建筑,它由 8 套大小不同的住宅单元构成,站在楼上能够俯瞰整个小镇。该建筑基地东南向的陡坡迎合了 LOG ID 建筑事务所的绿色太阳能建筑的概念。每一个居住单元都有一个阳台,位于每一个单元之前的玻璃暖房是其最重要的特征。玻璃暖房与住宅紧密地结合在一起,充分利用太阳能源。夏天,玻璃房用作温室;冬天,玻璃房无须供热,而仅作为热缓冲空间。总之,用于供热的能量消耗降低了 20%~30%。

另外,玻璃房内种有亚热带植物并有自动灌溉装置,这些植物能够有效吸收二氧化碳并产生氧气,还能够减少空气中的有害物质,适当调节室内的温度。

通向每个单元走道的主入口设在建筑后面的一个小坡地上。屋顶山墙的形式与周围建筑形式类似,如图 2-56 所示。

居室中暖房的高度使室内空间显得非常宽敞,植物带给建筑自然的绿色的同时并能提高室内氧气的含量,如图 2-57 所示。

图 2-56

图 2-57

2)棕榈住宅

棕榈住宅是一位作家和一名木匠的住宅，坐落在一块布满美洲蒲葵、松树和胡椒树的约 0.8 hm^2 大的场地上。客户希望这所房子能够使人联想到佛罗里达传统的“薄饼”式的锡顶房，显示出与当地的气候相一致的外观特征。一楼是一些非常实用的空间和木工房，二层包括生活空间和阁楼工作室。

通过使用辐射屏，在炎热潮湿的气候中房屋也能保持凉爽、舒适。以“低辐射率”特性而闻名的辐射屏不是吸收并再辐射能量到室内，而是通过对红外线辐射的反射，限制红外线辐射在空气中进行传递。大部分建筑材料，如玻璃、木材和油漆都有高辐射率而易于辐射能量，这使它们不能像辐射屏那样行之有效。这座房子在屋顶和大部分墙面构造中应用了金属箔片辐射屏，由于建筑暴露在大量的太阳辐射之中，这对利用辐射屏技术是相当有利的。为了清除金属箔片和屋顶之间积累的热量，在天花底面和屋脊布置了对称的通风口。

12 个叶片式风扇在无风的天气里加强了通风，屋顶山墙上设有用于散射的排气孔，如图 2-58 所示。

图 2-58

厨房的橱柜和地板采用可再生的硬木，吊扇可以帮助空气流通，如图 2-59 所示。

从厨房及起居区看入口门廊，从入口门廊看室外楼梯都具有不一样的景致，如图 2-60 和图 2-61 所示。

图 2-59

图 2-60

图 2-61

东西两侧带纱窗的门廊扮演了热缓冲的角色，同时这一空间也提供了免受虫害侵袭的休息场所，如图 2-62 所示。

图 2-62

另外，由旋转楼梯可到达依靠桁架悬吊于空中的阁楼，由于隔断都不到顶，在室内可以自由地享受自然的风景、光线和微风，如图 2-63 所示。

图 2-63

3)希望之屋

“希望之屋”实际在很大程度上是由主人亲自参与建造的，尽管建筑用地非常紧张，却充分利用了河道景观，并与周围环境巧妙地融合在一起，通过改变建筑标高，提高了住宅用地的私密性。南面全部开窗，以最大限度地利用太阳能和自然采光。此外，住宅中的温室成了室内外的温差过渡区，不管四季更迭，起居环境总是舒适宜人。

为适应时代发展的需求，这幢住宅有效地将传统的功能分区与消闲的温室结合在一起，图 2-64 所示为温室外观，图 2-65 所示为温室内景。事实上，只是以这两种原本属于乡郊的典型生活方式来创造一种可持续的城市类型。该住宅采用了低耗能的材料，建造预算价格非常低，而且 95％的资金由地方住宅互助协会提供贷款。一旦业主经济条件允许，还可增设高效的水冷式光电太阳能系统和雨水加热储备设施。建筑师们致力于建造这类住宅组成的高密度城市住宅组团，这样的住宅组团将是“希望之城”可持续发展城市环境的一部分。

“希望之屋”整个建筑外观造型优美，与自然和谐统一，如图 2-66 所示。

图 2-64

图 2-65

图 2-66

第三节　生态理念下的建筑多元化探索

从宏观层面来看，虽然当代各流派之间的界限渐趋淡化，但依然存在的建筑潮流多元化发展格局使各种流派得以共同发展，都对数字技术革命和生态技术革命进行了不同的阐释，在积极运用数字技术和生态技术及其他高新技术的探索和实践中得以发展；从微观层面上讲，20 世纪八九十年代以来，一些建筑师在新的历史时期，纷纷创作了一批具有探索性、代表性的基于数字技术和生态技术的高技术生态建筑作品，能够综合、全面与准确地体现和表达当今与未来的数字技术和生态技术，以及其他高新技术与技术思想的发展水平和趋势的建筑典范。

一、融合多种技术思维的探索

“未来系统”是当代富于探索、创新精神的创作团队之一，其设计思想融合了多方面的技术思维、充满了前瞻性和创造性，其作品如“武器工业般的精确、航空器构造般的轻盈”等，是对传统的建筑形象、空间模式、技术运用及其表现的彻底颠覆。未来系统融合多种技术思维的探索体现在以下几个方面。

(1)关注当地建筑技术的发展，试图将数字技术、生态技术等高新技术运用到建筑设计、建造和运营管理中，努力去实现建立在科学基础和高新技术之上的天然、经济、节能和环保的建筑。例如，图卢兹 Zed 计划方案模型，建筑采用密集式布局，立面和屋顶都用来收集太阳能，如图 2-67 所示。

图 2-67

(2)借鉴了仿生学的原理和理论,一方面在建筑形态、结构上仿生,在视觉上达到同自然环境和谐一致并获得良好的力学性能;另一方面是设计理念来自生命原理的启示并注重技术仿生,利用高新技术手段和材料,并结合建筑自身的特性,模拟生物不断完善自身性能,赋予建筑"生物特性",使之成为整个自然生态系统的有机组成部分,实现建筑的节能与环保目的,如"方舟"的建筑造型就是受到了仿生建筑学的影响,如图 2-68 所示。

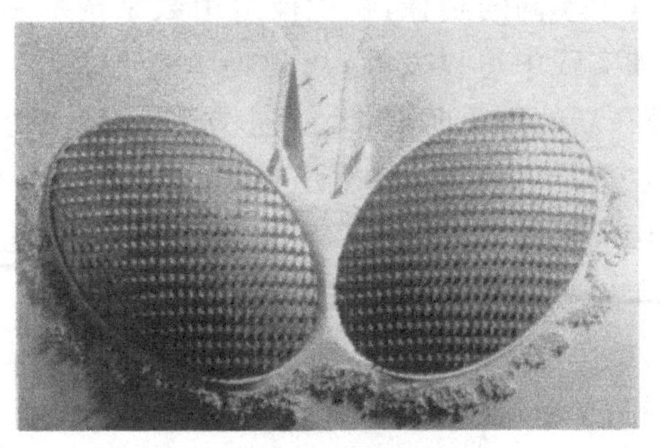

图 2-68

(3)对自然生态资源、环境的关注和利用是未来系统设计作品的重要思想源泉,在建筑设计中充分考虑对自然通风和采光的运用,降低能源消耗,积极探索对可再生能源的利用。例如,柏林 Zed 计划中屋顶和外墙都配置有太阳能光电装置,如图 2-69 所示。

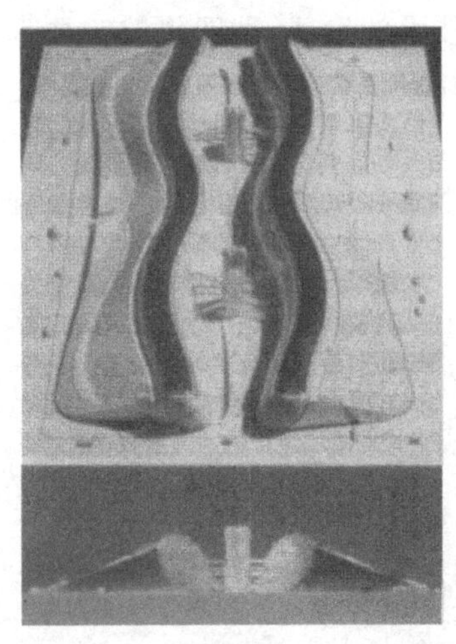

图 2-69

(4)在使用和对待高新技术的态度上,未来系统一方面承认其科学性和尖端性；另一方面也以慎重的态度用一种相对简单系统下的自然程序来运用，反对噱头式地滥用所谓的“高新技术”。

(5)未来系统认为在可持续发展的背景下，当代或未来的建筑其主要方面是对材料的选择以及建筑建成后的表现，建筑必须在能源上实现自给自足，至少应该能自己生产80%的能源，这样的思路导致未来系统高度重视对建筑材料的选择，也使他们的作品充满了仿生的形象。例如，伦敦Zed计划中建筑两部分的空隙内安装有风力发电机为建筑提供电能，如图2-70所示。可以说，用越少的材料建成的建筑就越“生态”，因为它在生产、制造、运输以及施工中所用的材料和能耗都最少，这一点是富勒“少费多用”思想和威尔夫妇自维持住宅理论与实践的继承和延续。

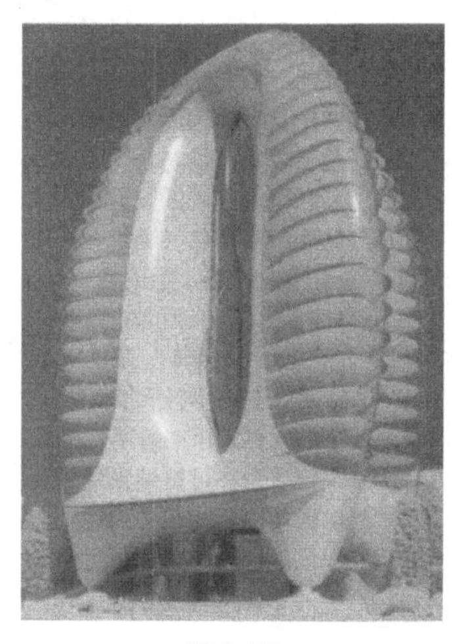

图 2-70

未来系统的设计作品往往非常前卫，常常超出客户可以接受的程度，因而很少实现，但是近期某些比较超前、复杂的重要设计将会实现，未来系统的世纪性成果——方舟就是其中之一。方舟所在的建筑基地南面靠着一片悬崖，建筑占地近10 000 m^2，内部共有三层，注重进行自然通风与太阳能供热。通风与供热系统相对独立，能够根据季节的变换进行有效调整。在夏季屋顶可以充分打开，进行通风换气，在冬季通过太阳能聚热板和天然气锅炉为室内供暖，暖气用水大部分来自配置在建筑底部的蓄水池中积存的雨水。方舟的目标是在一个建筑形式里表达诸如“现今社会对建筑师的要求是建造一座全新的建筑，使它符合对自然的全新态度。它应该是有机的、天然的，并且包含21世纪的能源效率和无污染技术”的观念。另外，未来系统的“Zed”系列设计是由欧洲委员会发起的一项计划，用来进行欧洲城市中建筑有害物质散发为零的可能性研究，以及解决空气污染对建筑的影响，同时也研究建筑材料的使用寿命、材料的构造方式、重复利用的可能性以及建筑材料对自然环境的影响等课题，这项计划的参与研究者还有剑桥大学的马丁中心。这一计划包括位于伦敦、图卢兹、柏林的三座建筑，它们都包括了办公和居住部分，探索了城市建筑低能耗、综合发展的潜力，每座建筑的设计都考虑了其具体位置气候及城市环境特征。

二、积极采用被动式节约能源消耗、降低污染的探索

从人类的传统建筑来看，其中包含着原始朴素的生态知识和技巧，只是在现代化发展过程中常常被人们忽略，福斯特虽然致力于研究建筑领域里高新技术的运用，但他同时也非常重视对传统生态建筑技术手段的运用。在地中海地区的两座建筑实践中，他积极利用当地的自然条件，最大限度地实现能源的节约。福斯特对于生态建筑有着自身的理解，主要表现为以下几方面。①用最少的来做最多的，提高资源的利用率，实现可持续发展。②在使用过程中以及在建造过程中消耗最少的能源，并尽量使用可再生的能源。③建筑应具有比较灵活的可变性，在为人类提供长久的服务的同时，减少建设造成的环境问题，这一思想来源于他早期“可变机器”的设计策略。④可持续发展的思想在建筑领域的体现，并不仅仅是指单座的建筑，其概念可以扩展到整个城市、区域乃至地球全体。

德国柏林国会大厦(图 2-71)改建工程是福斯特在生态时代、数字时代对上述思想的成功实践，福斯特根据柏林的气候特征，在设计过程中采用了多种能源节约的策略，如充分利用自然光照明、采用混合式能源使用系统，国会大厦通过原来自带的电站产生的能量，极大地降低了能源的使用，还能向周围的建筑提供电力。

图 2-71

通过对可再生能源的利用以及对废弃物的回收，取得了良好的环境效益和社会效益。其具体生态策略体现在以下几点。

(1)大厦穹顶内的锥体(图 2-72)不仅能够给人留下深刻的视觉印象，而且在自然光照明和能源运用策略方面有着重要的影响，通过锥体上的反射板能够对自然光进行充分利用。在不同的季节，通过调整遮阳系统的位置达到对太阳光线的合理利用。另外，锥体内设置的通风管道能够促进空气的流通，保障室内温度、空气的适宜。

图 2-72

(2)旧国会大厦曾安装燃油发电机为大厦供暖和降温，不但消耗大量的能源并产生惊人的污染，20 世纪 60 年代每年大约产生 7 000 t 二氧化碳。对大厦的改建工程，保留了具有良好热绝缘性能的厚重外墙，为使用被动式系统控制室内温度提供了良好的条件，与传统手段相比，这些系统能减少 30％左右的能源需要，如图 2-73 和图 2-74 所示。

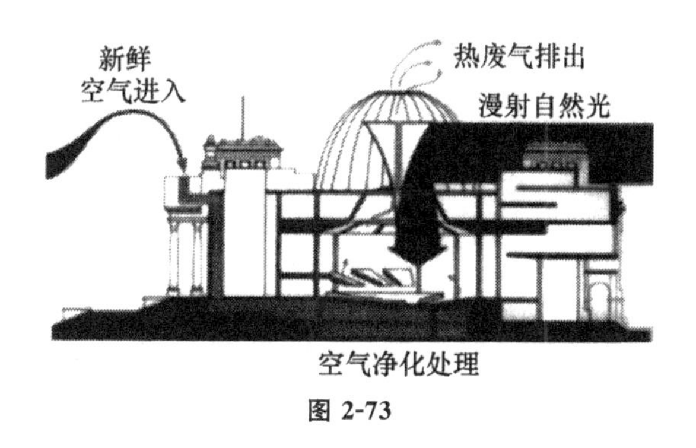

图 2-73

(3)菜籽油是大厦热能工厂的主要燃料，可以说是物质化了的太阳能。使用这些燃料能够有效降低二氧化碳的排放量。穹顶上安装有 100 余块太阳能电池板，用来给通风辅助装置和百叶驱动装置提供电能，配合菜籽油发电，如图 2-75 所示。

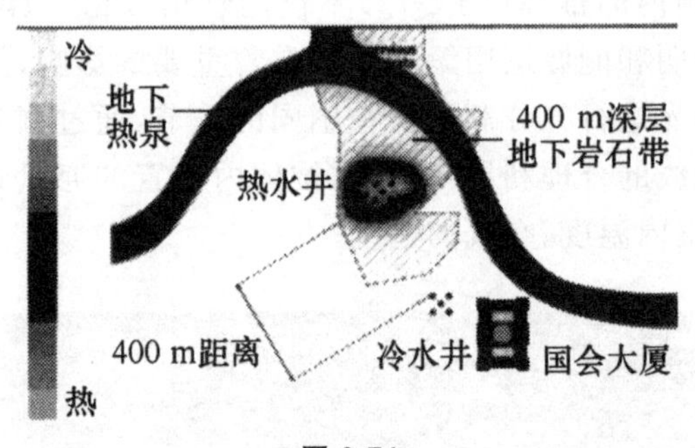

图 2-74

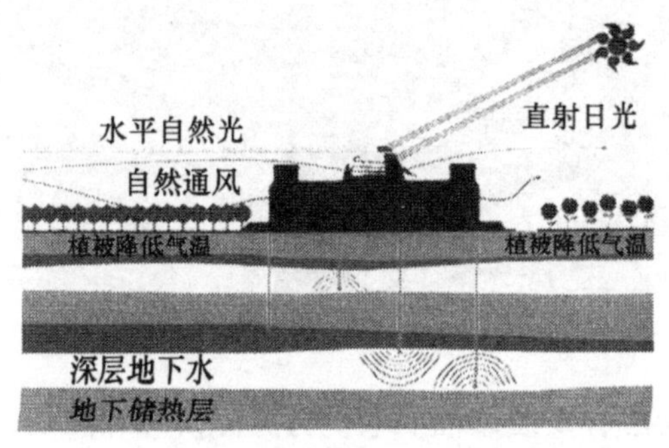

图 2-75

(4)大厦自带的热能工厂所提供的能量，一方面满足日常供暖或降温，另一方面对地下水进行加热，然后送回地层中储存，实现对能量的充分运用。绝热性能良好的地层能够有效防止热损失，这些热水为冬季的室内供暖，在夏季主要用来驱动制冷设备以提供冷却水。

(5)大厦的窗户为双层结构，外侧采用热反射玻璃，与内侧的玻璃之间有一个绝热空气层，内部配置有遮阳百叶。由于室外条件具有一定的差异，这种窗户的自然换气速度也不同。另外，双层窗户具有较强的安全性能，内侧的窗户可以打开降温。

三、通过高新技术达到低能耗、高资源效率、广适应性的探索

在数字时代和生态时代，“高技派”建筑师的代表罗杰斯，开始通过数字技术、生态技术等高新技术达到低能耗、高资源效率、广适应性的探索，具体表现在以下几方面。

(1)罗杰斯在设计中非常注重环境问题,在建筑和城市规划中积极探索能源使用、环境影响等问题。罗杰斯认为建筑要想实现可持续发展,就必须提升能源使用率,并积极开发可再生资源,泰晤士河谷大学学术资源中心(图 2-76)就是一个典型的例子。

图 2-76

(2)在罗杰斯的设计过程中高新技术始终是重要的工具,通过利用智能化设计不断提升综合收益和效率;通过采用智能建筑结构,实现自然采光最大化,强化自然通风、控制太阳热的吸收和损失。例如,劳埃德船务注册公司大楼(图 2-77)就是以双层玻璃幕墙实现建筑的低能耗。

图 2-77

(3)罗杰斯认为当代生态建筑设计主要是为了满足现在的需要,因此必须考虑社会和经济的可持续原则。可以说，低能耗、广适应性、高资源效率是高技术生态建筑的主要优势，如首尔广播中心办公楼（图 2-78）。

图 2-78

罗杰斯通过高新技术达到低能耗、高资源效率、广适应性的探索并不仅仅局限于建筑的生态问题上，在城市的可持续发展问题上也做出了积极的探索。罗杰斯曾经在东京中心区某小山上的一块很小的区域设计过一栋利用风作为能量来源的写字楼，罗杰斯充分利用用地附近常年较高的风速，使这座建筑达到完全的能量自给。另外，在对上海陆家嘴新区的规划中，罗杰斯的城市设计方案以一个圆形的中央公园为核心（图 2-79），周围的建筑呈放射状排列，以三条同心圆的环路组织起来，对交通以及各功能区进行合理安排。通过减少交通节点和污染，以及建筑的低能耗化，使这一新城区的总能耗最大限度地减少，并为居民提供方便，但方案并未被当局所采纳。

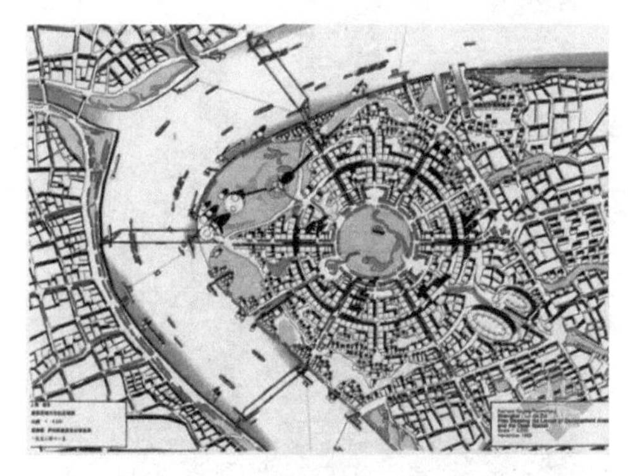

图 2-79

四、积极主动对可持续设计的探索

在新的历史时期，赫尔佐格在可持续发展理念的引导下，积极倡导对地球上有限的自然资源的保护，并充分开发利用可再生的能源形式——特别是太阳能。赫尔佐格的可持续设计的探索体现在以下几点。

（1）赫尔佐格认为传统的建筑方法从生态学的观点来看已不能满足需要了，因此他和他的合作者进行了对新建筑技术和形式的不懈探索，2000年汉诺威世界博览会上德国馆的造型（图 2-80）就是典型的例子。

图 2-80

（2）赫尔佐格认为可持续设计涉及很多方面，如建筑材料的选择、运输和加工建筑材料所需要的能源、建造的过程和方法、建筑的热学表现、建筑生命周期中的运营管理费用、建筑的可适应性（这会影响建筑的生命周期）、建筑管理的水平、建筑构件的可重复使用性等。其核心目标是降低建筑的能耗，如图 2-81 所示，上排自左至右依次为冬季白天、夏季白天、有风的夏日；下排自左至右依次为冬季夜晚、夏季夜晚、有风的冬季夜晚。

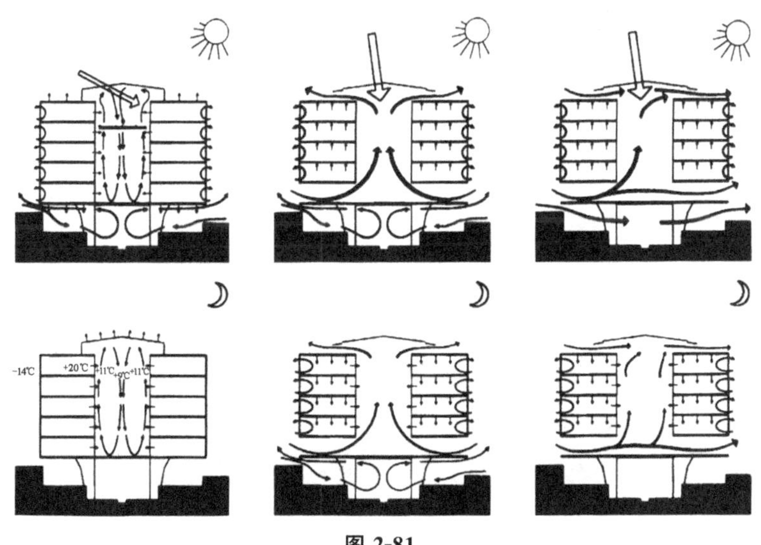

图 2-81

(3)对上述问题的考虑将会影响到建筑最后的形象,而且只有当建筑对我们的环境做出贡献时它才是成功和美的,这样赫尔佐格就初步地建立了数字时代、生态时代的建筑美学观。赫尔佐格认为对建筑的生态考虑可以成为建筑艺术构思的灵感或出发点,将导致新的形式和建筑表现,因为生态问题和当地的气候、文化环境是密切相关的,如 OBAG 管理大楼(图 2-82)。

图 2-82

(4)赫尔佐格认为在建筑和自然的相互关系上,建筑不可能很快地从自然环境中推导出来,因为建筑设计的过程和建筑的功能往往会伤害到动植物,同时他也承认人们可以从自然中获得灵感,并不断进步,建筑作为人工的产品应该向自然学习,如联邦环境局办公大楼(图 2-83)。

图 2-83

(5)赫尔佐格认为建筑外墙不只是用来屏蔽外界,形成一种保护,它也应该能够进行自我调节,并根据具体条件对光、空气和热量进行运用,如贸易展览中心建筑(图 2-84)。

图 2-84

这些可持续设计思想成为赫尔佐格设计作品的中心主题,例如,在 Linz 设计中心的项目(图 2-85)中,该建筑完全由玻璃包围着大面积的展览区域,与普通玻璃不同的是,赫尔佐格的设计采用了双层玻璃幕墙,两层玻璃间的空腔中安装若干 16 mm 的微型镜屏,这些镜屏的角度可以自动调整,有效地将阳光射入室内。可以提供多种用途,夏天不会太热,冬天也不会损失大量的热量。

图 2-85

五、以“生物—气候”为主题的探索

马来西亚的杨经文致力于研究发展环境中的生态因素及其影响,并设立工作室,他和他的合作者在处于发展中的南亚国家为一系列颇有独创性的“生物—气候”大厦已经进行了15年的努力探索和实践，并获得了国际性的声誉。

杨经文的“生物气候摩天楼”理论主要包括以下几点。①“生物—气候”建筑应充分结合当地的气候条件，并对其进行充分利用。②“生物—气候”建筑物应该通过智能手段与外部的气候进行密切联系，提高使用者的人体生物舒适感。③“生物—气候”建筑必须使能源效率的提高和对用户工作、居住环境的改善成功地结合在一起。④“生物气候摩天楼”理论是基于尊重生态环境的基础上，通过对当地客户的实际需要和当地建设方法的深刻理解来发展新的建筑物类型。

基于上述理论基础，在多年的探索和实践中，杨经文在东南亚设计和建造了许多超高层的商业用途建筑，这些建筑物初看起来颇有些惊世骇俗的时髦感甚至未来感，但其出发点并不是要创造一种轰动效应，其建筑形式主要是从生态考虑而生成的，并采用了一定的生态策略，如 Menara 商厦（图2-86）。

图 2-86

杨经文的生物气候摩天楼建筑常常具有以下特征：植物与建筑的整合——当地的植物往往是地方特色的代表之一，在生态环境上也是至关重要的；建筑内部大量的过渡空间——它们可以是巨大的屋顶花园，或者是凹入建筑的露台，或者是宽大的空中花园，“这些空间除了创造出丰富的建筑形态和空间环境外，在东南亚的热带气候中对节约能耗和改善室内环境条件起着重要的作用，另一个重要的作用是让高空中的使用者维持地平面上的当地生活方式”[①]；外墙上各式各样的保护壳体的研究，杨经文发展了多种遮阳系统和保护壳体，形成了一种表情丰富的可变性墙面。

① 李华东. 高技术生态建筑[M]. 天津：天津大学出版社，2002：38.

六、以仿生建筑学为主题的探索

随着当代科学技术领域的专业化分工程度的提高，建筑师在进行生态建筑设计时往往需要和工程师等多工种进行紧密的合作，才能将建筑的技术、艺术和环境效果统一为一个有机的整体。当代有许多专门提供建筑日照、通风、供暖、制冷以及能源分析和设计的专业性事务所，例如，总部位于伦敦的班特·麦卡锡工程咨询顾问公司就是一个进行整体工程设计的专业性设计团队，其工作领域涵盖了城市规划、建筑和基础构造设计等。他们的主导设计思想是基于仿生建筑学的理论，认为建筑物如同生物一样，可以智能化地利用“环境”这种最重要的资本，巧妙地利用环境中免费的能量，而不是以巨大的能源消耗来保持自身的运转。麦卡锡与未来系统相同的是都注重在建筑形态、结构和技术上模拟生物，从而有效地实现建筑的节能与环保目标，与未来系统不同的是麦卡锡往往能通过定性研究，借助当代功能强大的数字技术深入到定量的研究和设计中(图 2-87)。

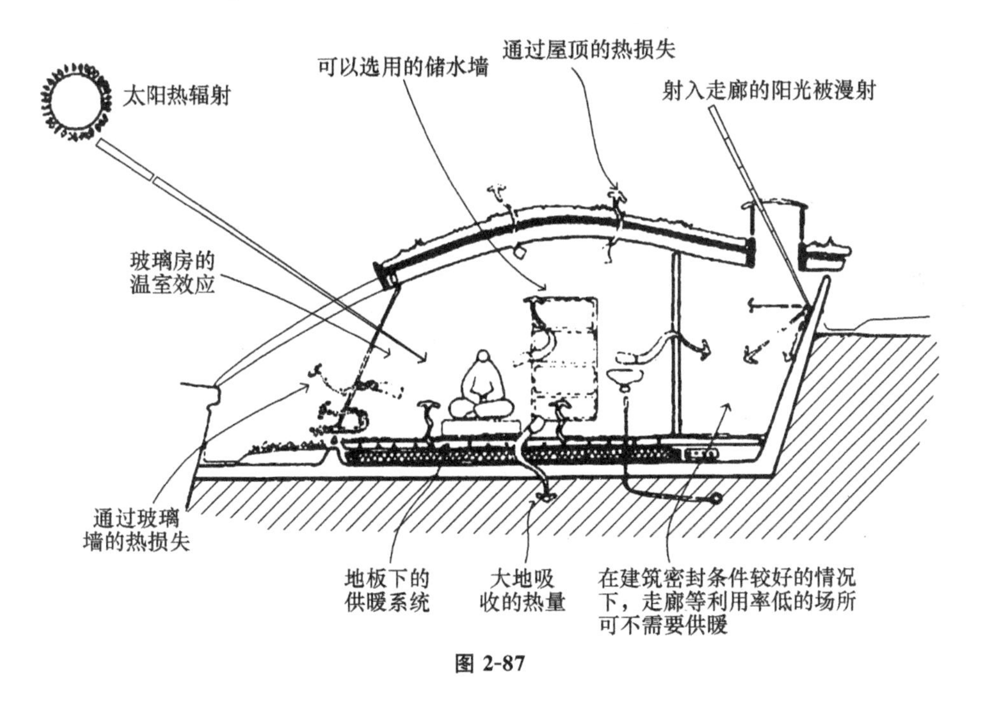

图 2-87

麦卡锡认为，应通过重视环境问题的精心设计、可靠而适合的控制系统、最大限度地使用自然能源和可再生材料来减少建筑的运行费用和能源消耗；通过减少室内植物配置和不必要的换气量保障空间、提高机构服务元素的整合度、减少不必要的吊顶等来获得最大限度的可使用空间；通过减少机械设备的运行、降低服务的复杂程度、利用耐久性强的材料/设备、可靠而简单的环境控制系统、良好的可维护性等来减少建筑的运行和维护成本；通过更强大的计算机和更有效的软件以及更精密的计算方法来对各种环境因素进行综合计算，了解这些环境因素对建筑产生的综合的、交互的影响，使得建筑能够对环境做出更适合的反应。在实践中，这一团队已经积累了大量基于上述理论的成熟作品，较为成功的设计如环境的第二指围合建筑的双重构造。研究表明，“这种双重皮肤比单层的围合系统具有很多环境方面的优点，另外，在英国的气候条件下采用双层皮肤系统的建筑比普通建筑可以减少65%能耗、65%的维护费用并能将二氧化碳的排放量减少50%”[①]。当代以仿生建筑学为主题的探索发展迅速，除了麦卡锡、未来系统以外，著名的研究人员或机构还有英国巴斯大学的Julian Vincent教授领导着一个名为“Biomimetics”的研究小组进行有关生态建筑和城市规划方面的研究，20多年来他一直在研究仿生机械的设计，并把积累的知识运用到新材料的设计和发展之中，创造出某些具有生物特性的机械装置，试图通过这些装置能自然地解决建筑的生态问题(例如，吸取诸如白蚁巢在空气流通方面的长处而设计的自然通风系统等)。出于全球范围内对环境问题的极大关注，Biomimetics现在关注和研究的问题仍然与仿生科学有关，如通过对动物界变色伪装的研究来研制一种不产生高光的涂料；研究有机体的自我生长机理和过程以开发能够自我更新、自我修复和配合的构件；模仿昆虫筑巢的行为来制造可以自动建造建筑的机器人；等等。另外，日本的象集团以“拟态”的设计理论和实践充实了仿生建筑学的研究领域。

---

① 刘云胜. 高技术生态建筑发展历程：从高技派建筑到高技生态建筑的演进[M]. 北京：中国建筑工业出版社，2008：289.

第三章　建筑设计中的生态技术整合

科学技术是第一生产力，在建筑业中也不例外。在建筑设计过程中，对生态技术进行整合和充分利用具有极其重要的现实意义。可以说，只有在建筑设计中对生态技术进行综合运用，才有利于实现建筑业的可持续发展，才能够在促进建筑业现代化发展的同时，兼顾生态环境的保护，本章内容就对建筑设计中的生态技术整合进行具体分析。

第一节　建筑生态技术整合的必要性

一、为生态意识与可持续发展思想提供背景

"生态建筑"又被称为"健康建筑"。近年来，在生态建筑理念的指导下，建筑与自然环境逐步实现完美结合。改善人们的生活环境，提高人们的生活品质，提升建筑物的舒适度，实现对生态环境的保护是生态建筑的宗旨。此外，生态建筑还非常注重保证建筑物的安全性和私密性，以及对自然景观的观赏。

早在19世纪，一些著名的建筑师就已经具备了生态的朴素思想，并在建筑设计和实践中对自然结构进行模仿，充分利用地方材料，以表达对自然的尊重，如赖特设计的流水别墅(图3-1)。自20世纪二三十年代，建筑师们就面临着新的挑战。例如，如何针对各种不同的气候和地域特点进行适应性建筑设计。20世纪四五十年代，美国的著名建筑师路易斯·康、保罗·鲁道夫以及巴西的奥斯卡·尼迈耶等建筑师的许多作品中都充分考虑了气候和地域这两个重要因素对设计的影响作用，尤其对太阳直射光线的控制加以专门的研究。

20世纪60年代，亚洲地区的一些建筑师开始关注建筑与生态环境之间的关系。今天，随着物质生活水平的不断提高，人们精神追求的层次也逐步上升，对生态的环境与文化的需求正在日益增强，居住的观念已开始从单纯的"生存需要"转变为"环境需求"，人类生存环境呼唤着生态的回归。在《2002年中国可持续发展战略报告》中指出："中国未来生态环境的压力从

总体上还将进一步加大，生态环境恶化的趋势亦将延续，而且遏制的难度将越来越大。现今全国600多个城市中有一半缺水、大气质量符合国家一级标准的还不到1%、水土流失面积已达36万km^2……我们的建设不但消耗了许多资源，而且还对环境带来了很大的影响，中国已是世界上消耗能源最多的国家之一，资源浪费十分严重。”

图3-1

人类能否走向与生态环境和谐相处的绿色时代，主要取决于我们能否改变现有的资源消耗模式，以及能否找到全新的对环境友善的技术发展路线。随着改革开放的不断深入，我国积极引进西方发达国家的低能耗建筑理论，对建筑节能予以了充分的重视，尤其是各种设计观念和设计方法纷纷涌现，逐渐被我国政府和建筑师所关注。

另外，可持续发展思想也源于人类对环境问题的认识及关注，“可持续发展”的定义既可以满足人们现在的需要，同时也将有利于人类今后的发展。从技术选择的角度，可持续发展就是转向更清洁、更有效的生态技术，尽可能减少能源和其他自然资源的消耗。再者，由于我们环境意识逐渐增强，资源和能源的利用效率也得到很大的提高，我们从观念上再次认识到呼应自然、强调有机共存的意义。

二、生态建筑健康发展的需要

资源能源消耗是建筑本身所固有的性质，因此保护环境和实现社会可持续发展可以从建筑资源能源消耗入手。建筑业为应对环境危机，实现与环境融合的生态化发展，提出了生态建筑的概念。通过对可再生资源和能源的充分利用，为人们创造健康、舒适、安全的生活环境是生态建筑的主要目标。同时，生态建筑强调提升资源的利用率，降低能源消耗，减少环境污染。

从目前发展来看，资源短缺、资源利用效率低、环境污染严重是我国建筑业面临的主要问题。因此，只有发展节能与绿色建筑，对建筑生态技术进行整合，才能走出一条科技含量高，经济效应好，资源消耗低，环境污染少，人力资源得到充分发挥的可持续发展道路。

三、生态节能建筑的综合效率与技术整合

随着社会环保意识的增强，各种节能、节水、节电、智能化控制的设备和技术也日趋成熟，各种环保设备和措施也大量使用，带绿色环保标签的建筑材料和技术设备的使用也为节能目标的实现提供了更多机会，对太阳能、风能、地热能等绿色能源的利用技术也得到了快速发展，在建筑物如何与当地气候相适应方面的理论研究和实践也取得了丰硕成果，积累了大量的科学数据和经验。

上述各项技术成就的取得主要得益于技术本身的完整与成熟，虽然仍有进一步挖掘的可能，但其空间潜力是有限的，所以若想要在技术上取得更大的进步，则必须进行生态技术整合以提高技术的综合效率。在技术整合与提高综合效率方面，国外有很多的实践经验给我们以启发。例如：最佳的选择建筑用地、使用合理的热环境系统、雨水收集系统和污水处理、对环境的评价指标、室内通风情况的评价指标、隔声降噪措施、生态建材系统、绿化系统、废弃物管理与处置系统等，应该将建筑看成是一个整体的生态系统，以可持续发展的思想为指导，从中寻求环境、建筑和人三者之间的生态平衡和潜能发展。

第二节　适宜的建筑生态技术

简单来说，所谓适宜技术，就是指“为能够适应本国风土条件，并发挥最大效益的多种技术。就我国情况而言，适宜技术应当理解为既包括先进技术，也包括中间技术，以及稍加改进的传统技术”①。对于生态建筑而言，技

---

① 杨维菊．夏热冬冷地区生态建筑与节能节术[M]．北京：中国建筑工业出版社，2007：200.

术的选择并不是根据人们的喜好，而是取决于这种技术能否实现生态建筑的目标和生态建筑技术运用的标准和要求，技术的适宜性是生态建筑技术选择的重要判断标准。

从技术的角度讲，生态建筑首先应该充分利用外部环境提供的可再生自然资源，包括风、雨、太阳、绿地区域及各种地热资源等，如可以利用雨水进行制冷、降温、灌溉等。

在具体实践过程中我们发现，在解决某一问题时，有多种技术手段可供选择，这些技术手段可能是高新技术、中高技术、低技术或是传统技术，这就需要通过论证分析，选择一种或综合几种最简单、最有效的解决方法。这种对技术的权衡、综合、选择也正体现了适宜技术观的要求。目前，国内外的生态节能技术主要可以归纳为围护结构节能技术、采光与通风技术、绿色照明技术、可再生能源利用技术、节地节水与材料循环利用技术等，在下面章节中将会进行具体分析，这里不再进行赘述。

第三节　建筑生态传统技术

我国的建筑生态传统技术通常表现出鲜明的地方特征，与当地的自然气候条件具有密切的联系，从根本上讲，地域条件是技术发展的背景，技术首先要发挥地方优势，满足该地方的需求，才得以不断推广。下面就对建筑生态传统技术进行具体分析。

一、建筑围护结构技术

（一）复合外墙保温技术

随着社会的不断发展，人们生活水平的不断提高，对外墙保温性能有了越来越高的要求，单一材料已经无法满足墙体保温方面的要求，因此，需要将导热系数小的高效绝热材料附着在墙体结构层进行复合。

1. 复合外墙保温技术的分类

根据复合材料与主体结构位置的不同，复合外墙保温技术又分为内保温技术、夹芯保温技术及外保温技术。

1）内保温技术

内保温技术主要是将绝热材料复合在承重墙的内侧。这种技术简单易行，在满足承重要求及节点不结露的基础上下，墙体可适当减薄。由于绝热材料强度较低，需设覆盖层保护。

针对保温板接缝处易产生裂缝的问题，需要正确使用KF嵌缝腻子加贴玻纤网带。另外，在墙体减薄后，特别容易出现热桥问题，需要根据节点构造的具体情况，用高效保温材料加强围护。

2）夹芯保温技术

夹芯保温技术就是在墙体中间放置岩棉、矿棉板、聚苯颗粒、玻璃棉等，充分发挥墙体材料本身对外界环境的防护作用，以取得良好的保温效果。需要注意的是，填充材料一定要严密，避免内部形成空气对流。

3）外保温技术

外保温技术是目前较为成熟的节能措施，在可能的条件下应尽量采用外墙外保温。外保温的结构由内向外依次为基层墙体、黏结层、绝热层、保护层、饰面层。

外保温存在的主要技术问题仍是如何避免日后表面裂缝、空鼓和脱落。为此，有学者指出："对于保温材料（各种物理性能以及尺寸误差）、网布（孔眼、强度、重量、保护层、搭接等）、胶黏剂及面层砂浆（配合比、厚度、养护）以及其构造作法等诸多因素，都要一一妥善处理，要严格遵守有关技术规程，确保墙体外保温的施工质量。"①

2.复合外墙内保温、夹芯保温、外保温的比较

复合外墙保温技术的三方面内容，即内保温、夹芯保温、外保温各具有其优缺点，表3-1对其进行分析。

表3-1　内保温、夹芯保温、外保温的比较

	内保温	夹芯保温	外保温
优点	①适用范围较广，能够有效延长建筑物寿命；②有利于提高墙体的防水性和气密性；③有利于保持室内气温稳定；④便于对既有建筑物进行节能改造，并可在一定程度上增加建筑物的使用面积，同时避免室内装修对保温层的破坏	①将绝热材料复合在承重墙内侧，技术不复杂，施工简便易行；②绝热材料要求较低，技术性能要求比外保温低；③造价相对较低	①将绝热材料设置在外墙中间，有利于较好地发挥墙体本身对外环境的防护作用；②对保温材料的要求不严格

① 杨修茂.建筑墙体节能技术简介[J].天津建筑科技，2000(3).

续表

	内保温	夹芯保温	外保温
缺点	①对保温体系材料的要求较严格;②对保温材料的耐候性和耐久性提出了较高的要求;③材料要求配套,对体系的抗裂、防火、拒水、透气、抗震和抗风压能力要求较高;④要求有严格的施工队伍和技术支持	①难以避免冷(热)桥的产生;②防水和气密性较差,内保温须设置隔汽层,以防止墙体产生冷凝现象;③内保温板材出现裂缝是一种比较普遍的现象	①易产生热(冷)桥;②内部易形成空气对流;③施工相对困难;④内外墙保温两侧不同温度差使外墙建筑结构寿命缩短,墙面裂缝不易控制;⑤抗震性能差

(二)门窗节能技术

从建筑节能的角度看,一方面,建筑外门窗是热量流失大的构件,在建筑围护结构的四大部件(门窗、墙体、屋面、地面)中,门窗的保温、隔热性能是最差的,通过门窗损失的热量最大;另一方面,门窗也是得热的构件,也就是太阳热能通过门窗传入室内。因此,门窗是影响室内热环境质量和建筑节能的重要因素,是建筑围护结构节能设计中的重要环节。此外,门窗还担负着通风、装饰、隔声、防火等多项功能。门窗节能相对于其他围护部件而言,涉及的问题更为复杂,在技术处理上难度也更大。

1.门窗能量损失的主要方式

1)热传导造成的热损失

与墙体等非透明围护结构一样,门窗框扇材料及玻璃都是热的导体,当其内外两侧存在温差时,就会从高温端向低温端导热,导热的快慢与传热系数(由材料本身的导热系数及构造形式等因素决定)和传热面积有关。一般情况下,虽然门窗框扇的导热面积不大,但其传热系数较大,所以通过它的热损失仍为整个窗户热损失的一大部分,即门窗的传热系数是该热损失的主要影响因素。

2)热辐射造成的热损失

一方面,部分太阳辐射直接通过透明玻璃进入室内,造成室内温度上升。另一方面,当室内外存在温差时,门窗框扇材料及玻璃就会从高温侧吸热,积蓄热量后部分热量会以辐射的形式向低温侧传递,从而造成热损失。由于玻璃的面积较大,所以这部分热量传递也是以玻璃为主。外窗综合遮阳系数(*SG*)是评价窗户阻抗热辐射能力的定量指标,它是外窗本身的遮阳效果和窗外部(包括建筑物和外遮阳装置)的综合遮阳效果,其值为外窗遮阳系数（SW）与外遮阳系数（SD，指外窗外部建筑物和外遮阳装置的遮阳效果）的乘积。其中，外窗遮阳系数（SW）是透过窗户的太阳辐射得热系数与透过 3 mm 厚透明白玻璃的得热系数的比值，其值等于玻璃遮阳系数与窗框系数的乘积。

3）空气渗透造成的热损失

通过门窗上的缝隙形成的空气渗透会导致热损失。门窗在关闭状态下阻止空气渗透的能力称为门窗的气密性，《建筑外门窗气密、水密、抗风压性能分级及检测方法》（GB/T 7106—2008）中依据门窗的单位缝长空气渗透量和单位面积空气渗透量将其气密性分为 8 级，级别越高表示其气密性能越好。

2. 提高门窗节能性能的途径

通过对门窗能量损失方式的分析可以看出，影响门窗节能性能的主要有气密性、传热系数等。因此提高门窗节能性能，要做到保障门窗的气密性，以减少传热量。

1）保障门窗的气密性

我国对门窗气密性进行了相应的规定，为提升保温效果，首先应保障门窗的气密性，具体可采取以下几点措施。

（1）提高窗用型材的尺寸的精确度。

（2）减小框与扇、扇和玻璃之间的空隙。

（3）各种密封材料与密封方法相配合。

（4）利用减压槽形成涡流减少冷风和灰尘的渗透。

2）减少传热量

影响门窗传热量的因素主要有窗框、玻璃、五金件及密封材料。

（1）窗框。窗框材料通常用木材、钢材、铝合金型材和塑料型材（PVC、UPVC 型材）等。窗框材料的传热系数和导热系数见表 3-2。

表 3-2 不同窗型材的传热系数和导热系数

型材	60 系列木窗型材	普通铝窗型材	断热铝窗型材	塑料窗型材（1 腔）	塑料窗型材（3 腔）
传热系数[W/(m^2·K)]	1.5	5.5	3.4	2.4	1.7
导热系数[W/(m^2·K)]	0.14	2.03	2.03	0.16	0.16

从表3-2中可以看出，木窗型材和塑料窗型材的传热系数较小；型腔与型材的传热系数成反比。虽然木窗型材导热系数最小，但是由于木材产量有限，且容易被腐蚀，易变形，防火性能又不佳，其使用受到限制。塑料窗型导热系数略大于木窗型材，但是塑料型材的刚性比较差，通常情况下，塑料窗框的外形尺寸和壁厚都比铝型材的大；而且要在其型材空腔内添加钢衬，以满足窗的抗风压强度和安装五金附件的需要，尽管如此，其抗风压强度和水密性仍比铝窗要低；此外，塑料窗还有不耐燃烧、光、热老化，受热变形、遇冷变脆等问题，因此，塑料型材不适合制作大窗户，尤其不能做玻璃幕墙。铝合金具有强度高、刚性好、重量轻的特点，制作的窗框轻巧挺拔，其框扇构件遮光面积一般占窗总面积的15%左右，与塑料型材相比，大大减少了对光线的遮挡；但铝合金传热性好，导热系数大，不利于窗户的保温，即使采用多腔结构，保温性能的提高也并不理想。

（2）玻璃。玻璃是导致门窗散热的一个重要因素，一般占门窗面积的70%～90%，因此，玻璃的选择对门窗的节能性能具有较大的影响。在选择使用节能玻璃时，应依据门窗和幕墙所在位置，具体要做到以下两点。

①在日照时间长且处于向阳面的地区，应选用吸热玻璃、镀膜玻璃、吸热中空玻璃，尽量控制太阳能进入室内，减少空调耗能。

②在寒冷地区或背阳面地区，常用双层玻璃、中空玻璃、保温型Low-E玻璃和复合中空玻璃等，充分发挥玻璃的保温和隔热作用，控制热传导。

（3）五金件及密封材料。五金件及密封材料是门窗保温隔热的薄弱环节。主要可以通过以下两点提高其保温隔热性能：一是通过对其构造的设计，避免冷桥和热桥；二是降低其自身的传热系数，同时选用传热系数较小的密封材料。

（三）屋面及地面节能技术

1.屋面节能技术

从冬季保温来看，热气流向上运动，而冷气流向下运动，屋面是阻挡热气流散出屋外的一道重要屏障；从夏季隔热来看，太阳辐射导致屋面温度升高，顶层住户需要消耗更多的空调负荷。屋面节能也主要从保温和隔热两方面考虑。

1）屋面的设计要点

具体而言，屋面的设计应从以下几点入手。

（1）为防止屋面质量、厚度过大，屋面保温层选用的保温材料应具有堆密度小、热导率低的特点。

(2)为防止进行湿作业时,保温层因大量吸水而降低保温效果,屋面保温层选用的保温材料应具有吸水率大的特点。另外需要注意的是,屋面上应设置排气孔,将保温层内不易排出的水分进行及时排出。用加气混凝土块作保温层的屋面,每 100 m^2 左右应设置一个排气孔,如图 3-2 所示。

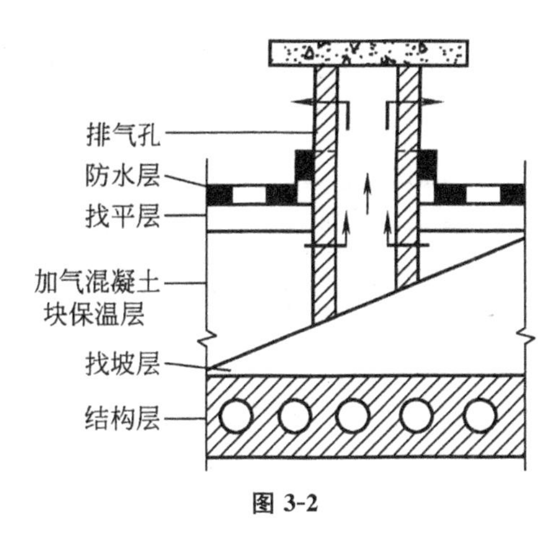

图 3-2

(3)在确定屋面保温层时,应综合考虑建筑物的使用要求、屋面的结构形式、环境气候条件、施工条件等因素。

(4)设计人员在选择屋面种类、构造和保温层厚度时,应参考相关的设计规范,在设计规范中没有列入的屋面,设计人员可根据相关书籍提供的方法计算该屋面的传热系数,使其符合设计要求。

2)不同类型屋面的节能设计

不同类型屋面的节能技术各不相同,下面对其进行具体分析。

(1)传统外保温屋面。传统外保温屋面的保温技术主要是将在屋顶楼板的外侧装保温材料,进而对屋面的楼板进行保护,能够有效避免屋顶构造层内部的冷凝和冻结。

(2)倒置式屋面。倒置式屋面就是在防水层以上装保温材料,其构造层次如图 3-3 所示,它不同于传统正置屋面,特别强调“憎水性”保温材料。

(3)架空通风屋面。架空通风屋面是在屋顶架设通风间层,一方面利用通风间层的外层拦截直接照射到屋顶的太阳辐射热;另一方面利用风压和热压的作用,将遮阳板与空气接触的上下两个表面所吸收的太阳辐射热转移到空气随风带走,从而提高屋盖的隔热能力,减少室外热作用对内表面的影响。架空通风屋面在我国夏热冬冷地区应用广泛,尤其是在气候炎热多雨的夏季,这种屋面构造形式更能显示出它的优越性。其典型构造如图

3-4 所示。

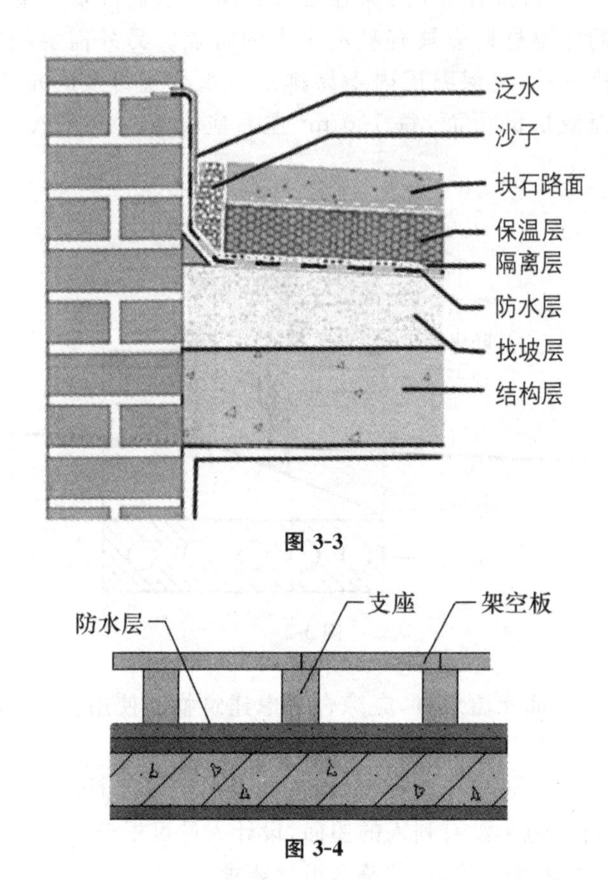

图 3-3

图 3-4

设置通风屋顶时，架空屋面的坡度不宜大于 5%；通风屋顶的风道长度不宜大于 10 m，当屋面宽度大于 10 m 时，架空屋面应设置通风屋脊；间层高度以 20 cm 左右为宜，基层上面应有 6 cm 左右的隔热层；架空隔热层的进风口宜设置在当地炎热季节最大频率风向的正压区，出风口宜设置在负压区。双层通风屋面的种类繁多，有双层架空黏土瓦（图 3-5）、山形槽瓦上铺黏土瓦（图 3-6）、双层架空水泥瓦（图 3-7）、钢盘混凝土折桥下吊木丝板（图 3-8）。

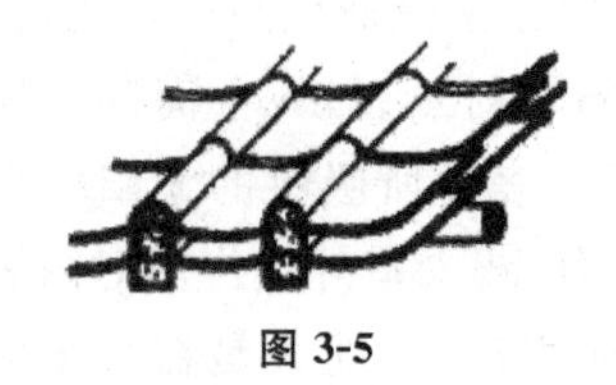

图 3-5

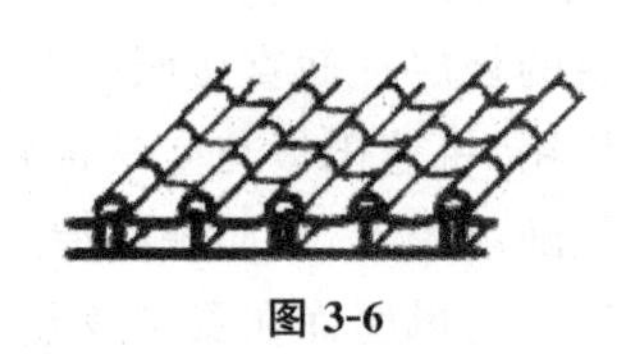

图 3-6

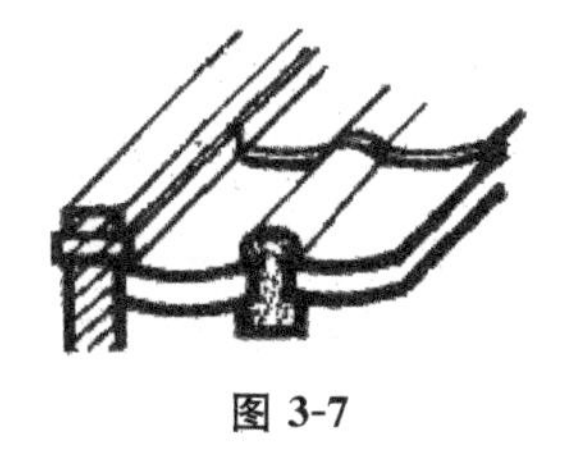

图 3-7

图 3-8

(4)阁楼屋面。阁楼屋面属于通风屋面的一种形式。防雨和防晒是阁楼所具备的良好的功能,另外,阁楼还能够有效改善屋面的热工质量。在寒冷地区,应对阁楼屋面的楼板进行保温等处理,以保持其热稳定性。

(5)蓄水屋面。所谓蓄水屋面,也就是在刚性防水屋面上蓄一层水,利用水的蓄热和蒸发原理,消耗照射在屋面上的太阳辐射热,减少通过屋面的传热量,从而起到有效的隔热作用,极大地降低了屋面结构的平均温度,图3-9 所示为典型的蓄水屋面的构造及热传导示意图。可见,屋面蓄水对于屋面保温隔热性能的改善发挥着重要的作用。

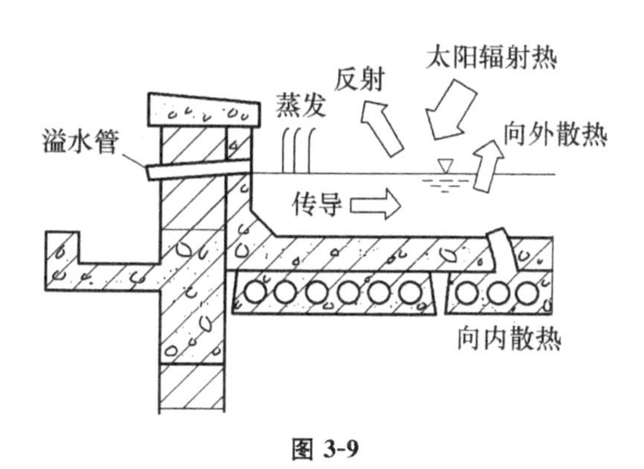

图 3-9

(6)种植屋面。种植屋面是在屋顶种植花卉、草皮等植物,在遮挡太阳辐射热的同时还通过植物的光合作用、蒸腾作用和呼吸作用,将照射到屋顶的太阳辐射能转化为植物的生物能量和空气的有益成分,来达到降温隔热的目的。城市建筑实行屋面绿化,还可增加城市绿地面积、美化城市、改善城市气候环境。

(7)冷屋面。目前,学界尚未对“冷”屋面的定义形成一个统一的认识。通常而言,“冷”屋面是指反射率大于 0.65 和热辐射系数大于 0.75 的屋面。

相关数据表明,高吸收黑色屋面材料的表面温度和周围温度之差要远远高于高反射浅色屋面材料,因此“冷”屋面能够有效减轻空调负荷。可以说,屋面颜色越浅,节能效果越好。此外,“冷”屋面还具有延长屋面使用寿命、保护环境和降低大城市中的热岛效应等优点。

2.地面节能技术

随着我国国民经济和科学技术的不断发展，人们对建筑室地面质量的要求越来越高。下面就针对与人们生活密切相关的楼地面的节能技术进行具体分析。

1）地面的面层材料的选定要求

按照《民用建筑热工设计规范》（GB 50176—2016）规定，起居室和卧室不得采用花岗石、大理石、水磨石、陶瓷地砖、水泥砂浆等高密度、大导热系数、高比热容面层材料的楼地面（此类楼地面仅适用于楼梯、走廊、厨卫等人员不长时间逗留的部位），而宜选用低密度、小导热系数、低比热容面层材料的楼地面。我国规范规定：居住建筑尽量选用吸热系数较小的地面材料，不同类型建筑楼地面吸热系数值和分类不同。

2）地面的防潮设计措施

底层地板的设计除热工特性外，还必须同时考虑防潮问题。防潮设计措施有以下几点。

（1）为减少向基层的传热，地面构造层的热阻要大。

（2）为保障地表面温度随着室内空气温度的变化而变化，表面层材料的吸热系数 B 要小。

（3）地面材料要能够吸收表面的水分。

（4）使用空气层防潮技术。

（5）空铺实木地板或胶结强化木地板的垫层应具有防潮层，双层架空地面通过采用水泥聚苯空心砌块等防水、保温隔热材料在地面形成架空、微通风的构造，提高和保证居室的环境，架空地面适用于潮湿、高热、高寒地区的住宅。

（6）利用加强室内通风防止室内潮湿。

3）直接接触室外的地板、楼板的保温措施

直接接触室外的地板、楼板应采取保温措施，以满足传热系数的限值。具体可采用以下几点措施。

（1）正置法。将保温层放置在楼板上面，保温层可采用的材料主要有硬质挤塑聚苯板、泡沫玻璃保温板等。

（2）反置法。将保温层放置在楼板下面，与外墙外保温作法相似。

（3）铺设木格栅的空铺木地板，宜在木格栅间嵌填板状保温材料，使楼板层的保温和隔声性能更好。

4)楼地面的蓄热作用

为稳定室内温度的变化,建筑设计应充分考虑楼地面的蓄热作用。在清华大学超低能耗节能楼中,建筑外围护结构采用了玻璃幕墙和轻质复合保温外墙。为了保持室内温度的稳定性,增加蓄热性能,可采用相变蓄热地板(图 3-10),将相变材料储存于箱形地板块中,白天储存从幕墙进入的热量,夜晚将白天收集的热量缓慢释放出来,降低室内温度的波动(一般会小于 6℃)。

图 3-10

5)低温热水地板采暖技术

鼓励采用低温热水地板采暖技术,特别是依靠太阳能热水器辅助电加热产生的低温热水。2005 年北京市重点示范村——平谷区玻璃台村新农村住宅应用太阳能采暖技术示范工程,这是我国首例农村利用太阳能热水采暖、节能型建筑示范小区。该项目利用了太阳能热循环系统在建筑中冬季采暖和四季生活热水的供给,实现了太阳能与建筑的完美结合,实现了农村采暖城市化和“节能、高效、洁净”三大功效。

二、采光与通风技术

(一)采光技术

为达到节约能源、保护环境的目的,应充分利用天然光,采光技术的提升也要以此为宗旨。

1.采光设计的步骤

采光设计的步骤主要包括以下几点。

(1)确定光照水平、性能。

(2)以天然采光的特点为依据确定建筑的外观及朝向。

(3)确定窗的位置。

(4)确定玻璃材料。

(5)确定能够调节天然采光的建筑构件。

(6)施工验收,并进行改进。

2. 采光系统设计

根据窗位置、形式的不同,采光系统设计主要从以下几方面入手。

1)侧窗采光系统

所谓侧窗采光系统,顾名思义,就是在房间的一侧或两侧设置采光口,这也是使用最广的一种采光系统。高侧窗可以看作侧窗的特例,日光能够深入内部空间,如图 3-11 所示。

图 3-11

2)天窗采光系统

天窗采光系统根据天窗形状的不同又可细分为矩形天窗、横向天窗、平天窗等不同类型,其中公共建筑中多采用平天窗,平天窗也就是在屋顶上设置一个水平开口，如图 3-12 所示。

图 3-12

3)中庭采光系统

光线通过中庭能够有效射入平面进深的最远处，中庭采光不仅仅要考虑直射光，还要考虑光线的反射。对于靠中庭采光的底层部分，对面的反射墙发挥着重要的作用，如果这面墙是玻璃墙或完全敞开的，则很少一部分光线会在它面上反射而传入下面各层。相反，光的强度减弱极少，如图 3-13 所示。

图 3-13

4)新型采光系统

在新的时代背景下，人们对光的利用有了新的要求，为了满足人们的要求，出现了新型采光系统，常用的有以下几种。

(1)导光管。导光管的组成如图 3-14 所示,集光器主要用于收集日光、管体部分主要用于传输光、出光部分主要控制光在室内的分布。垂直方向的导光管能够穿过结构复杂的屋面及楼板将天然光传输到地下层,导光管在屋面上的外观如图 3-15 所示。

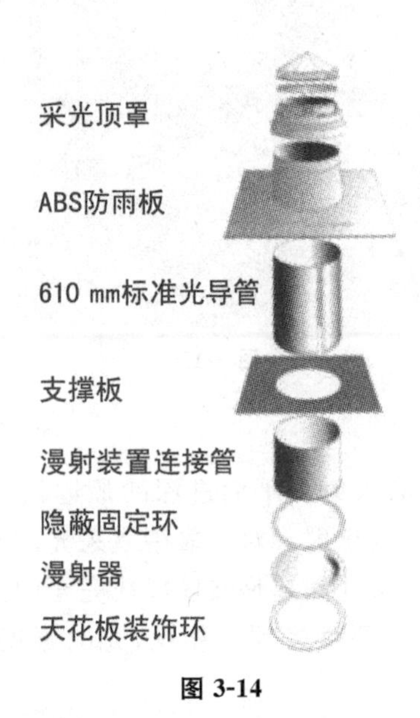

图 3-14

图 3-15

德国柏林波茨坦广场上使用的导光管(图 3-16),顶部装有可随日光方向自动调整角度的反光镜,能够将天然光有效传入地下空间,同时导光管的使用也改变了室内效果,如图 3-17 所示。

图 3-16

图 3-17

(2)光导纤维。光导纤维采光系统是利用光在纤维材料中的全反射而传输的,集光机(图 3-18)、光纤(图 3-19)和终端照明器具(图 3-20)是其主要的构成部件。

图 3-18

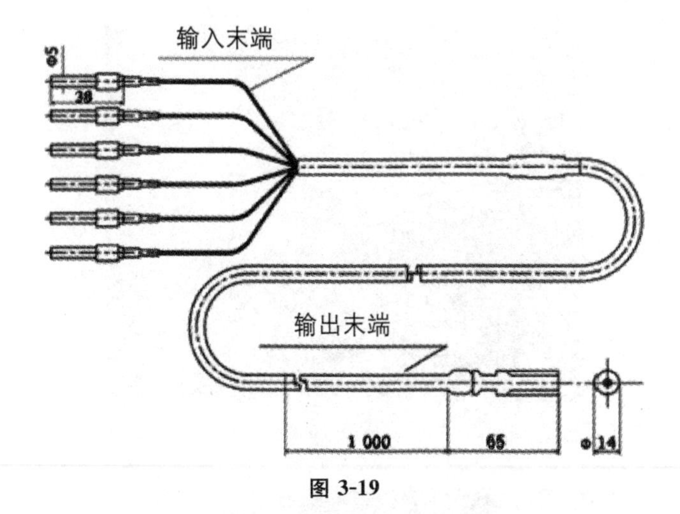

图 3-19

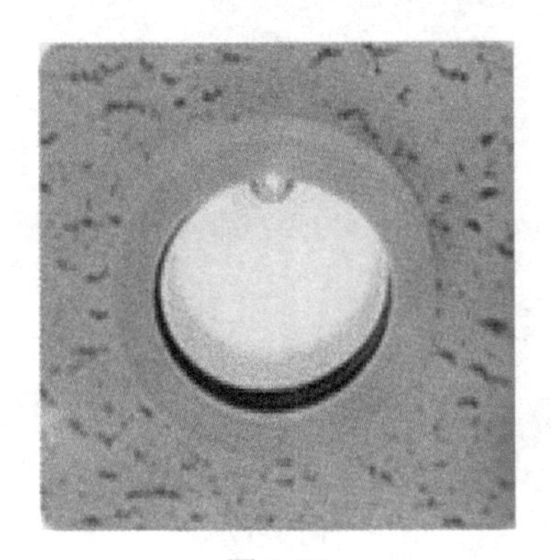

图 3-20

(3)采光搁板。采光搁板是指在侧窗上部安装的一个或一组反射装置，达到充分利用天然光的目的，如图 3-21 所示。

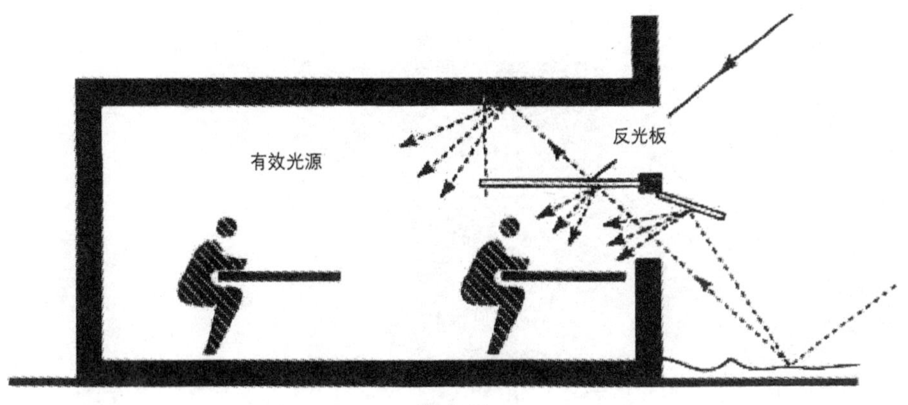

图 3-21

(4)导光棱镜窗。导光棱镜窗是利用棱镜的折射作用改变入射光的方向,使太阳光照射到房间深处。需要注意的是,导光棱镜窗如果作为侧窗使用,人们透过窗户向外看时会产生不适感。因此在使用时,通常是安装在窗户的顶部或者作为天窗使用,如图 3-22 所示。

图 3-22

(5)采光井。采光井主要依靠采光通道内表面对光的多次反射实现对光的传输,因此,通道内壁的镜面反光性能一定要好。这一技术在加拿大国家美术馆中得到了应用,天然光被有效地传输到底层的画廊里,如图 3-23 所示。目前,国外已有市售的小型导光管,称为管状天窗,其能够将所采集天然光的一半往下传递,如图 3-24 所示。

(二)通风技术

在建筑设计中,为做到节约能源,还需要对通风技术进行不断改进,充分利用自然条件进行通风。

1.通风的形式

通常而言,通风主要可以采用以下几种形式。

1)利用风压

所谓风压通风(图 3-25),就是借助于建筑物迎风面与背风面之间的压力差来实现通风,即“穿堂风”。

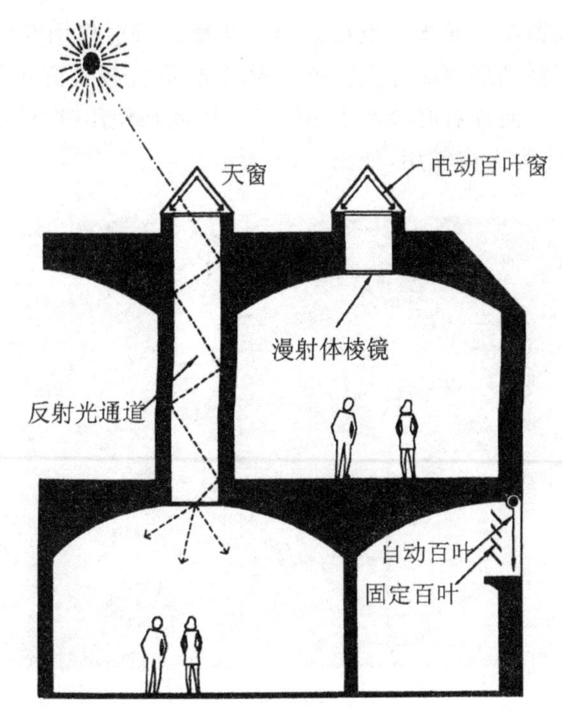

图 3-23

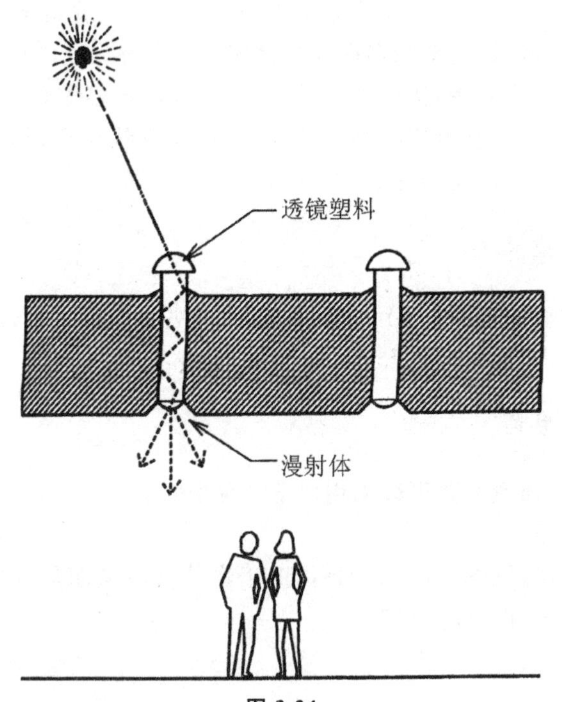

图 3-24

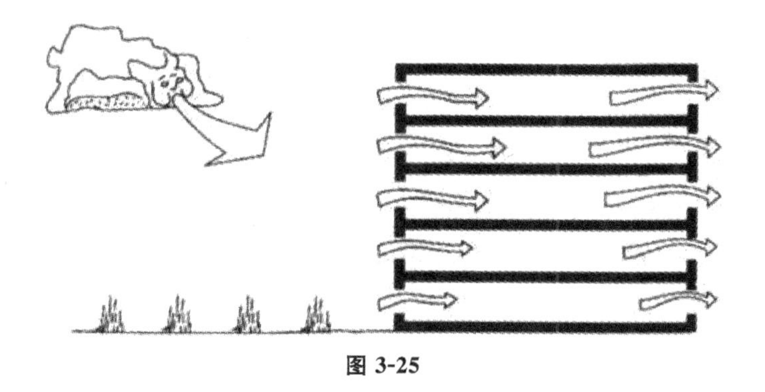

图 3-25

2)利用热压

热压通风(图 3-26)即“烟囱效应”,室内与室外之间的温差越大,热压作用越强,越有利于实现通风。

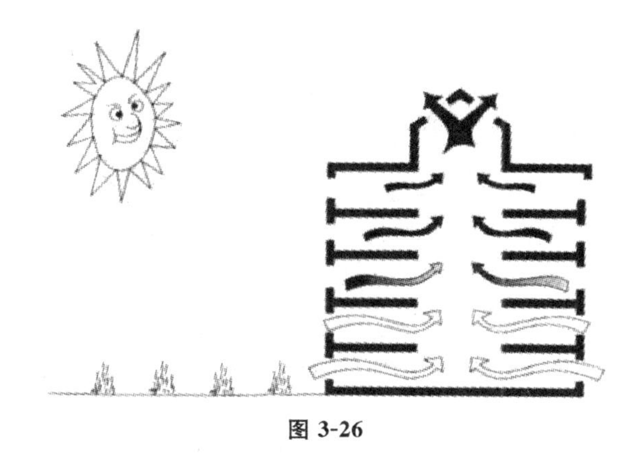

图 3-26

3)风压与热压相结合

利用风压和热压相结合来进行自然通风,在生活中运用得较为广泛。

4)机械辅助式自然通风

在一些大型建筑中,通常采用机械辅助式自然通风。对于机械通风系统的通风管道,应进行合理设计,以充分发挥其作用。

2. 自然通风的设计策略

自然通风的设计策略主要包括以下两点。

(1)数据收集分析。为使建筑能够利用风压获得良好的自然通风效果,需要在设计初期阶段搜集详细的气象统计数据,明确场地的风速、风向等问题。

(2)详细设计阶段。可以利用一定的技术手段获得简化的风压分布图,并通过调整开口高度和位置实现对中性面高度进行调整,从而使更多的房间获得良好的通风效果。

3. 自然通风设计的影响因素

1)朝向、布局

为保障建筑物的自然通风,应充分考虑建筑的排列和朝向。建筑形体的组合不同,在组织自然通风方面也各不相同。建筑群错列、斜列的平面布局形式较之行列式与周边式有利于自然通风(图 3-27)。

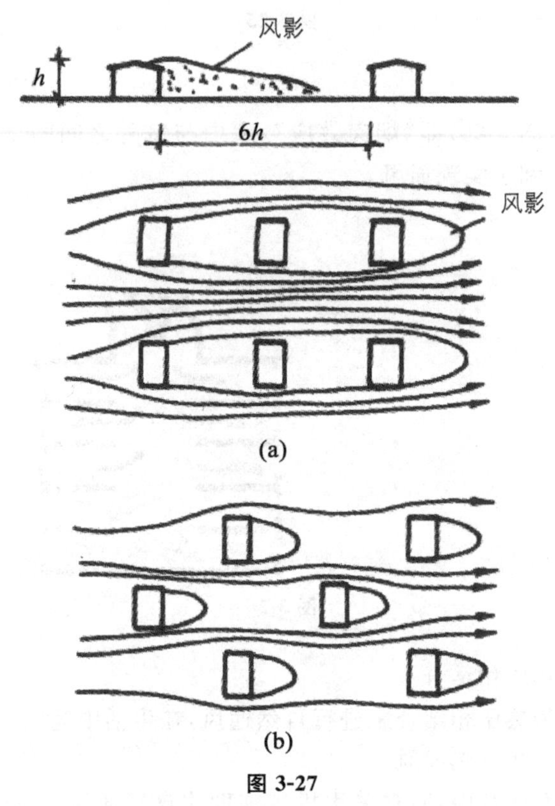

图 3-27

(a)行列式布置;(b)错列式布置

2)绿化布置

建筑物周围的绿化布置在一定程度上也会引导风的方向。例如,在迎风一侧的窗前种植一排低于窗台的灌木,当灌木与窗之间的距离适宜时,通常能够使房间达到良好的通风效果,如图 3-28 所示。

3)开间进深

建筑物的开间进深也会影响到通风效果。通常来说,为了形成穿堂风,建筑平面进深不应超过楼层净高的 5 倍,而单侧通风的建筑进深最好不超过楼层净高的 2.5 倍。

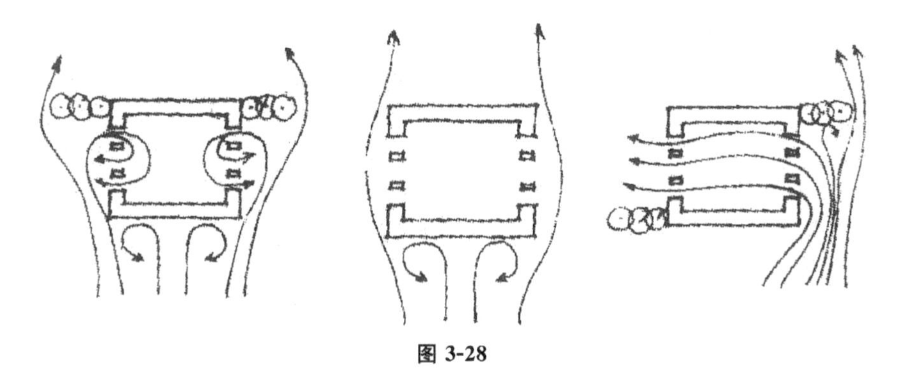

图 3-28

4)建筑构件

导风板、阳台和屋檐等建筑构件也会对建筑的通风效果产生直接的影响。我国南方民居建筑中宽大的遮阳檐口(图 3-29)有利于强化通风的效果。窗口上方遮阳板的位置会影响到风的速度和分布,如图 3-30 所示。

图 3-29

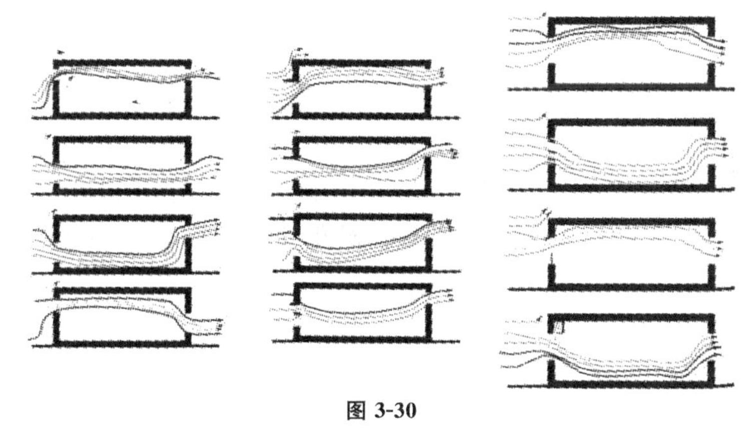

图 3-30

三、绿色照明技术

绿色照明是指在获取光源时要做到节约能源、节约资源、保护环境，具体要做到高效节能、环保、安全、舒适。高效节能意味着“消耗较少的电能获得足够的照明，从而明显减少电厂大气污染物的排放，达到环保的目的”。安全、舒适指的是“光照清晰、柔和及不产生紫外线、眩光等有害光照，不产生光污染”[①]。

（一）绿色照明的内容

绿色照明的内容主要包括以下两点。

1.获取优质的光源

绿色照明是建立在优质光源基础上的，发光体发射的光要有益于人的视力。

2.具备先进的照明控制技术

绿色照明还应具备先进的照明控制技术，在为人们的工作生活提供方便的同时，达到节能的目的。

（二）绿色照明的要求

绿色照明要满足以下几方面的要求。

(1)光源发出的光应为全色光，以对人眼进行保护。

(2)光的亮度要足够，光的色温应接近天然光。

(3)光的分布要均匀，避免在工作面上出现阴影。

(4)为避免人眼的调节器官处于紧张的调节状态，进而造成视觉疲劳，要保证灯光无频闪。

（三）绿色照明的措施

照明节能是绿色照明工程的一个主要目标，这就需要充分运用现代科技手段提高照明设计水平，改进照明控制方式，具体而言，主要可采用以下几种措施。

---

① 康金萍.大力发展绿色照明节约环保促进健康[J].资源与发展，2006(1).

1.充分利用天然光

目前，荧光灯和白炽灯是办公大楼办公区域照明使用的主要光源。在办公区域，工作时间主要在白天，因此应充分考虑对天然光的利用，不仅能节约大量能源，而且能营造一个舒适的视觉环境。

2.提升高效人工光照技术

1)高效人工光照明的设计要求

可以说，良好的电气照明设计主要表现在它的灵活性和光线的质量，既要能够满足人的生物需要和活动目的需要，又能实现节能，为达到这一效果，人工光照明设计要满足以下几点要求。

(1)为减少对光线的吸收，应尽可能将屋面、墙壁、地板以及家具等的表面漆成浅色。

(2)为减少不必要的照明浪费，应使用局部照明或者工作对象照明。

(3)将电气照明作为天然光照明的补充。

(4)电气照明的使用只需达到最低推荐照度级。

(5)对光源的方向进行精心控制。

(6)使用发光效率高的灯具。

(7)使用高效节能的照明器材。

(8)尽量充分利用人工和自动开关控制装置，以节约能源和费用。

2)采用高效节能照明灯具

使用高效节能的照明灯具，是照明系统节能的关键措施之一，光源类型不同，发光效率也不同，如图 3-31 所示，可以说，选择高效的光源和灯具类型，对于光照节能具有重要意义，下面对目前应用较广的节能灯进行具体分析。

(1)节能灯。虽然钠灯具有较高的发光效率，但其显色性较差，因此综合考虑，荧光灯仍是目前使用最为广泛的节能灯具。为使荧光灯取代耗能大的白炽灯，人们研制出了不同类型的荧光灯——节能灯，如图 3-32 所示。

(2)感应灯。由于感应灯没有可以被消耗的电极，所以使用寿命长达 100 000 h。此外，它的显色指数较高，发光效率也非常好，比较适用于更换灯泡困难的地区。

(3)硫黄灯。某种特制的硫黄灯发出的光线与 74 盏 100 W 的白炽灯发出的光相等。这些白炽灯需要 7 400 W 的电能，而这盏硫黄灯只需要

1 300 W，可见硫黄灯具有较高的发光效率。

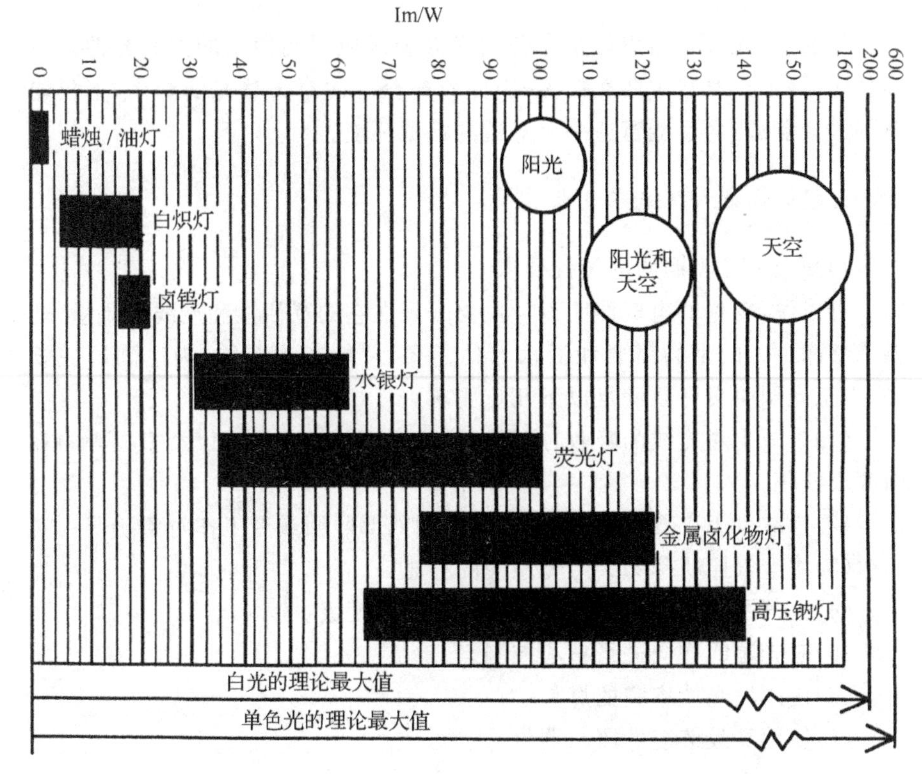

图 3-31

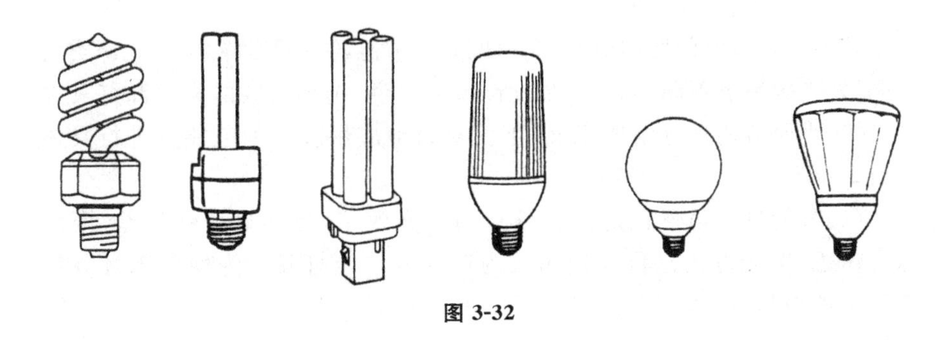

图 3-32

(4)发光二极管。发光二极管(图 3-33)的使用寿命较长，因此在电子设备中经常被使用。随着它们发光效率的不断提高，在户外的交通信号灯、室内指明紧急出口通道的信号灯等方面得到了普遍应用。由于它们的发光效率很低，因此还适用于低功率的设备。

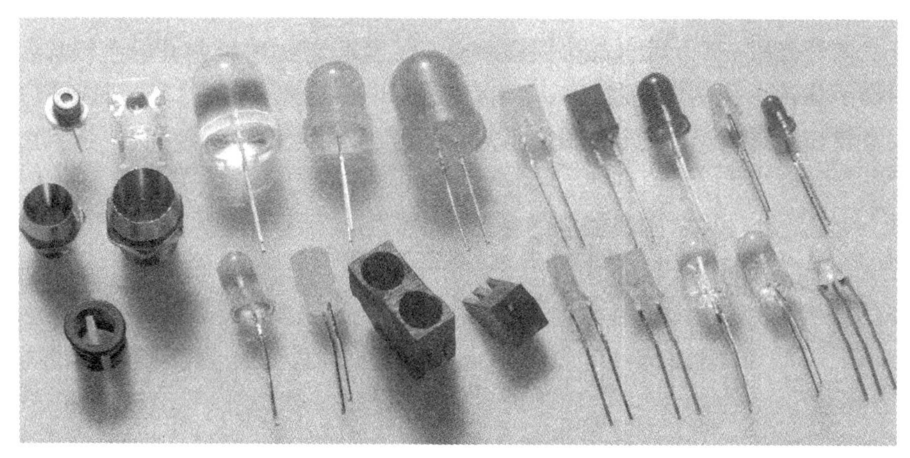

图 3-33

(5)太阳能灯。太阳能灯是一种利用太阳能进行照明的新型节能灯，白天太阳能电池将太阳能转换为电能存在蓄电池里，夜间蓄电池放电进行照明。随着太阳能电池的发展和价格的下降，太阳能电池灯将会越来越普及。

3. 实现照明控制的自动化

实施绿色照明工程，在提供高效、节能的照明器材的同时，还应对其进行合理管理，实现自动化控制。

四、可再生能源利用技术

(一)太阳能利用技术

作为一种清洁的绿色能源，太阳能的应用具有广阔的前景。太阳能利用技术具体可分为被动式太阳能利用和主动式太阳能利用。

1. 被动式太阳能利用

所谓被动式太阳能利用，是指通过建筑物的位置结构实现对太阳能的有效利用，其间没有耗电设备或人工动力系统参与，例如，利用日光间或蓄热墙等收集太阳能在冬季采暖等。对太阳能的被动利用具体可通过以下几点。

(1)对太阳能的直接接受。在建筑物的向阳面设置大面积的透明玻璃，同时配置蓄热体。

(2)设计一个阳光间。可以在向阳一侧设置一个阳光间,其四周由透明玻璃构成。

(3)设置吸热、蓄热墙。在向阳面设置采用由蓄热材料制成的墙体,对太阳能进行吸收存储,例如,冬季白天,上下风口打开,室外排风口关闭,如图 3-34 所示;冬季夜间,上下风口关闭,室外排风口关闭,如图 3-35 所示;夏季,上风口关闭,室外排风口打开,如图 3-36 所示。

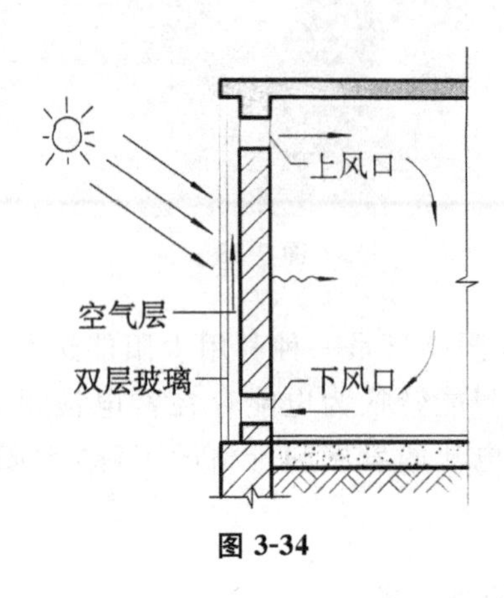

图 3-34

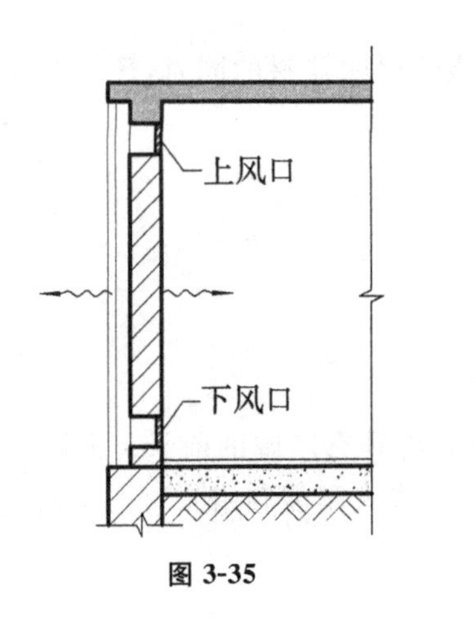

图 3-35

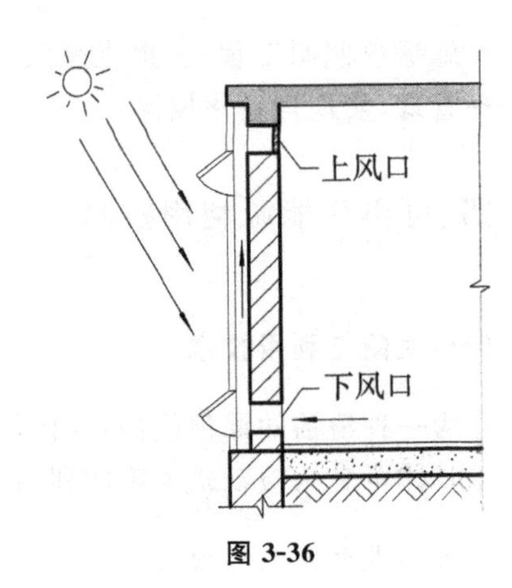

图 3-36

2. 主动式太阳能利用

主动式太阳能利用是指在利用太阳能的过程中有耗电设备或人工动力系统参与,如由太阳能采热器、散热器和储热器等组成的采暖系统或空调系统等,下面对其进行具体分析。

1)太阳能热水系统

太阳能热水系统主要由集热器、蓄热水箱、循环管道及相关装置组成，其主要目的是将冷水加热成低温热水，是当前太阳能热利用中一项最成熟、最普遍的技术，其在建筑中也得到了广泛应用。根据水在集热器中的流动方式，太阳能热水系统主要可分为以下三种类型。

(1)循环式。循环式又可具体分为自然循环式和强制循环式。

自然循环式(图3-37)是指水在系统循环中只依靠热虹吸效应进行加热，这是在目前得到大量推广应用的一种系统。需要注意的是，为避免系统中出现热水倒流现象，应将蓄水箱置于集热器的上方。

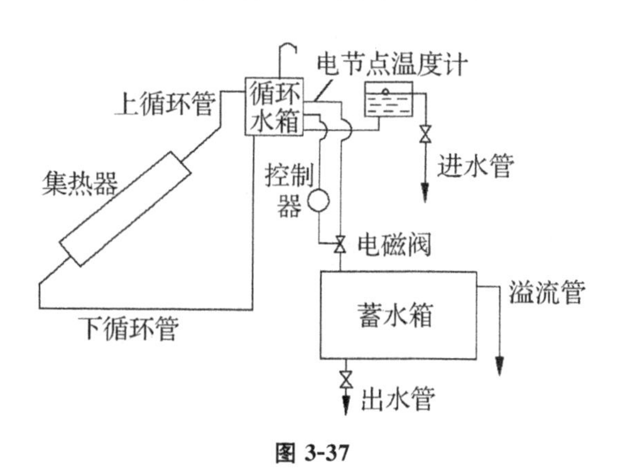

图3-37

强制循环式(图3-38)是指水在系统循环中利用水泵的驱动。水泵装置在蓄水箱与集热器之间，水泵的启动或停止主要是由集热器出口与水箱底部之间水的温差进行控制的。

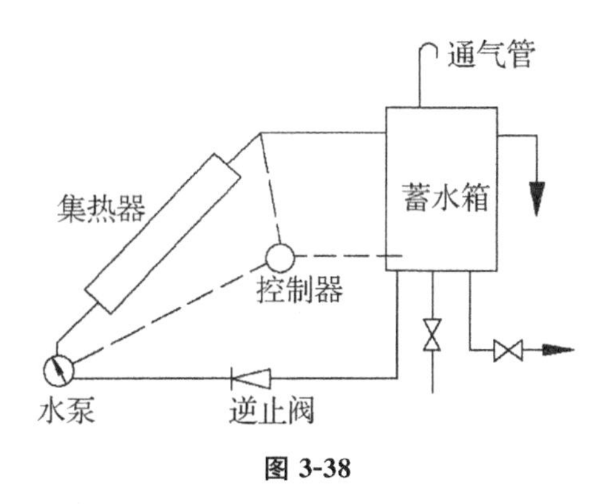

图3-38

(2)直流式。直流式，又被称为一次式。水在利用过程中不是循环加热，而是一次性完成加热。通过在集热器出口装有装置电节点温度计，对出水的水温进行控制。

(3)闷晒式。闷晒式，又被称为整体式，可具体分为闷晒定温放水式和圆筒式两种。

在闷晒定温放水式中，集热器中水的流动与否，主要取决于水闷晒的温度，当温度达到预定温度的上限时，集热器入口的电磁阀将全部开启，水就会流动。当集热器出口温度下降到预定温度下限时，电磁阀就会关闭，水会重新进入闷晒状态。

圆筒式是用两个及以上涂黑的镀锌铁板圆筒作为储水筒，南北朝向放在发泡聚苯乙烯的箱体中，上面的盖层采用弧形的玻璃钢。

2)太阳能光伏发电系统

太阳能光伏发电系统是利用太阳能光伏电池将太阳辐射能转化为电能的发电系统。太阳能电池单体是光电转换的最小单元，通常无法单独作为电源使用，但将太阳能电池单体进行串、并联并封装后，成为太阳能电池组件，就可以单独作为电源使用了。经过串并联装在支架上的太阳能电池组件构成了太阳能电池方阵，能够满足负载所要求的输出功率，如图 3-39 所示。目前，随着生产工艺技术的不断成熟，太阳能电池已进入大规模产业化生产阶段，价格不断降低。

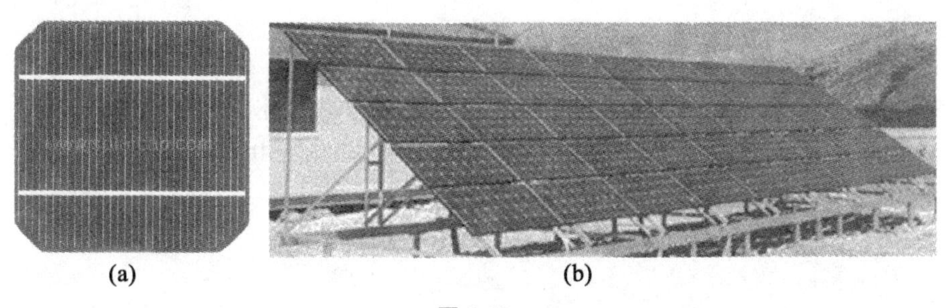

(a) (b)

图 3-39

(a)单体；(b)组件

太阳能光伏发电系统有独立式系统和联网式系统两种形式。独立式系统主要由太阳能电池方阵、控制器等部分组成。联网式系统主要由太阳能电池方阵、控制器等组成。美国缅因州的一栋地主住宅(图 3-40)，其屋顶一半用于热水供应，另一半用于光伏电池发电。

3)太阳能供暖系统

太阳能供暖系统(图 3-41)主要由集热器、蓄热体、散热设备、管道、动力设备等组成，是一种在机械动力驱动下达到供暖目的的系统。

图 3-40

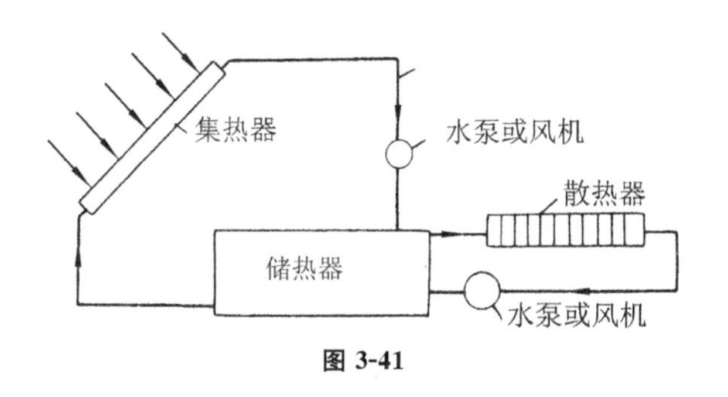

图 3-41

在太阳能供暖系统中，集热部分与蓄热部分通常是分开的，太阳能在集热器中转化为热能，随着介质从集热器转移到蓄热器，再通过管道与散热设备将热气送到室内。为保障阴天或太阳辐射不足时的室内温度，这种供暖系统中通常补充使用辅助采暖设备。日本寒冷地区采用的就是典型的太阳能供暖系统（图 3-42）。

在冬季白天，空气从北向窗进入阁楼被金属屋顶预热，然后进入玻璃盖板部分充分加热，再后由空气处理单元中的风扇驱动到地板下，将热量传递给混凝土蓄热体。在冬季夜间，蓄热体将热量缓缓放出，空气在室内循环。为保障室内温暖，可增加辅助采暖设施。

4）太阳能制冷系统

太阳能制冷系统主要有以下几种类型。

（1）太阳能吸收式制冷系统。太阳能吸收式制冷系统（图 3-43）主要是由发生器、冷凝器、节流阀、蒸发器、吸收器和其他附属设施组成的，是利用两种物质所组成的二元溶液进行运行的。需要注意的是，这两种物质在同压强下具有不同的沸点，高沸点的组分即吸收剂，低沸点的组分即制冷剂。

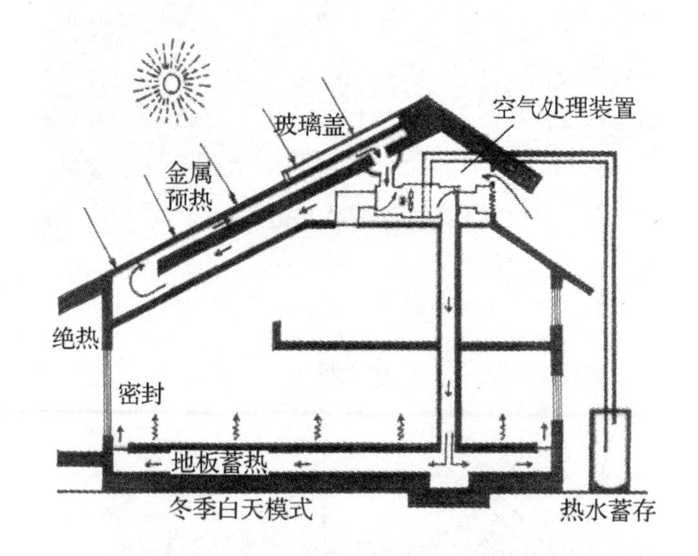

图 3-42

(2)太阳能吸附式制冷系统。太阳能吸附式制冷系统(图 3-44)主要是由太阳能吸附集热器、冷凝器、蒸发储液器、风机盘管部分组成,其工作原理与吸收式制冷系统相似,需要吸附剂与制冷剂。

(3)太阳能除湿式制冷系统。太阳能除湿式制冷系统(图 3-45)主要由太阳集热器、除湿器、换热器、冷却器、再生器等组成,其先利用除湿剂使空气达到一定的干燥程度,然后再对其进行降温,将冷却的空气送入室内。

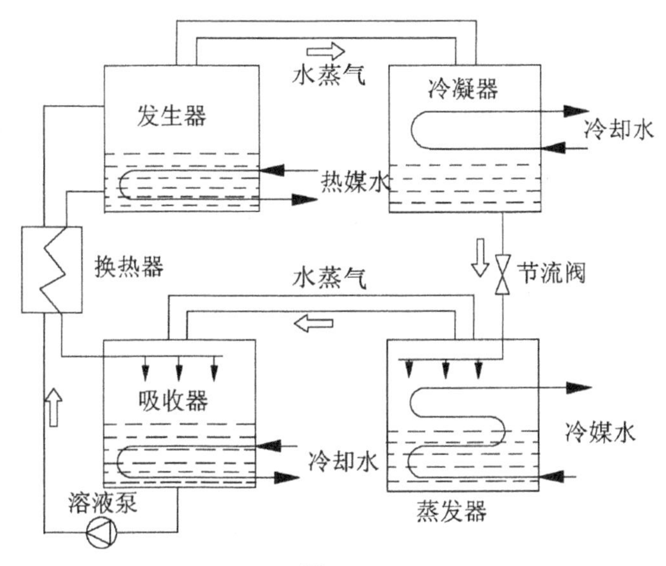

图 3-43

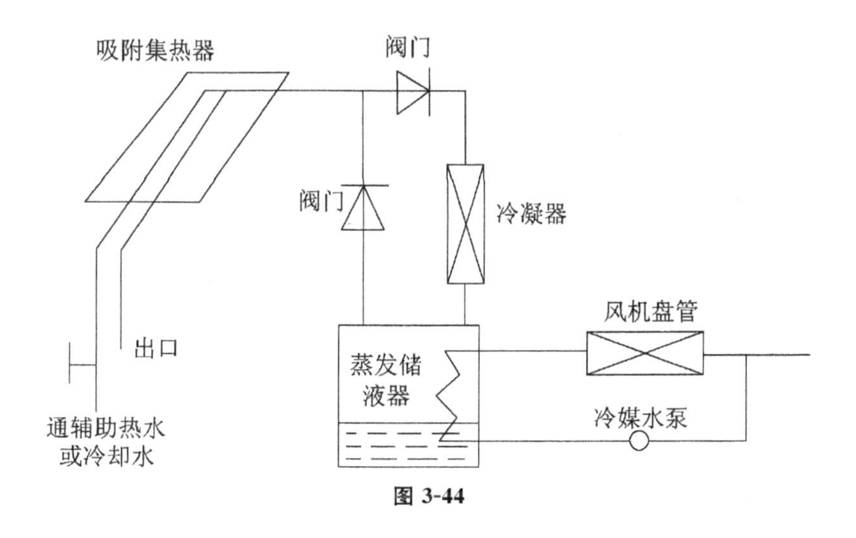

图 3-44

(4)太阳能蒸汽压缩式制冷系统。太阳能蒸汽压缩式制冷系统(图 3-46)主要由太阳能集热器、蒸汽轮机和蒸汽压缩式制冷机三大部分组成。系统运行时,水或其他工质在集热器中通过被太阳能加热至高温状态,先后通过放热后回到集热器,形成热源工质循环,通过低沸点和高沸点的差别实现制冷。

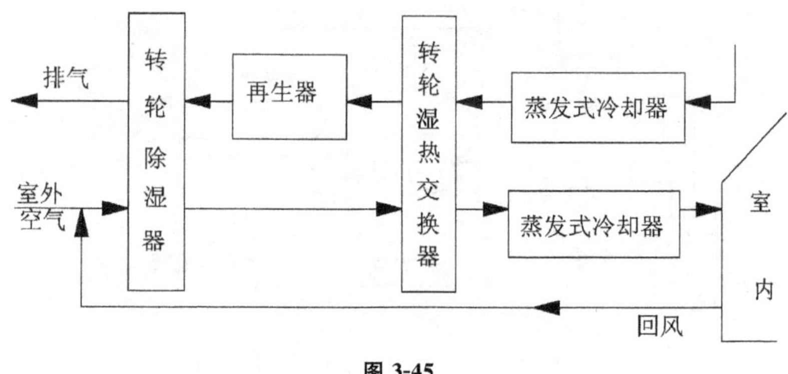

图 3-45

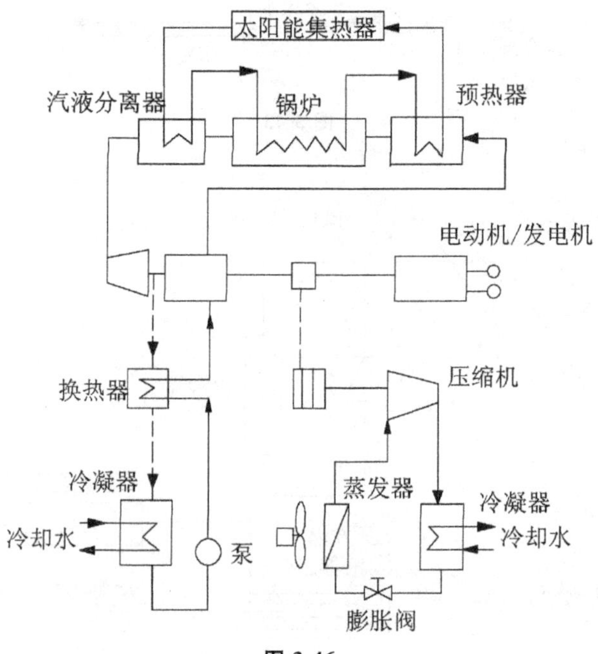

图 3-46

(5)太阳能蒸汽喷射式制冷系统。太阳能蒸汽喷射式制冷系统(图 3-47)主要由太阳能集热器和蒸汽喷射式制冷机两大部分组成,通过太阳能集热器循环和蒸汽喷射式制冷机循环得以运行。

(二)地热能利用技术

对地热能的利用主要包括地热发电、地源热泵、地热供暖等,下面对其进行具体分析。

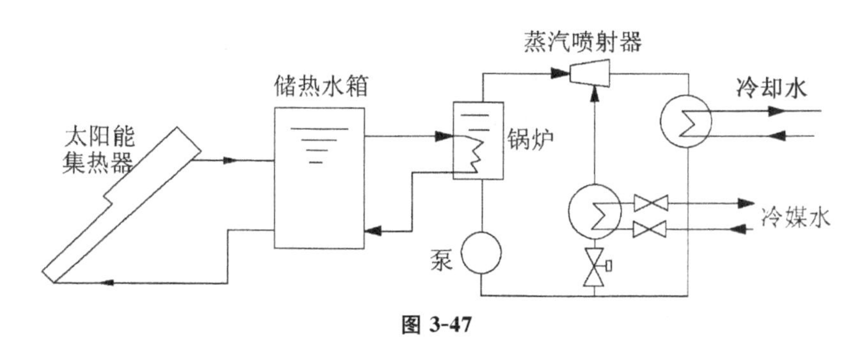

图 3-47

1. 地热发电

地热发电是地热利用的最重要方式，200℃～400℃的地热可以直接用来发电，考虑能源的梯级利用，高温地热流体应首先应用于发电。地热发电和火力发电的原理是一样的，都是利用蒸汽的热能在汽轮机中转变为机械能，然后带动发电机发电。与火力发电不同的是，地热发电采用的能源是地热能，因此其不需要耗费燃料，也不需要装备庞大的锅炉。地热发电主要是通过将地下热能转变为机械能，再转变为电能的过程。

地下热能发电需要有能够将热能带到地面上来的载热体，目前主要运用的是地下的天然蒸汽和热水，因此，地热发电的方式主要可分为蒸汽型地热发电和热水型地热发电。

1)蒸汽型地热发电

蒸汽型地热发电又具体分为一次蒸汽法和二次蒸汽法两种，其具体工作原理如图 3-48 所示。

2)热水型地热发电

根据常规发电方法，地热流体中的水是不能直接送入汽轮机去做功的，必须以蒸汽状态才行。目前，对于温度低于 100℃ 的非饱和态地下水发电，主要可采用减压扩容法和中间工质法。

减压扩容法是利用抽真空装置将地下热水进行汽化，然后将气和水分离，将水排出，将气输入汽轮机做功，如图 3-49 所示。

中间工质法是将低沸点物质作为发电的中间工质，低沸点物质通过换热器加热迅速汽化，所产生的气体进入发电机做功，做功后的工质从汽轮机排入凝汽器，并在其中经冷却成液态工质后再循环使用，如图 3-50 所示。

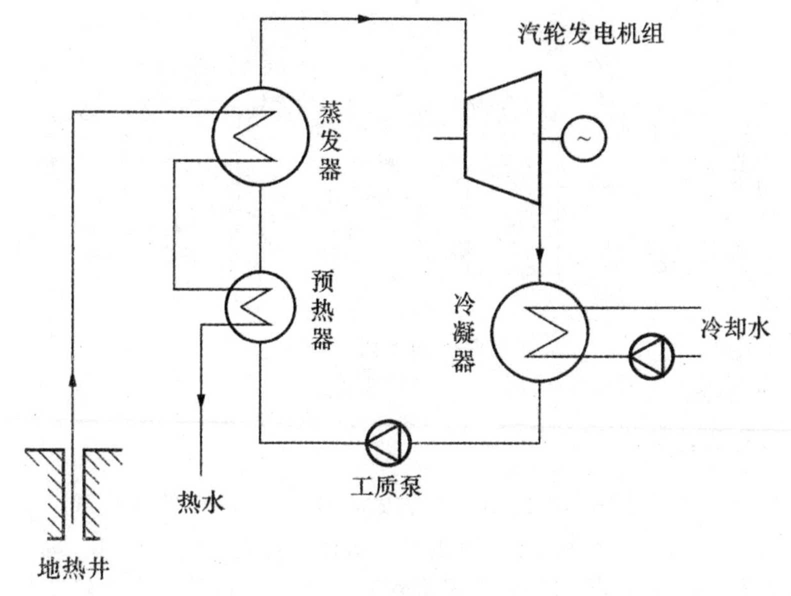

图 3-48

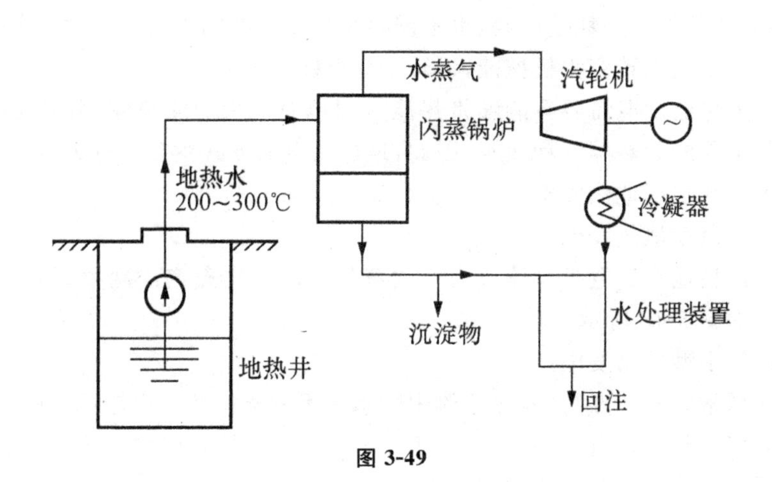

图 3-49

2. 地源热泵

地源热泵是一种利用浅层地热来供热和制冷的一种技术。在地球表面,土壤、水体、岩石是一个巨大的蓄热体,夏季,在太阳的照射下,地表温度比较高,热量由上向下传递,并在浅层的土壤、岩石、水体中蓄积起来;冬季在地下土壤中蕴藏的热量再释放出来,在地下 5 m 处,土壤温度基本稳定在 9℃左右。随着深度的增加,土壤的温度在地下 14 m 深处稳定在 12℃,

30 m 深处稳定在 15℃，60 m 深处稳定在 22.5℃，如图 3-51 所示。

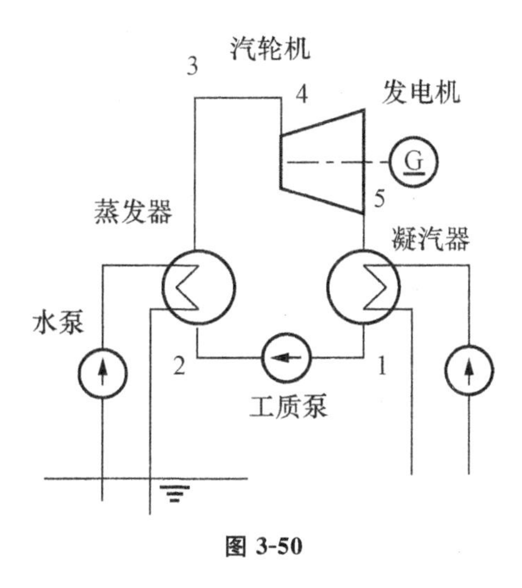

图 3-50

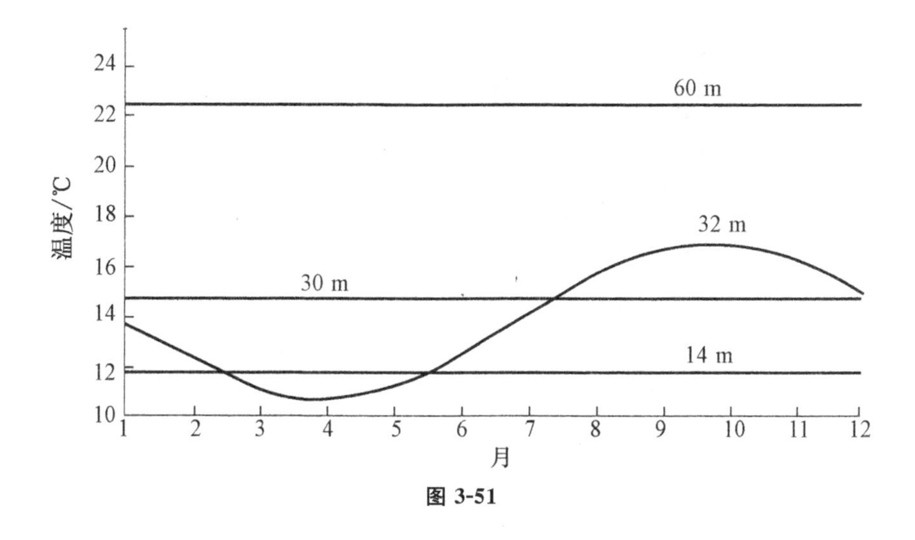

图 3-51

1)地源热泵的原理

地源热泵系统是一种利用地球(土壤、地表或地下水体)所蕴藏的太阳能资源作为冷热源，进行能量转化的供暖制冷空调系统，系统组成如图 3-52 所示。地源热泵空调系统由地下换热器系统、地源热泵机组和室内空调系统三大部分组成。地下换热器分为开式系统和闭式系统，开式系统直接抽取地下水(或地表水)，通过冷凝器换热器换热后再回灌到地下；闭式系统把换热管道垂直埋置 100 m 左右深的土壤中，或水平埋置 5 m 下土壤中，循环水和土壤进行热交换。

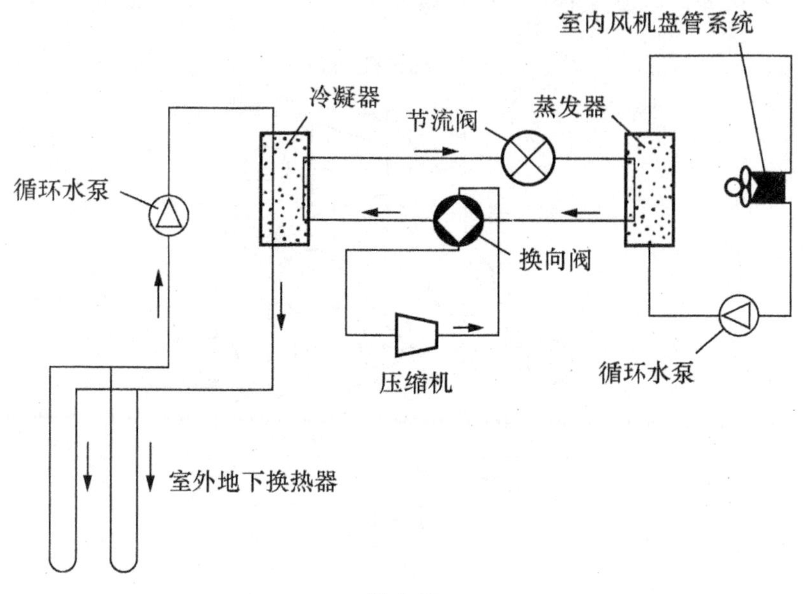

图 3-52

在夏季，制冷系统压缩机压缩氟利昂蒸汽，高温高压的蒸汽在冷凝器中与地下换热器送来的低温水(20℃～35℃)进行换热，变成氟利昂液体；氟利昂液体通过节流装置进入制冷系统低压侧，在蒸发器中吸收空调系统水的热量变成低温低压的氟利昂蒸汽，蒸发器中的空调水与氟利昂进行换热后，由原来的 12℃变成 7℃的冷水，送到空调房间进行供应冷风。

在冬季，制冷系统通过四通换向阀改变方向(大型热泵机组通过水系统的阀门转化)，制冷系统压缩机压缩氟利昂蒸汽，高温高压的蒸汽首先与空调系统的换热器进行热交换，使空调系统的水加热到 40℃左右的高温热水，送到空调房间供热；氟利昂变成液体，通过节流装置进入制冷系统低压侧，在与地下换热系统中地下送来的冷水(18℃～20℃)进行换热，变成低温低压的氟利昂蒸汽，再进入压缩机开始进入下一个循环。

2)地源热泵的特点

(1)绿色清洁。地球表面的水源和土壤是一个巨大的太阳能集热器，收集了约 47%的太阳辐射能，是人类每年所利用能量的 500 多倍。地源热泵利用地球所储藏的太阳能作为冷热源，是可再生能源利用技术。

(2)经济高效。地源热泵通过消耗少量电能，可从土壤、地表水、地下水等浅层地热中提取 4～6 倍与自身所消耗电能的能量进行利用。与常规冷热源系统比，地源热泵系统的能量利用效率整体可提高 30%左右，大大减少了系统运行能耗和费用。

(3)低碳环保。地源热泵系统在使用中利用清洁能源,减少煤、石油等化石能源的利用,并提高了能源使用效率,可大大减少二氧化碳等温室气体的排放,缓解城市热岛效应,并避免由于使用锅炉和冷却塔而引发的空气污染和噪声污染。

(4)运行稳定。由于浅层地热的温度相对稳定,热泵机组吸热或放热受外界气候影响小。其运行工况比其他空调设备更稳定,可避免常规空调在外界气温过高或过低运行时不稳定的问题。

3.地热供暖

地热供暖是仅次于地热发电的地热利用方式,主要是将地热能直接用于采暖、供应热水。这种利用方式简单方便,具有较好的经济性,引起了各国的重视。

4.地热的其他利用

1)地热工业利用

地热能在工业领域应用范围很广,工业生产中需要大量的中低温热水,地热用于工艺过程是比较理想的方案。我国在干燥、纺织、造纸、机械、木材加工、盐分析取、化学萃取、制革等行业中都有应用。其中地热干燥是地热能直接利用的重要项目。地热脱水蔬菜及方便食品等是直接利用地热的地热干燥的产品。地热干燥产品有着良好的国际市场和潜在的国内市场。此外用作干燥谷物和食品的热源,用作硅藻土生产、木材、造纸、制革、纺织、酿酒、制糖等生产过程的热源也是大有前途的。目前世界上最大的两家地热应用工厂就是冰岛的硅藻土厂和新西兰的纸浆加工厂。

2)地热务农

目前,地热在农业中得到了广泛的运用,如利用地热水灌溉田地,使农作物早熟增产;利用地热建造温室,种植果蔬、花卉等。

3)地热水疗

由于地热水中含有多种对人体有益的矿物成分和化学元素,因此,地热水疗逐渐成为人们追求的一种保健方式。

(三)生物质能利用技术

生物质能凭借低排放、可再生的自然属性得到了越来越多的重视,生物质能利用技术也不断得到提升,具体而言,主要表现在以下几方面。

1.生物质直接燃烧

生物质在空气中燃烧时利用不同的过程设备将储存在生物质中的化学

能转化为热能、机械能或电能。

生物质燃烧产生的烟气温度在800℃～1 000℃。与化石燃料相比，生物质燃烧具有以下特点：含碳量少，小于50%，所以燃烧时间短，能量密度低；含氢量多，挥发分多，所以生物质容易点燃，如果燃烧时温度不足会导致燃烧不充分，容易产生黑烟；含氧量多，容易点燃，且不需要太多的氧气供应；密度小，比较容易燃尽，灰渣中残留的碳量小，对燃料运输不利。

与煤的燃烧类似，生物质燃料的燃烧过程可以分为：燃料干燥、挥发分析出、挥发分燃烧、焦炭燃烧和燃尽四个阶段。前三个阶段较快，约占燃烧时间的10%，焦炭燃烧占90%的时间。生物质燃烧还具有其自身的特点。

(1)生物质燃料的密度小，挥发分高。在250℃时热分解开始，在325℃时就已十分活跃，在350℃时挥发分可以析出80%。挥发分析出时间很短，如果空气给得不合适，挥发分有可能燃烧不完全就被排出，产生黑烟，所以生物质燃烧一定要控制好风量，采取一定措施使含有大量能量的挥发分充分燃烧。

(2)挥发分在析出和燃尽后，会产生疏松的焦炭，如果通风过强，会将一部分炭粒裹入烟道，形成黑絮，进而降低燃烧效率。

由于生物质中含有的大量水分在燃烧过程中会以汽化潜热的形式排入大气中，会在很大程度上降低燃烧效率，造成能量的浪费。因此，从20世纪40年代开始了生物质成型燃烧技术的开发。

2.生物质压缩成型燃烧技术

在生物质直接燃烧利用过程中，存在着能源密度低、回收利用半径小、生产具有季节性、存储损耗大、费用高等缺点。生物质压缩成型技术通过将分散、形体轻、储运困难、使用不便的生物质在一定压力和温度作用下，压缩成棒状、粒状、块状等各种形状的成型燃料，以提高生物质燃料的能量密度，改善燃料的燃烧性能。20世纪80年代，亚洲一些国家已建成了不少生物质固化、炭化的工厂，并研制出相关的一些设备。进入21世纪，世界各国对生物质燃料的制造技术进行了研究，主要是解决成型后的生物质的存放等问题。

生物质压缩成型所用的原料主要有锯末、木屑、稻壳、秸秆等，这些生物质的纤维素占植物体的50%以上。压缩成型一般工艺包括粉碎、干燥、压缩、冷却、筛分等过程，图3-53所示为瑞典某厂生物质固体成型工艺流程图。

生物质压缩成型工艺可分为湿压成型、热压成型、常温成型和炭化成型四种主要形式。

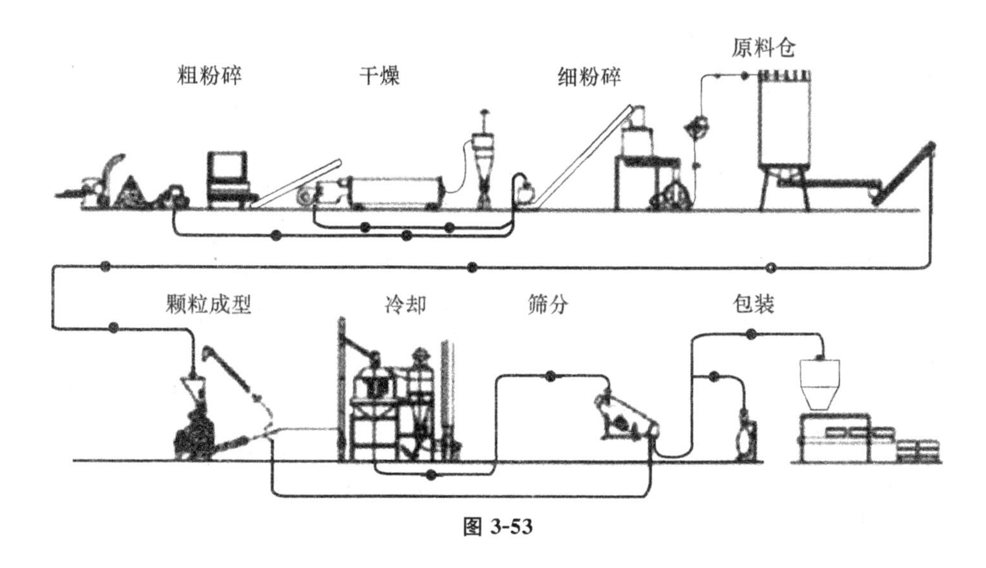

图 3-53

1)湿压成型

湿压成型工艺适用于含水量较高的原料。一般是原料先进入成型室，在成型室内的压辊或压模的转动作用下进入压辊与压模之间，进而被挤入成型孔，被挤压成型，被切割成一定长度的颗粒从机内排出，最后进行烘干处理。

2)热压成型

植物中含有的木质素没有熔点但有软化点，当温度达到一定程度时，软化程度加剧达到液化，对其施加一定的压力，就可以与纤维素紧密黏结，并与邻近颗粒组合在一起，冷却后就可以固化成型。生物质热压成型燃料就是利用了生物质的这种特性。

3)常温成型

纤维是构成生物质的原料，生物质被粉碎后，原料质地会变得松散，在受到一定的外部压力后，原料颗粒先后经历位置重新排列、颗粒机械变形和塑性流变等阶段，如图 3-54 和图 3-55 所示。在一定的压力下，颗粒间的空隙被填满，随着压力增大，颗粒就会相互结合在一起，原来分散的颗粒就被压缩成型，即使外部压力解除，通常也不会恢复到原来的结构形状。

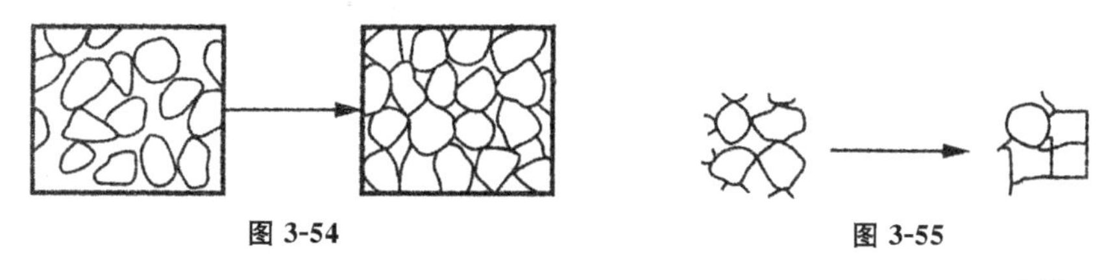

图 3-54　　图 3-55

4)炭化成型

炭化成型工艺首先将生物质原料进行炭化处理,然后再利用黏结剂挤压实现成型。如果在成型过程中,不使用黏结剂,就需要较高的成型压力,才能保护成型块的性能。

3. 生物质和煤混合燃烧技术

为解决生物质燃料的可持续供应问题,前景的应用是利用木材或农作物的残余物与煤的混合燃烧。生物质燃料和煤自身特性不同,其燃烧过程也不同。通过生物质和煤混合燃烧,能够有效降低燃煤电厂的 NO_2 排放量。木材中的含氮量比煤少,并且木材中的水分使燃烧过程温度较低,能够有效减少 NO_2 的排放。

五、节地节水与材料循环利用

随着全球人口和建筑活动量的不断增加,被建筑占用或破坏的良田和耕地正也逐渐增加,节约建筑用地对于保护农用耕地和地表植被,维持和恢复生态环境具有重要的意义,尤其对于我国来说,更是如此。目前,水资源污染严重,水质和水量都在不断下降,节约用水、有效用水成为生态建筑关注的重要内容之一。避免使用有毒有害物质,促进材料循环是生态建筑关注的又一重要内容。下面就建筑活动中节地、节水与材料循环利用进行具体分析。

(一)建筑的节地技术

1. 建筑节地的重要意义

建筑节地,不仅是指节省用地,更是指提高土地的利用率。建筑节地在生态建筑建设中具有重要的意义,具体表现为以下两点。

(1)节约用地有利于保护耕地和植被,维持生态平衡和生物多样性。

(2)对土地进行合理有效的利用具有明显的经济意义。既可以节省土地购置、建设开发及使用税费等土地使用的成本,减少能量消耗、节约运转费用和建设投资,又能够降低单位建筑面积的土地使用成本,从而产生显著的经济效益,这在地价较高的大中城市尤为突出。

2. 建筑节地设计的基本要求

在进行节地设计时应注意以下几点。

(1)对地形优势进行充分利用。巧妙利用地形进行建设的措施很多,例如,利用自然地形的高差可使物料自上而下在重力作用下自流运输,这在矿山、冶金、建材等行业中已有广泛应用。利用地形还可将需要高架的设施设于高处,如高地水池、烟囱及无线通信台站等,不仅节约土地,也因构筑物的结构和构造大大简化而节省资金。此外,沿向阳的南坡布置建筑可以缩小日照间距,达到节约用地的效果。

(2)对建筑物进行合理布局,适当提高建筑密度。可以在建筑间距中建设一些对日照要求不高的建筑物,如车库等,也可以将相互之间不受影响的建筑空间集中布置在一幢楼内,以实现对空间的综合利用,如图 3-56 所示就是将住宅与低层公建组合在了一起。当建筑北邻道路、空地或河流时,可通过提高层数达到提高建筑面积密度的目的,如图 3-57 所示。对于一些对日照有着高要求的建筑而言,可通过调整东西向布局提高建筑密度,如图 3-58 所示。

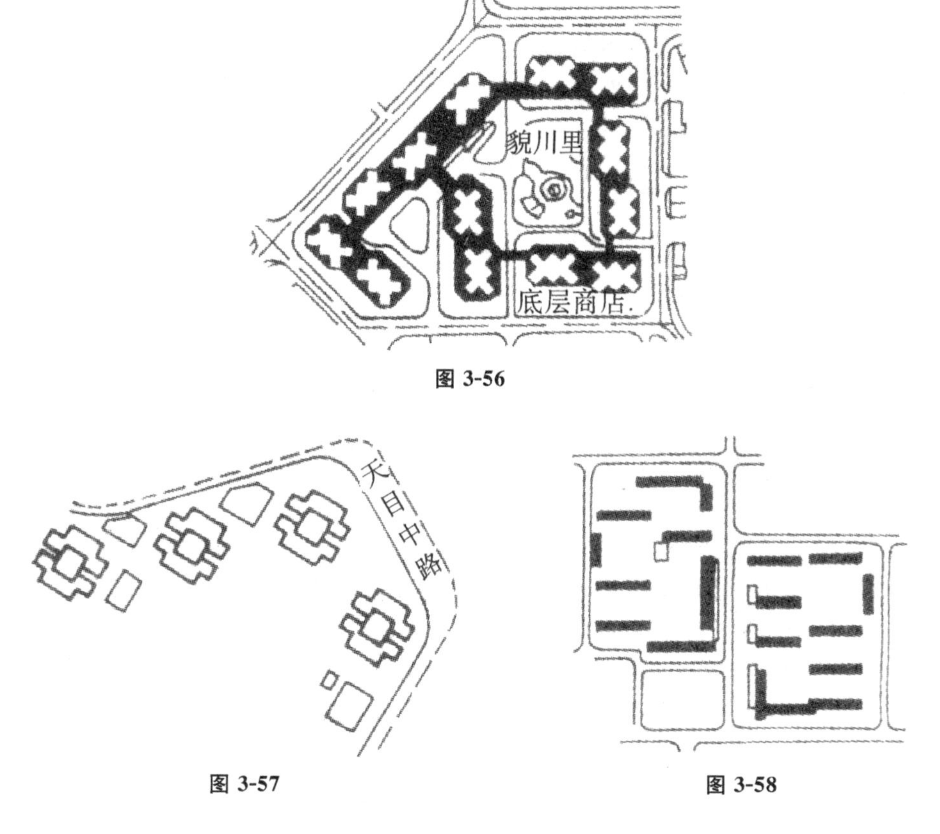

图 3-56

图 3-57

图 3-58

(3)妥善处理近期建设与远期发展的关系。许多建设项目,如学校、图书馆、工厂等,都有不断发展的要求。为了节约用地,近期宜将性质相近的建筑组成综合建筑，在场地周围考虑至少一个方向预留发展用地，待扩建时迁出原建筑中的部分内容另外新建。其中的部分近期建筑，也可适当考虑在其一侧预留出扩建和发展用地，以便远期改造与扩建，这种方式发展灵活，适于局部扩建，并可保持场地布局的完整性。

(4)对单体建筑的体形和容积率进行有效控制。这样既能够实现节能，又能够实现节地。单体建筑的经济性对用地的经济性有着最为直接的影响，可以说，建筑的层数越多、层高越低，则表示用地越经济。这一情况在居住建筑中有着非常明显的表现。

(5)对复合功能建筑进行大力开发。随着人类生活水平的大幅度提升，建筑及用房的功能不断发生细化，有些建筑的使用率较低，甚至只在特定的季节使用，出现了建筑的闲置现象，而且建筑的维护还会造成一定的资源浪费。对建筑的功能进行整合，使其适应于多种功能的变化，可以有效地实现节地的目的。

(6)优先利用旧区或旧建筑用地。从节约用地、保护生态环境等角度考虑，在对建筑用地进行开发时，首先应考虑旧区或旧建筑，对其进行改造，实现新建筑的建设。这样，既可以减少基础设施投资建设，又可以降低对周围生态系统的干扰。

3.建筑的节地方法

建筑节地的方法主要有以下几种。

1)利用地下空间节地

多层地铁站、地下车库、地下商场、地下娱乐中心等许多人们熟知的地下建筑，为百姓生活提供了便利、新颖的生活方式，地下高精密实验室、地下电站、地下导弹科研中心等又为地下建筑增添了几分神秘色彩。其实，远古人的穴居、黄土高原的窑洞民居等传统实例都提示了地下居住的原始生态性，现代人重新开拓地下空间，利用新的技术手段营造更为舒适、多样的地下生存空间。地下空间有下列几项优势：①节约用地、降低地面建筑的高密度，腾出空地来缓解绿地植被的缺失；②则因为土壤热稳定性良好且地下建筑相对封闭，便于建筑的隔热保温，节约了一定的制冷和采暖能耗，是具有生态意识的举措；③腾出了地面空地用于绿化，有利于改善城市景观和生活质量；④地下建筑的使用缓解了地面人流过于集中的问题，基本上消除了交通工具使用对城市空气的污染；⑤地下空间能防御不良气候对使用的干扰，具有较好的抗御地震、台风、核辐射等危害的作用。目前，地下空间主要的利用形式有以下几点。

(1)地下交通空间。地铁站、地下快速通道、地下高速公路等是城市地下空间利用最为日常化和起最大作用的地下设施。它完全避开了与地面上各种类型交通的干扰和地形的起伏，可以最大限度地提高车速，分担地面交通量；不受城市街道布局的影响，在起点与终点之间有可能选择最短距离，从而提高运输效率；基本上消除了城市交通对大气的污染和噪声污染；节省城市交通用地；能实现交通的层次化和合理分流；能维护城市的风貌不致被高低错落的车道所干扰。

(2)地下停车。地下停车库容量大，基本上不占城市表面土地；位置比较灵活，容易满足停车需求量大的要求；使车身在停用时，免受风雨、太阳辐射的侵袭。在寒冷地区，由于地下温度较室外气温高，便于车子启动，节省能源。我国的机动车持有量持续增长，因此，停车难的问题不断尖锐化。在国外，解决城市停车的问题大致历经了如下几个阶段：路边停车—露天停车场—大量多层停车库—机械式多层停车库—地下停车库，该进程中不断压缩车库的占地面积，现在地下停车已成为城市的主要停车方式。

(3)地下商业空间。地下商业空间常与地下步行街、车站地下空间相结合，以中小型商业为主。它同地下交通及停车联系便捷，不受天气影响，亲切方便、交易兴旺，成为新兴商业空间。在大量机动车辆还没条件转移到城市地下空间中去行驶以前，解决地面上人、车混行问题的较好方法就是人走地下、车走地上。虽然对步行者来说，出入地下步行街需上、下台阶，但可减少恶劣气候对步行街的干扰。地下步行街的类型有两种：一种是供行人穿越街道的地下过街通道，其功能单一，长度较短；另一种是连接地下空间中各种设施的步行通道。例如，地铁站之间、大型公共建筑地下室之间的连接通道，规模较大时，可以在城市的一定范围内(多在市中心)形成一个完整的地下步行道路系统。地下步行街的建设对于地下商业的繁荣起着很好的促进作用，两者相辅相成，共同发展。

(4)地下居住建筑。冬暖夏凉是地下住居的魅力所在。以前地下居住建筑存在环境不良的缺点，如潮湿、采光、通风差等问题。结合现代建筑技术的发展，改善地下建筑室内环境的健康舒适成为可能，这使地下建筑有了无限的生机。传统窑洞是地下住宅的典型例子，它用料省，建造简便，历史长，沿用至今；分为靠崖窑、下沉式窑洞、独立窑等，其中以靠崖窑和下沉式窑洞更为凸显地下建筑的优势。西安建筑科技大学在延安枣园村开发的新型窑洞住居，结合现代技术理念，使窑洞的精华得以延续。

在国外，地下住宅在绿色生态村中屡见不鲜，尤其对于寒冷地区，良好的保温性能使地下建筑室内温度变化不大，能耗很低。在英格兰中部霍克顿兴建的生态村宅，针对冬季寒冷气候将建筑基本上修在地下，房屋的热源来自南向玻璃的“阳光间”，屋顶覆土种草，建筑整体保温性能良好，因而不用供暖设备,节约了大量采暖能耗。

2)利用高层建筑节地

为了有效利用地表土地,建筑除了向地下发展外,还可向空中和水上发展。高层建筑是基于构建技术的进步而出现的向空中发展的建筑。与地下建筑相比,高层建筑的采光、通风、日照和空气质量较好,但也有其自身不可避免的问题,例如,在结构防灾、抗震、防风、热稳定性等方面都不及地下建筑。通常,低层、多层、高层建筑互相搭配,可增加城市的层次感,丰富城市建筑形态,优化城市轮廓线。但是,高层建筑层数的一味增加,超过了合适的范围(一般 30 层之内),使用者感受欠佳,城市环境的不协调性等负面效应就会凸现。高层建筑的滥建势必加剧城市混凝土丛林的不良效果,影响区域通风,故此,应在合理范围内适当增加高层建筑的比例。发展高层建筑有以下几方面的优势。

(1)高层建筑节约多方面用地。高层建筑之所以能有效节地,是因为它与低层和多层建筑相比,有效增加了建筑的容积率,从而降低了建筑密度,很大程度上节约了用地和基础设施。另外,高层建筑结合基础开挖往往配有地下室,解决了设备用房及停车问题,避免另行占地,这点往往是多层建筑不易满足的。高层建筑与多层建筑相比,避免了垂直交通(例如楼梯、电梯)系统面积的重复、多次损耗,从而提高了用地效率。

(2)高层建筑的立体绿化增加城市绿化面积。城市格局因为建筑和各项设施的集中而相对拥挤,往往很难有足够的绿化,多是街头巷尾的零星绿地或面积不大的集中绿地,在进行生态改造和可持续发展的调控中,一方面要努力使这些城市绿地生机盎然,高效发挥作用;另一方面要尝试开发多种绿化途径,高层建筑的立体绿化就是有效方法之一。空中庭院就是在高层建筑中将传统意义的庭院提升,离地种植于楼板之上,变换庭院开口方向,由垂直开口变为侧向开口,作用也是改善周围小气候,增添景观效果。传统庭院根据民居的序列而成水平铺展,现代高层建筑的空中庭院呈现垂直分布,往往与建筑造型的减法法则结合形成更为丰富多变的形态。杨经文在梅纳瑞·马斯尼亚戈大厦设计中,采用了随高度螺旋而上的半室内绿庭,如图 3-59 所示,这样的庭院在高层住宅中成为邻里交往的宝贵用地、小品绿地,增加了人情味、安全感和归属感。

(3)高层建筑的裙房回归城市用地。结构技术的发展,高层的裙房和上部的塔楼结构柱的设置变得灵活,塔楼的柱子可以设于混凝土结构层之上而无须落地,为裙房提供简洁、开敞的少柱空间,这样的空间便于高层建筑下部与其他功能造型相结合,尤其是归还城市作为公共场所。例如,丹下健三的东京市政厅,建筑裙房开放为市政广场(图 3-60)。更多的便于操作的方式是将裙房底层架空，作为城市绿地的延伸，视野通透，改善通风，是不占地的设计手法。

图 3-59

图 3-60

(4)高层建筑的体型系数小，利于节能节材。高层建筑与多层建筑相比，在同样的建筑面积下屋顶表面暴露面积较少，利于减少能耗。高层建筑由于结构的原因，其塔楼平面通常接近圆形，因此，在围合相同地板面积的情况下，外墙周长最小，有利于节省材料。

（二）水资源有效利用技术

从目前发展来看，水资源危机成为限制各国发展的一个总要问题。为缓解水资源危机，既要节约用水，又要做到“开源节流”，注重对水的有效利用，具体包括以下两点。

1. 雨水回收利用系统

雨水回收利用系统兼具经济效益和生态效益。目前，雨水收集已被世界公认为是解决水源短缺问题的一大途径。在城市建设中，发展雨水收集与利用工程，把原来被排走的雨水留下来利用，既增加了水资源，又是节约自来水的较好措施。同时，由于雨水被留住或回渗到地下，减少了排水量，减轻了城市洪水灾害威胁，从而使地下水得以回补，水环境得以改善，生态环境得以修复。可以说，雨水收集是城市水资源可持续利用的重要举措。

1）雨水回收利用系统的分类

雨水回收利用系统根据雨水利用的方式不同可分为以下三种。

（1）雨水直接利用。将雨水进行收集后，不进行加工处理，直接用于小区杂用水、景观用水和冷却循环用水等。

（2）雨水间接利用。将雨水进行简单处理后，储存或补充地下水。

（3）雨水综合利用。根据当地的具体条件，将雨水的直接利用和间接利用进行有效结合，以实现对雨水的充分利用。

2）雨水回收利用系统的组成

雨水回收利用系统的组成主要包括雨水的收集、雨水的处理和雨水的使用三部分。

（1）雨水的收集。收集面材质、气象条件以及降雨长短等因素的不同，雨水收集的方式也不同。一般来说，建筑工程中的雨水收集主要采用以下三种方式。

①建筑物屋顶收集，可以将建筑物屋顶雨水集中引入绿地，或者引入储水池进行储存。

②庭院、人行道等收集，在庭院、人行道等处铺装透水材料或建设汇流设施，实现对雨水的收集。

③城市主干道收集，在城市主干道建设雨水收集的基础设施，实现对雨水的收集。

此外，居民小区也可安装简单的雨水收集设施，通过这些设施将雨水收集到一起。

(2)雨水的处理。雨水的处理与一般的水处理过程相似,通常情况下,雨水的水质要明显好于一般回收水的水质。需要注意的是,初期降雨中会带有大量的污染物或泥沙。对于一般污染物(如树叶等),可以通过筛网进行筛除,泥沙则经过沉淀及过滤等方式可以去除。

(3)雨水的使用。雨水的使用主要可分为未经处理的雨水的使用和经处理后的雨水的使用两种。

未经处理的雨水,通常用作浇灌花木、冲洗厕所、空调冷却水、消防用水、洗车用水等。经过处理的雨水可以供居民直接饮用。

从目前发展来看,成熟的雨水利用技术已经具有了一系列的定型产品和组装式成套设备,并形成了一定的框架,如图 3-61 所示。

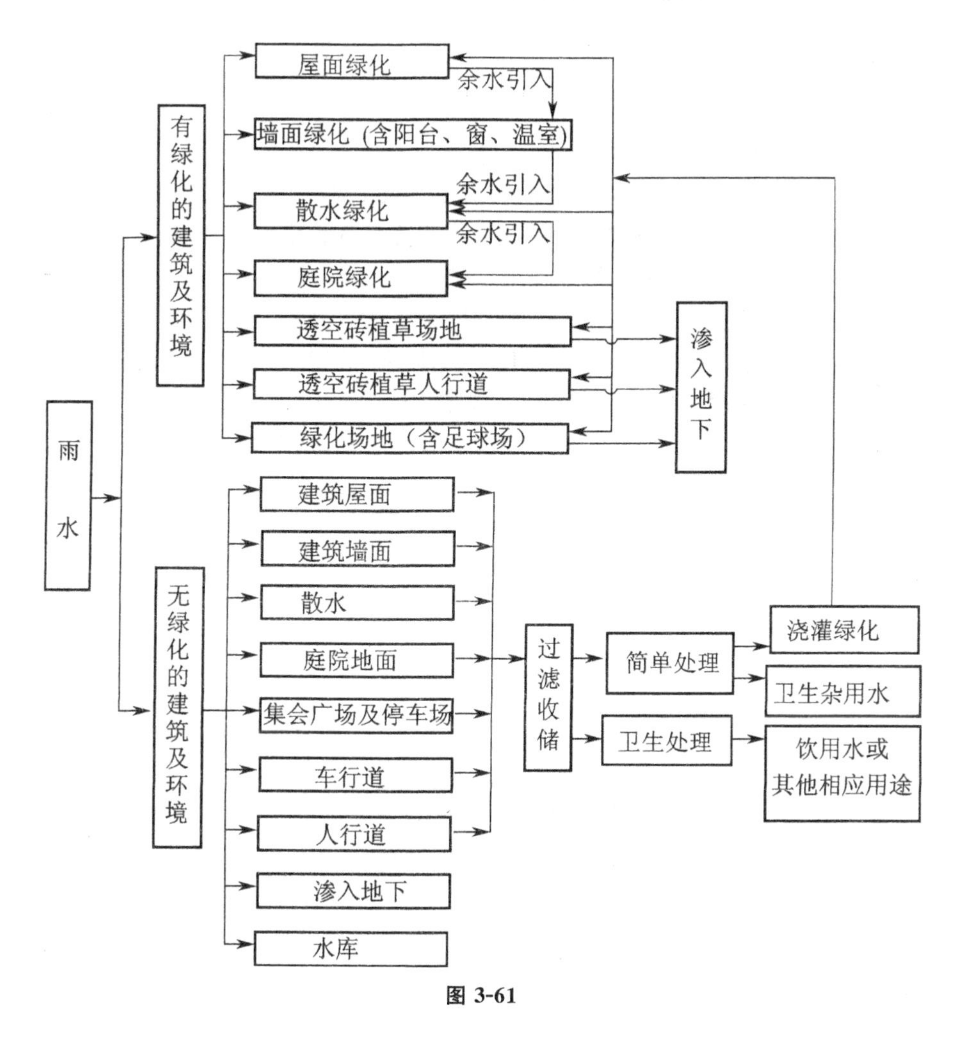

图 3-61

2. 中水利用系统

所谓中水利用，是指对水质较好的生活污水进行简单的处理，将其作为非饮用水使用。可以说，在对健康无影响的情况下，中水利用提供了一个非常经济的新水源，能够有效减少城市自来水处理设施的投资，具有良好的经济效益。

1)中水利用系统的组成

中水利用系统的组成主要包括中水收集、中水处理和中水供应三部分。

中水收集系统主要是对原水的收集，包括室内外中水采集管道以及相应的集流配套设施。

中水处理是指对原水进行技术处理，使其达到一定的标准。

中水供应是指通过室内外和小区的中水给水管道系统向用户提供中水。

2)中水利用系统的分类

中水利用系统按照不同的标准有着不同的分类。

按照集流和处理方式划分，中水利用系统可分为全集流全利用、全集流部分处理利用、分质集流和部分利用三种系统。

按照服务范围和规模划分，中水利用系统大致又可分为建筑中水、建筑小区中水和城市(区域)中水三种类型。总体来说，建筑中水、建筑小区中水和城市(区域)中水三种中水利用系统非常相似，可用图 3-62 表示。

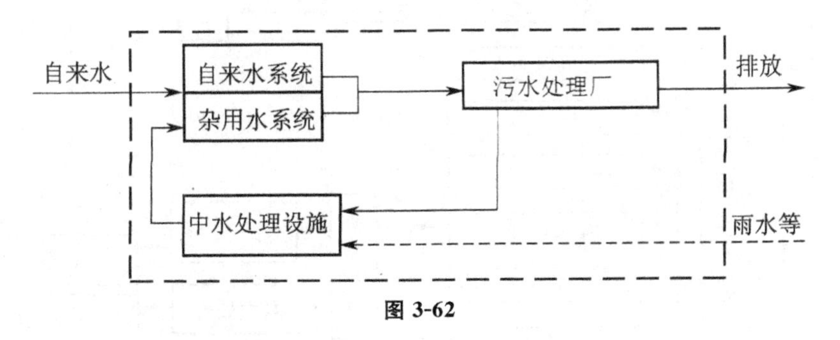

图 3-62

(三)建筑中材料的循环利用

尽管是天然的原始材料，但只要人们对其有开采、加工和运输处理，它就要消耗一定能量。因此，生态建筑的设计必须重视对材料的循环利用。

1. 建筑材料的特性

不同类型的建筑材料具有不同的特性，下面对其进行具体分析。

1)木材、石材和砖

木材、石材和砖是传统的建筑材料。

木材的强度和硬度与外力作用的方向有关;当作用方向与其纹理平行时,则强度和硬度都很大,当作用方向与其纹理垂直时,就易沿着纹理裂开。木材的剪切模量与切变强度都较低;当其含水时,强度和弹性都会下降,在负重下会变形,因此在抗弯、抗剪、抗变形、防潮、防虫、防火等方面都有不足之处。从生态的角度看,木材是自然可再生的、健康的、便于循环利用的材料,应该尽量加以运用。但是,由于全世界森林面积在不断减少,因此木材的应用应限制在可持续供应的条件下。

传统的砖是用黏土烧制而成的,由于会损坏土壤,破坏良田,在我国已禁用。代替传统黏土砖的是普通混凝土空心砌块、混凝土与轻质骨料混合的空心砌块,如加气混凝土块、粉煤灰空心砌块、多孔陶粒空心砌块,还有玻璃砖砌块,以及废木质纤维制成的砌块和土坯等,它们多由废料和可再循环的成分组成,对于环境保护和节约能源都起到了一定作用。

石材由于重量大,抗弯能力、抗拉能力和抗震能力极弱,故在现代、后现代和当代建筑中,很少用其作承重结构,但它却应用于一些特殊的地方。石材也是一种自然材料,可回收利用,但有些石材具有放射性,人造石材中的添加剂往往影响人体的健康。

2)金属材料

金属材料包括铁、钢、铝、钛等及它们的合金,大多是能循环利用的,而且边角料也有价值。含碳量的增加提高了钢材的硬度和抗拉强度,但影响了钢合金的韧性和可焊接性。铝的模量大概是钢的1/3,在压力作用下铝制品的挠曲性比钢制品大。铝的防腐性高于钢,导热性和热膨胀性也大于钢。铝制品的制作除了与钢制品制作有相同的工艺——铸造、热冷轧、机械加工外,还可以挤压成形,从而为各种造型和形状创造提供可能。铝比钢轻得多,但抗压抗拉方面不及钢,比钢容易受到劳损。目前,大多数的空间框架采用钢材,但也有一些用铝材。最近,钛也成为一种建筑材料。钛最大的优点是其热膨胀率非常低,硬度非常高,近似于不锈钢,而且极不容易失去光泽。尽管金属的含能比其他材料高一些,但是金属所固有的再利用特性、耐久性以及低维护需求,使得其更适宜运用于高环境质量的建筑设施内。

3)混凝土和玻璃

混凝土在中国的建筑业中有着不可比拟的重要地位。从可持续性的角度来看,混凝土具有很多积极的性质,比如高强度、蓄热性、耐久性和较高的反射系数,并且易于就地取材,不需要内外表面的饰面材料,不会释放影响室内空气质量的气体，不但容易清洗，也不易渗透，可以预防虫害和防火。

玻璃通常是透明或半透明的，它在建筑的空间分割、光热控制等方面有着重要的作用。玻璃在很早以前就为人所知，后来发展了平板玻璃的大规模生产技术，又由于弹性密封剂和弹塑性密封剂，以及各种固定装置和系统的研发，使玻璃利用得以普及。为了控制光热，开发了变色玻璃、热反射玻璃、吸热玻璃等；为了增加玻璃的安全性，开发研制了钢化玻璃，从而降低了玻璃打碎带来的危害。近些年来，建筑的玻璃外表面已经发展成为高科技构件——“多层的”或“智能化的”建筑外皮，能更有效地供热、通风、制冷、照明等。玻璃建筑结构为建筑师和工程师在建筑设计和建筑外观上提供了一个十分重要的合作领域。

4)塑料和纤维

塑料由石油或天然气原料制成，在其生产过程中要用到有毒的和可能有危险的物质。大部分塑料是可再循环利用的，但是，因为有各种各样的塑料在混用，很难将它们分开，所以，目前的再循环率并不高。在建筑中应用的塑料主要有热塑性塑料、热固性树脂、弹性体。塑料的弹性系数通常很低，因此，应用于建筑中时，其硬度主要来自其形成的形状而不是材料本身，故塑料常用于三维表面结构，如圆顶、壳状或折板。塑料制品在建筑中主要用于玻璃装配、天窗采光、屋顶、侧窗和门、照明等。

纤维材料可分为有机的和无机的两类。有机纤维包括天然纤维和人造纤维；无机纤维包括玻璃纤维、岩棉纤维等。木质纤维是人们常用的一种有机天然纤维。在建筑中人工合成的纤维及其制品主要有聚氯乙烯和聚四氟乙烯涂层玻璃纤维、聚酯纤维。

大型建筑物总是要有一个结构框架或其他承重结构，这些都是由混凝土、钢或其他非塑料来制成的，但在充气式轻型大跨度建筑物中，塑料和纤维材料则扮演主要角色。

2.建筑节材设计的基本要求

在建筑节材设计过程中，主要应做到以下几点。

(1)在建筑中最大限度地减少对材料的使用。在建筑建设中，应本着节省材料的原则。

(2)使用可再生材料。使用可再生材料，既可以节省不可再生资源，减少其在资源开发过程中造成环境污染、生态破坏，又能够使得材料实现完整的有机循环，进而实现对生态环境的保护。

(3)对现有结构和材料进行重新利用。通过对现有的建筑物进行修葺，对其进行再利用，可以有效减少对新材料的需求，进而减少对材料开采和运输过程中造成的能耗、垃圾和其他影响。很多耐用的建筑产品，如建筑的门、柜子和其他容易拆除的物件，一些金属和玻璃，可以被修补并重新利用。

(4)对废弃物进行回收利用。在建筑的建造、运行和拆除过程中，居民生活中废弃的碎砖瓦、废器具等，商业机关产生的管道、碎物体、沥青、废弃车、废电器等，市政维护管理部门产生的脏土、金属等都是可以进行回收利用、变废为宝的。

(5)充分使用本地的建筑材料。使用本地材料能够减少运输距离，进而减少材料对环境造成的整体影响。

3.废弃物回收利用

可以说，生活过程中产生的废弃物、垃圾的污染问题是人类聚居活动中最早遇到的问题。随着社会经济的不断发展，城市与城镇化进程的不断加快，城市与城镇人口的迅速增加，加之消费水平的不断提高，使得人们在日常生活、商业活动以及市政建筑与维护、机关办公等过程产生的固体废弃物数量越来越多。为促进人类住区的可持续发展，应对废弃物进行回收利用。

1)废弃物的分类

废弃物是指居民生活、商业活动、市政建设与维护以及机关办公等过程产生的垃圾，具体可分为以下几类。

(1)生活垃圾。生活垃圾包括炊厨废物、废纸、织物、家用器具、玻璃或陶瓷碎片、废电器制品、废塑料制品、煤灰渣、废交通工具等。

(2)城建渣土。城建渣土包括市政建设与维护过程中产生的废砖瓦、碎石、渣土、混凝土碎块(板)等。

(3)商业固体废物。商业固体废物包括废纸、各种废旧的包装材料、丢弃的主副食品等。

(4)粪便。排水设施不够健全、污水处理率低的城市，粪便需要收集、清运，我国许多小城镇都属于这种情况。

2)废弃物回收与利用

对废弃物的回收与利用应进行合理分类处理。

对于纸张、塑料、玻璃等易于回收利用的材料，可以经过分类运送到适合的工厂进行处理。

对环境产生危害的废弃物如用过的电池、机油等需要进行特殊的收集。

有机废弃物回收可以运用堆肥和生产沼气两种方式。

第四节　建筑生态新技术

一、余热回收技术

建筑在耗能过程会产生大量可利用余热，如空调系统冷凝热、排风热等。对建筑余热加以回收利用，不仅可以大大降低建筑能耗，而且可以大幅度改善室内环境，提高建筑设备使用寿命，具有显著的社会效益、经济效益和环境效益。

相对于工业余热来说，建筑余热温度较低，属于低品位余热，而且热源分散，集中回收利用有一定的困难。目前，国内外建筑余热回收利用技术的研究主要集中在空调冷凝热回收利用技术和空调排风热回收利用技术这两大方面。虽然现阶段对建筑余热的回收利用还未达到系统化的程度，但由于余热回收的成本小，效益可观，是今后建筑节能发展的必然趋势。

(一)空调冷凝热回收利用技术

空调冷凝热是空调系统制冷量与制冷机输入功率之和。长期以来，空调系统中输入的热量大部分以冷凝热的形式直接排放到大气中，造成严重的空气污染和能源浪费。因此，应该对空调冷凝热进行回收利用。具体而言，空调冷凝热回收可以采用以下两种方案。

1.利用空调制冷剂冷凝热直接加热生活热水

此方案主要通过在冷水机组压缩机与冷凝器之间增加一个热回收换热器来实现，其工作原理如图 3-63 所示。从压缩机出来的高温高压制冷剂进入热回收换热器，换热器的一侧是制冷剂的过热蒸汽，另一侧是生活用的循环水，制冷剂通过冷凝放热和过冷段显热加热循环水，同时制冷剂自身也得到了冷却。

这种方法技术简单，易于实现。换热器回收了一部分冷凝热，从而减少了冷却塔或冷凝器的容量及冷却时间；回收的热量虽能够满足一定热水的需求量，但由于系统的卫生热水量小，在卫生热水需求量较大的场合使用时，热水量或出水温度不一定能满足要求，因此，采用此方案时，大多数情况下需要设置辅助热源对卫生热水进行再加热。

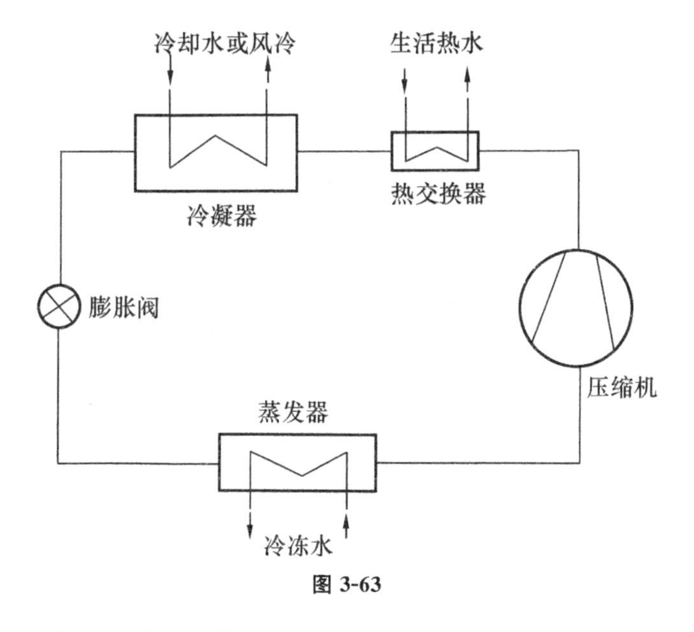

图 3-63

2.利用冷凝器排出的冷却水预热生活热水

此方案是基于冷水机组的冷却水进出水温通常为 32℃～37℃，可以考虑对这部分热量进行回收利用，工作原理如图 3-64 所示。由于换热温差的存在，冷水机组的设计冷凝温度一般设为 40℃，低于卫生热水的要求温度，属于低品位热能。因此，回收冷凝器排出的冷却水热量，只能达到预热卫生热水的目的。为了得到较高温度的卫生热水，通常在冷水机组压缩机与冷凝器之间再增加一个热回收换热器，利用制冷剂的冷凝热进一步加热预热卫生水，以达到生活热水的温度要求。

如果将空调冷凝器排出的冷却水作为热泵的低温热源，则能够直接加热生活热水，如图 3-65 所示。

（二）空调排风热回收利用技术

在建筑物的空调负荷中，新风负荷所占比例比较大，一般占空调总负荷的 20％～30％。为了保证空调房间的室内空气品质，空调运行时要排出部分室内空气，必然会带走部分能量。如果利用排风中的余冷或余热来处理新风，就可以减少处理新风所需的能量。降低机组负荷，提高空调系统的经济性。

近年来，室内空气品质（IAQ）越来越受到人们的重视。在空调系统中设置排风热回收装置，可以在节能的同时增加室内的新风，提高室内空气品质。各类空调系统排风能量的回收已经成为一种重要的建筑节能途径。

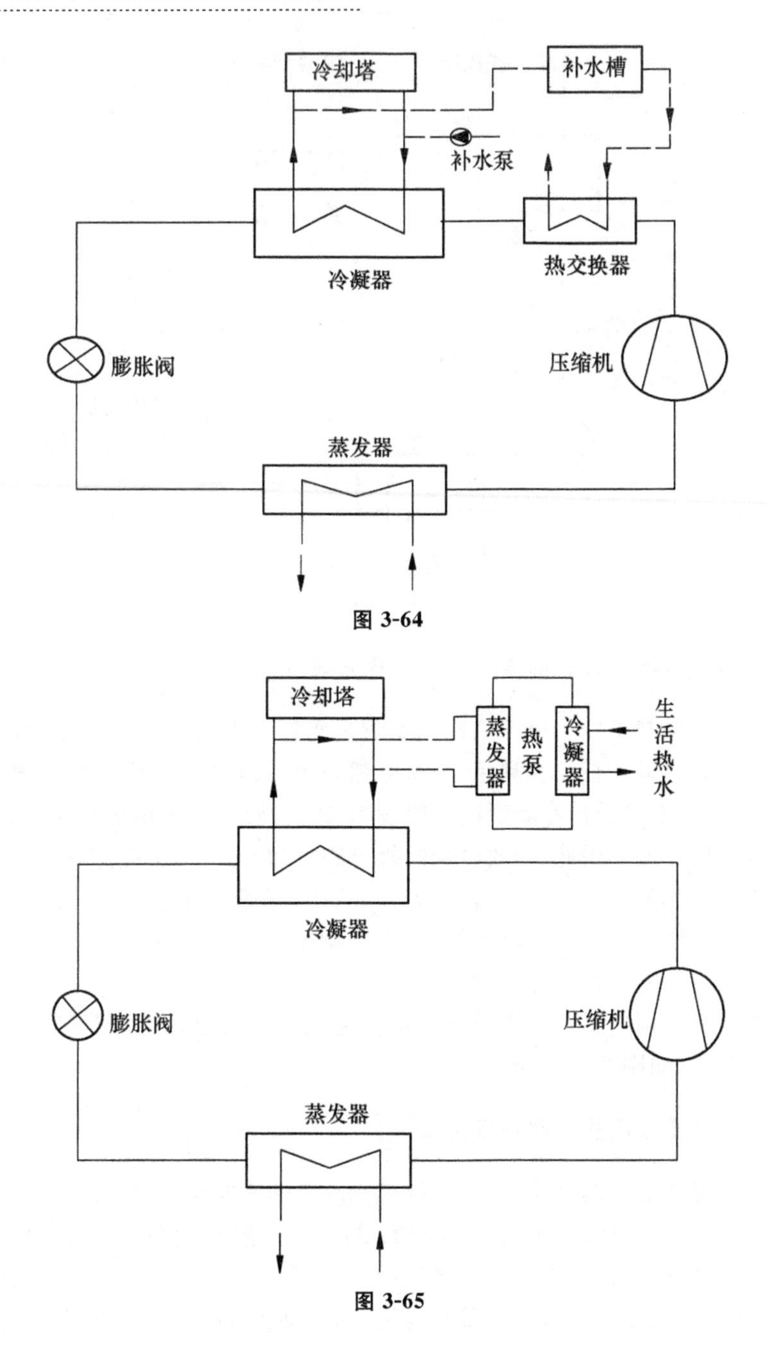

图 3-64

图 3-65

国标中明确规定，建筑物内设有集中排风系统且满足下面情况之一时，宜设置排风热回收装置。一是送风量大于或等于 3 000 m^3/h 的直流式空气调节系统，且新风和排风的温度差大于或等于 8℃；二是设计新风量大于或等于 4 000 m^3/h 的空气调节系统，且新风与排风的温度差大于或等于

8℃;三是设有独立新风和排风的系统。

1. 空调排风热回收装置

建筑工程中常用气—气换热器来回收排风中的热量,对新风进行热处理,其换热设备通常分为显热回收型和全热回收型。当新风与排风之间只存在显热交换时,称为显热回收;当新风与排风之间既存在显热交换又存在潜热交换时,称为全热回收。常见的换热器主要有以下几种。

1)板翅式热交换器

板翅式热交换器是使用较为广泛的一种换热器,主要是其具有较高的换热系数、较好的经济性、紧凑的结构。在对空调排风中的能量进行回收时得到了有效利用,并取得了良好的效果。

2)热管换热器

热管凭借其热传递速度快、传递温降小、结构简单、易控制等优势,在空调系统的热回收和热控制中得到广泛应用。

3)转轮式换热器

转轮式换热器就是一种蓄热能量回收设备。转轮式换热器具有设备结构紧凑、占地面积小、节省空间、热回收效率高、单个转轮的迎风面积大、阻力小的特点,适合于风量较大的空调系统中。

除上述设备外,还可以利用热泵、蒸发冷却器回收排风中的能量。工程中,应根据实际情况,选择相应的换热设备,使得排风能量回收达到最高。

2. 排风热回收效率分析

热回收效率是评价热回收装置优劣的一项重要指标。热回收效率包括显热回收效率、潜热回收效率和全热回收效率(也称为焓效率)。排风热回收系统的换热机理如图 3-66 所示,其中(a)为冬季,(b)为夏季。

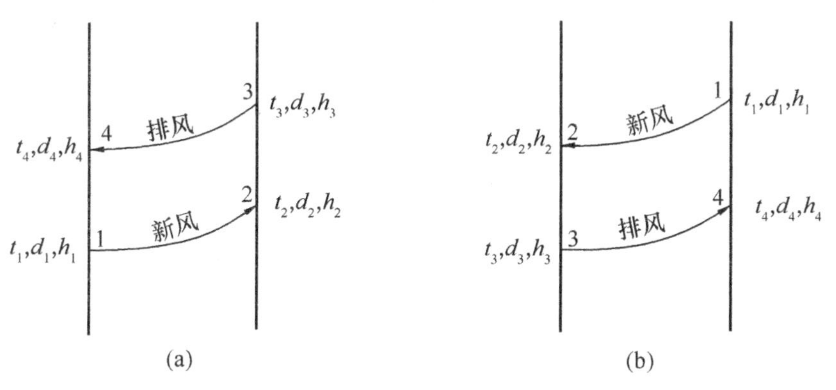

图 3-66

在选用热回收装置及系统的热回收效率时，可参考表3-3。

表3-3　热回收效率要求

类型	热交换率/%	
	制冷	制热
焓效率	50	55
温度效率	60	65

（三）其他建筑余热回收利用技术

除了空调系统产生的余热外，建筑中还存在一些其他余热，如宾馆类建筑中设备房间（如洗衣房、电梯机房、空调机房等）的余热；建筑地下停车场、地下消防水池等余热。

1. 设备房间的余热

设备房间的余热主要是指室内工艺设备、照明和人体的散热量。另外，通过新风和围护结构传入的热量也可能成为房间的余热量。

2. 宾馆类建筑设备房间的余热

由于宾馆类建筑设备房间需要全年运行，余热量大，无论夏季或是冬季，室内空气温度较高，且不会显著降低，可用热泵加以回收，用以加热生活热水。

3. 建筑地下余热

建筑地下余热的来源包括停车场汽车发动机的散热、地下消防水池的蓄热等。这些余热都属于低品位热源，可作为热泵的低温热源制备生活热水。

随着城市化的高速发展，我国的建筑规模将不断扩大，功能也会多样化，能源的消耗也会随之增长，通过对空调冷凝热和排风能量的回收可以大大降低建筑的能耗，具有一定的经济效益和社会效益。

二、建筑智能控制技术

（一）建筑智能控制系统

自动控制是相对人工控制而言的，它是指“在没有人直接参与的情况下，使机器、设备自动地按照预定的规律运行”[1]。在建筑领域，随着建筑规模的增加，建筑功能日趋多样化，建筑内部设备也越来越多，越来越繁复。建筑设备自动控制已经成为楼宇发展的必然趋势。

建筑设备自动化系统是基于现代分布控制理论而设计的集散系统，可以通过网络将分布在各监控现场的空调系统、给排水系统、变配电系统、照明系统、电梯系统等的系统控制器连接起来，实现分散控制和集中管理。

通过建筑设备自动化系统对建筑物内机电设备的自动化监控和有效的管理，可以提高设备利用率，优化设备的运行状态和时间，从而可延长设备的服役寿命，降低能源消耗，减小维护人员的劳动强度和工时数量，在保证和提高建筑舒适度的基础上获得最低的建筑物运作成本和最高的经济效益。

楼宇自控系统一般由现场控制站、通信网络和中央监控站等组成。系统结构如图 3-67 所示。现场控制站分散在机电设备现场对机电设备独立进行监视和控制，主要包括传感器、执行器和现场控制器。传感器是自控系统的首要设备，要求高准确性、高稳定性、高灵敏度。它与被测对象发生直接联系，根据被测参数的变化发出信号。通信网络将现场控制站采集来的数据传送到中央监控站集中存储、处理，并将中央监控站的处理结果传送到现场控制站，由控制器发出控制指令，通过执行器对现场机电设备进行操作和管理。

（二）建筑智能控制系统应用

建筑设备自动化系统用于对智能建筑内各类机电设备进行监测、控制及自动化管理，达到安全、可靠、节能和集中管理的目的。监控范围为空调与通风系统、变配电系统、公共照明系统、给排水系统、热源和热交换系统、冷冻和冷却水系统、电梯和自动扶梯系统等各子系统。下面对智能控制系统在变配电系统、照明系统、给排水系统、空调系统中的应用进行具体阐述。

1. 变配电系统

变配电系统主要包括高压设备、变压设备、低压设备、发电设备等。变配电智能控制系统通过对所有变配电设备的运行状态和参数进行集中监控，可以减少事故隐患，改善供电质量，提高用电效率，节约能源。变配电系统监控的内容主要有以下几点。

---

① 孔戈．建筑能效评估[M]．北京：中国建材工业出版社，2013：189.

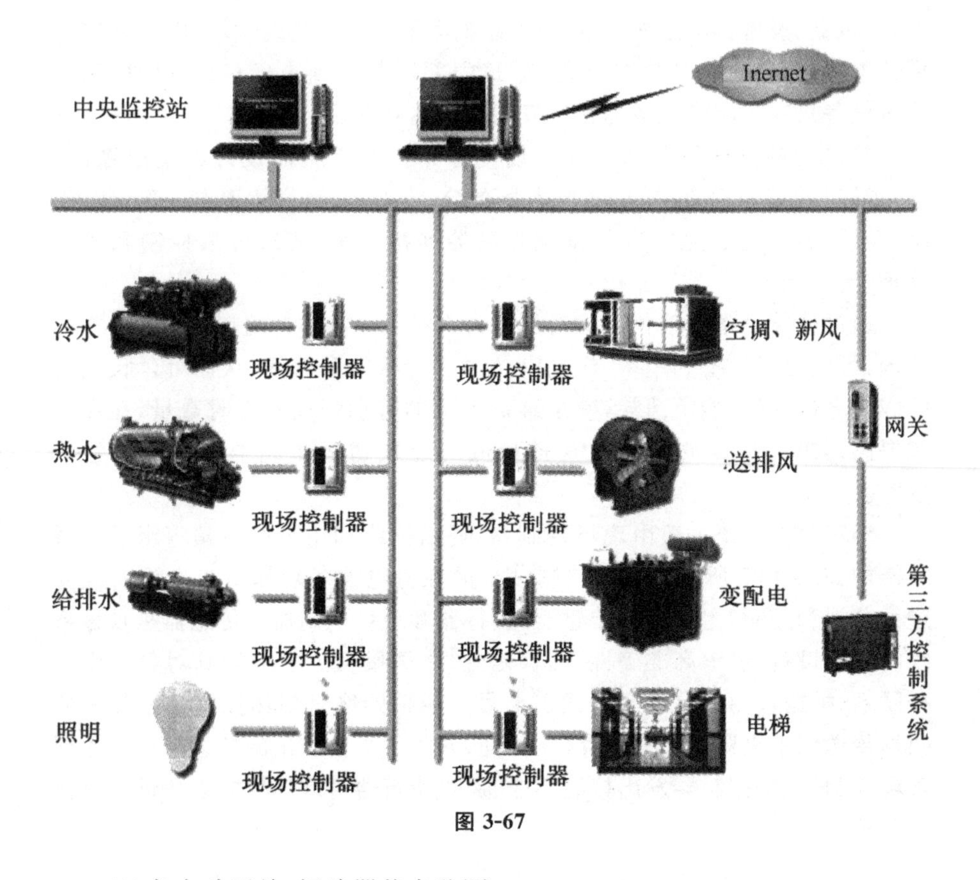

图 3-67

(1)各自动开关、短路器状态监测。

(2)低压配电监视:对其电压和电流进行监视,对供配电功率因数、频率进行监视。

(3)有功、无功功率及功率因数监测。

(4)电网频率、谐波检测、高压开关柜监视,内容包括高压主进开关状态监视、高压母线联络断路器状态监视。

(5)用电量监测。

(6)主变压器工作状态监测,变压器进线开关状态;高压侧电压,电流监视,变压器的温度,变压器风机的运行状态,故障报警。

2. 照明系统

建筑照明包括户外照明和公共照明。建筑照明电耗在建筑总能耗中占有重要的比例。照明智能控制系统除了可以保证楼宇各个区域正常照明外,还可以提高照明效率,实现节能目标。

照明自动控制系统可以通过一对一集中控制、分区灯光管理等方式简化操作，方便节能，也可以利用先进电磁调压及电子感应技术，通过检测照度或者实时跟踪电路中的电压和电流幅度，自动调节相关控制量，实现更复杂的控制功能，提高设备功率因数，优化供电照明控制系统。根据一般办公大楼运营经验，智能照明的节能效果能达到40%以上，商场、酒店等节能效果也能达到25%～30%。

3.给排水系统

1)供水系统

城市管网中的水压力一般不能满足现代高层建筑的供水压力要求。一般建筑的中上楼层均须通过竖向分区、提升水压供水。目前，供水系统的主要形式包括水箱供水和水泵直接供水。

水箱供水又分为利用重力的高位水箱供水和利用气压的压力水箱供水。水箱中可以设置溢流水位、停泵水位、启泵水位和低限报警水位四个液位开关。当水箱中的储水水位在不同位置时，相应的液位开关送出相应信号给现场控制器。经传送到中央处理器处理后，再由控制器发出控制信号，控制配电箱内水泵的供电线路主触点，实现水泵启停或报警。在工作泵故障时，备用泵将自动投入运行，并将工作泵从工作路线中切离出来。

水泵直接供水一般是采用调速水泵，即通过调整水泵的转速来满足用水量的变化。因为水泵直接供水系统需要水泵长时间不间断地运行，能量消耗较多。而变频调速水泵因其控制灵活、启停平稳、管网压力稳定以及节能等效果，越来越成为水泵控制中的首选方案。

2)排水系统

在现在建筑的排水系统中，部分建筑的污水排水方式是直接将污水沿排水管道排入污水井进入城市排水管网，而对于卫生条件要求较高的建筑，则首先要将污水集中于污水池，再用排污水泵将其排放到地面上的排水系统。

在污水集水池中设置液位开关，监测以下不同的水位：停泵水位、启泵水位、溢流水位和低限报警水位等。现场控制器根据液位开关采集到不同的状态信号来控制排水泵的启停。当集水池水位达到启泵水位时，污水泵自动启动，排放集水池内污水。

4.空调系统

空调系统是现代建筑中的主要设备系统，是建筑能效智能控制系统的主要监控对象之一。公共建筑中的空调能耗约占建筑总能耗的40%，通过对空调系统安装自动化控制系统，监控其在节能状态下的运行情况，可以有效降低建筑能耗。空调系统具体可分为定风量空调系统和变风量空调系统，下面对其进行具体分析。

1)定风量空调系统

在定风量空调系统中，不管负荷如何变化，风量是一定的，风机执行全风量运转，对室内冷热负荷进行调节，使室内的温湿度适宜。现代智能建筑中常用的定风量空调系统结构如图3-68所示。

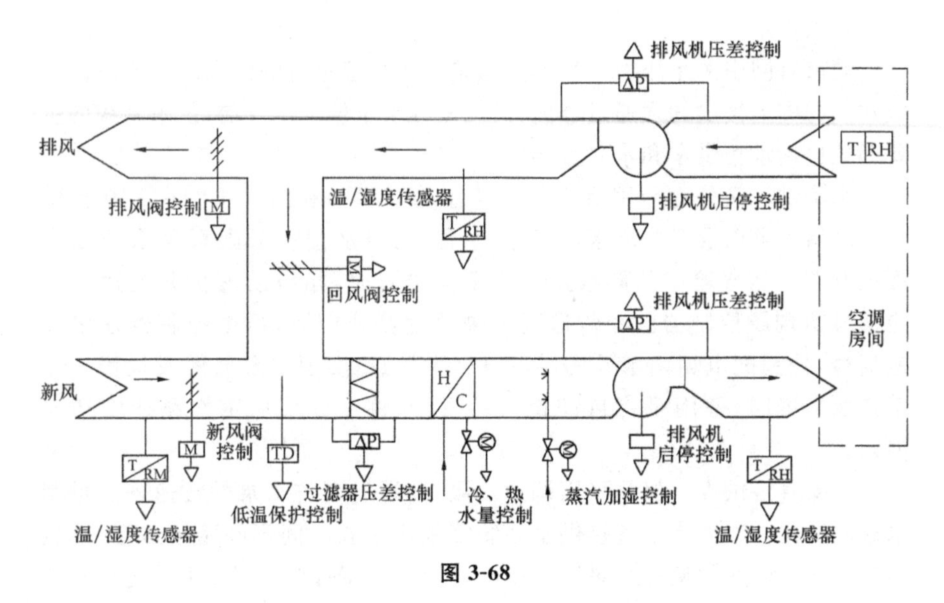

图3-68

2)变风量空调系统

变风量空调系统是指“当空调房间内的冷热负荷发生变化时，通过改变送风量而不是改变送风温度来维持室内温湿度要求的一种空调方式”[①]。典型的变风量空调系统如图3-69所示。

在变风量空调系统中，每个房间的送风入口处都设置了一个末端装置，实现对各个房间内的风量、温湿度的调节。送风温度不变是变风量空调系统的主要特点，即是说表冷器回水调节阀的开度不变。目前，改变送风量主要是通过采用变频器调节送风电机的转速。变风量空调系统的控制结构如图3-70所示。

---

① 孔戈.建筑能效评估[M].北京：中国建材工业出版社，2013：193.

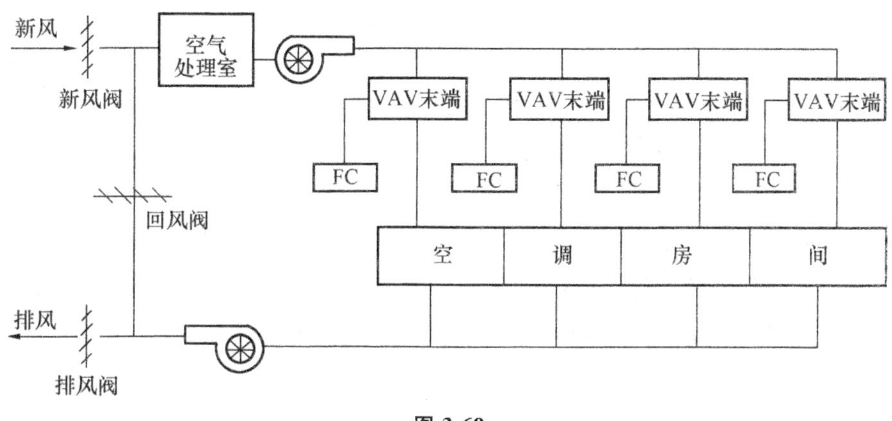

图 3-69

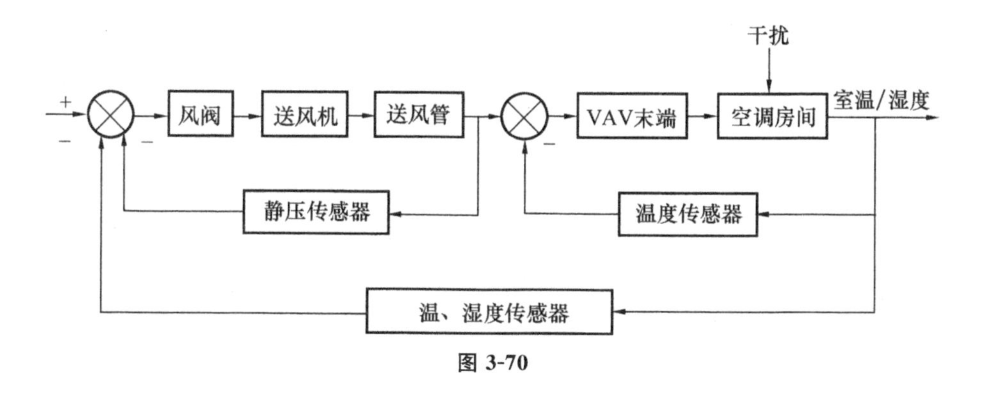

图 3-70

三、其他节能新技术

在建筑新能源节能技术中，除了常见的地源热泵系统、太阳能热水系统、太阳能光伏发电系统以及空调系统的余热回收技术外，其他的节能技术还有太阳能热泵技术、相变储能技术、建筑绿化技术、建筑废弃物再生利用技术等。下面主要对太阳能热泵技术和相变储能技术进行阐述。

（一）太阳能热泵技术

太阳能热泵通常是指利用太阳能作为蒸发器热源的热泵系统，其将热泵技术和太阳能热利用技术进行有机结合，有效提升了太阳能集热器效率和热泵系统性能。将热泵技术与太阳能结合供应生活热水，主要有两种方式。

一是太阳能系统的辅助加热设备直接采用空气源热泵。

二是将太阳能集热器作为热泵的蒸发器。

（二）相变储能技术

现代建筑的围护结构多采用轻质材料，热容小是轻质材料的一个重要特点，因此，室内温度表现出白天和晚上的温差较大，这一方面影响到室内环境的舒适度，另一方面也增加了空调的负荷，加大了能源的消耗量。通过向普通建筑材料中加入相变蓄热材料，能够提高轻质建筑材料的热容。

储能密度高、相变温度小是相变储能技术的优点，其主要利用建筑结构的热容特性来储存大量的能量，能够提供很高的蓄热、蓄冷容量，并且能够对其进行很好的控制，不会带来建筑结构温度的很大变化。

第五节　建筑绿化技术

为实现节能，并在建筑中实现与自然的接近，建筑业越来越注重对绿化技术的运用。例如，在建筑的墙面种植爬山虎之类的攀藤类植物，以遮挡阳光的直射，利用植物的蒸腾作用和光合作用实现能量的转化。具体而言，建筑绿化技术主要包括以下两点。

一、建筑中庭绿化技术

随着可持续发展理念的发展，建筑的可持续发展力求实现人居环境与自然环境的完美融合。植物的生长必须与环境相适应，这一环境由上部空间和生长介质组成。在做中庭的绿化设计时，必须对植物生长所需的温度、风速、光线、水分、营养及适当的排水等因素进行充分考虑。

在进行建筑绿化技术设计时，要做到以下几点。①通过绿色植物使内外空间不断得到延伸；②利用绿色植物对空间进行适当的分割；③利用自然植物营造柔和的空间氛围；第四，利用绿色植物对空间的角落进行装饰，使其更具情趣。

二、建筑垂直绿化技术

垂直绿化中的植物有利于保护眼睛，防止光污染。通过垂直绿化，使攀缘植物上墙，能够有效实现建筑物的降温和降尘。而且，由于垂直绿化能够在建筑物的外墙上形成一个隔热层，能有效降低建筑物内部的能源消耗，对室内温度进行调节。

在进行垂直绿化建筑设计时，要做到以下几点。①充分考虑植物对环境的适应性；②植物应与周围环境紧密结合起来；③注意感官效果的营造。

第四章　生态理念下的建筑设计创作原则

随着社会工业的发展，生产技术的不断提高，在解决人和自然相处的问题上，也越来越需要智慧和新的哲学观点做支撑。目前，生态世界观就得到越来越多的专家学者的认可，成为目前社会的主流意识。本章我们将从生态世界观的本质入手，深入了解在建筑设计中需要坚持的生态理念原则。

第一节　生态学的基本法则

一、有机整体法则

最早对生态系统这一词做出解释的是英国生态学家澹思乐，“所谓的生态系统包括整个生物群落及其所在环境的物理化学因素（气候、土壤因素等），它是一个自然系统的整体，因为它是以一个特定的生物群落及其所在的环境为基础的。这样一个生态系统的各个部分，生物与非生物，生物群落与群落环境，可看作是处在相互作用中的因素。在成熟的生态系统中，这些因素接近于平衡状态，整个系统通过这些因素的相互作用而得以维持。”①

生态系统和生物具有不同的结构层次，但要将它们作为一个整体来看待。众所周知，生态系统涉及的面很广阔，人、动物、植物、微生物等也都被包罗在内，而且他们中的各种因素也是相互联系、相互作用的，不能单独地、孤立地去分析。每一个因素的性质都是由整体的动力来做决定，在相互作用中被再创造。此外，他们在运动中还具有互补性，相互影响，造就出整体的作用大于各部分之和。总之，生态系统有机整体性观点表现在以下两个方面。

---

①　史立刚，等．大空间公共建筑生态设计[M]．北京：中国建筑工业出版社，2009：71.

（一）系统整体性

生态学把自然界看作是生态系统，把人所生存的世界看成是具有复合性的生态系统，具体表现为“人—社会—自然”三个相互影响、相互作用的部分。生态世界观认为一切因素都有着内在的联系，他们间的动态的、非线性的相互作用共同组成复杂的具有关系网络的有机整体。

在这个有机整体里，首先要确定事物整体间的关系是真实存在的，而最重要的一点是他们整体间的关系要具有逻辑性，这是因为事物的性质是有整体的复杂关系所决定，并不能由部分的特性来做决定，所以比起各个部分，事物各组成部分间的相互关系更为重要。“在任何既定情境里，一种因素的本质就其本身而言是没有意义的，它的意义事实上由它和既定情境中的其他因素之间的关系所决定。”

总之，只有具有良好的结构关系，才能将事物的完整意义显现出来。当现代系统论和系统生态学建立起来后，才标志着人们对客观世界的认识具有大的转变，即从实物中心论向系统中心论转变。

（二）动态有序性

同机械论将世界描绘成静止的时空特征相比，生态世界观将世界看成一个在不断有序变动的整体。宇宙最基本的特点是在不停地运动着，事物的结构与过程相互关联，他们间的运动表现形式，过程比结构更为重要，也是最基本的。

机械世界观把事物的性质、秩序和运动状态归结为组成部分的性质，并且是通过对基本实体不同的排列方式得到的结果。但生态世界观却认为，系统整体上之所以产生有序的状态，起源于一种动态平衡的形式，并不产生于静态的结构，这种动态平衡形式的产生是受到来自事物内部的力量和外部环境力量共同的作用。所以，生态世界观的基本原则是保持事物的整体性和有序性，从而才能确保生物圈的健康和良性循环。

我们知道自然界是一个大的整体，而人类作为自然界的子民，其地位也只是属于自然界的一部分。所以，“人定胜天”是一种不遵循自然规律的思想观念，人类的活动并不能脱离自然界本身。即使人类手握利用自然、改造自然的权力，但是依然在活动中要顺应自然规律，同时担负起保护自然、美化自然的责任。只有当人类具备整体意识、全球观念、系统思想时，才能真正做到与自然和谐相处，可持续发展（图 4-1）。

图 4-1

二、物物相关法则

在前面对有机整体法则进行了分析介绍后，接下来则对系统各要素方面的规律进行阐述——物物相关法则。虽然这两种法则所强调的方面各不相同，但还是不能将这两种法则分开，片面地区分，它们是相互影响、相互作用，并包含有一定的因果关联的。

不同的生物组织、种群和个体、有机体以及所处的不同环境之间普遍存在着一定的关联性，体现了生物圈中精细的内部联系。但值得注意的是，这种关联性并不是单一的，而是由复杂的、由许多分支交叉形成的一个网络状的联系，并包含有多层次的内部相互联系的结构。

通常来看，物物相关法则可以通过三种不同层次来表现，具体表现为：普遍关联性、自组织性和因果混沌性。

（一）普遍关联性

普遍关联性的内涵可以这样定义：世间各种事物不是孤立的，而是普遍相互联系、相互作用的整体，改变其中一部分就会牵涉到其他部分甚至影响整个系统。通过生物与环境的关系来体现，一方面是生物对环境的作用，环境变化是由生命活动引起的；另一方面是环境对生物的反作用，环境为生物生存提供空间、物质和能量资源，生物的生存和发展受环境条件的制约。总的来说，二者之间相互作用、相互依赖。而在生物种群和群落之间，以及各生物物种之间通过相互作用构成广泛的联系。

定义物种种群相互作用的基本形式，美国生态学家奥德姆认为有九种，即中性作用、竞争作用、资源利用型竞争、片还作用、寄生作用、捕食作用、偏利作用、原始合作、互利共生，这九种相互作用形式使生态系统的结构和功能得以更好的发挥。

从生态学的基本原理可知，只有事物整体与部分的相互作用才是更基本的，对整体和部分做出区分的意义也只是相对的。柯莫涅尔认为生态学关系实在论的本质体现在一句话上，“一切事物与一切事物有关”。这就对机械论强调物质实体、强调部分决定整体性质的观念从根本进行了否定。

（二）自组织性

即使普遍关联性提出要用整体的观念来考虑问题，但对于系统内部，也存在着自组织性、自我补偿的特性。自组织是指事物不是受到来自外部的强制影响，而是自己内部的组成部分之间，通过相互联系、相互作用，从而形成某种自发、有序结构的动态过程。

在业界中，一些专家学者认为自组织的动态行为能促进自然进化，“自然进化的整体统一正是由多层次进化的自组织动力学的关联性所决定的”。

正是因为自组织性的广泛存在，所以才造就了生态系统内部之间的连接关系表现出某种平衡区间的摆动系统的特质，告别松散的、易于脱离平衡态的不稳定关系。

（三）因果混沌性

从某些方面来说，系统的发展具有随机性、不可逆性、目的性和进化等特点，这是因为事物间存在的关联性能使系统有时更像一个混沌运动的放大器，即某个长期行为容易对最初的条件产生依赖性，一部分出现混乱的情况，就会产生“蝴蝶效应”，导致不可预料的结果。

生态学强调事物要素间的相互联系和相互作用是非常重要的，所以不看重首要次要之分，不强调以什么为中心。但这并不影响生态学中也有“关键因素”等这样的概念，只是在表明生态关系时，要以相互作用的强调为中心。

事物之间也存在着主要因素、次要因素。但要平衡控制好方向，否则将次要因素上升为主要因素决定了系统的性质，可能会导致大的错误产生。根据“最小因子定律”的结论——在生态系统中影响系统组成、结构、功能和过程的因素有很多，但往往处于临界量的因子对系统功能的发挥具有最大的影响。改善和提高该因子的量值就会大大增强系统的功能。

人类对自然现象及其规律性的认识，自非线性科学出现后，就由两类扩大到三类：必然现象及其动力学规律、偶然现象及其统计规律、既必然又偶然的混沌现象及其非线性规律。确定性混沌自然观将必然现象及其动力学规律、偶然现象及其统计规律作为混沌现象及其非线性规律的矛盾转化结果并包含在自身之中，从而实现自然观从原始人的非决定论的偶然性混沌自然观转变为各种形式的决定论自然观，最后转变为确定性混沌自然观，这三者间是一种否定之否定的辩证螺旋发展。根据确定性混沌现象的普遍性，非线性规律是客观世界的基本规律。

综上所述，在了解物物相关法则时，既要用普遍关联性的态度去关注系统内部，而且在进行生态建设中，还要多利用其自组织性和因果混沌性。人类在进行社会活动时，要谨慎地处理行为对生态圈的影响，但同时也要了解到生态系统的有弹性的自我调节能力。因此，对生态环境的保护并不意味着人类不可以进行有限度的建造或是其他满足自身需求的实践活动。

三、协调稳定法则

协调稳定法则，顾名思义就是相互协调，进而使活动、性能保持稳定。主要涉及生物、环境、生态系统三方面，这三者间的相互适应与补偿的作用与反作用协同进化过程。

如果生态系统处于一个相对稳定的状态，那么，无论是生物、环境还是生态系统，其物质的输入和输出都会是相对平衡的。通常来讲，一方面生物从环境中摄取物质；另一方面生物又向环境返还物质，以补偿环境的损失。生态系统为了实现自组织优化，可以采用反馈调节机制与协同耦合机制来达到这一目的。

（一）反馈调节机制与生态平衡

生态系统具有自我调节功能，为了使系统内部达到稳定平衡状态，通过对系统内的所有成分进行良好的协调来达到这个状态。当生态系统的一种成分发生变化时，就会使其他成分也出现一系列的变化，最后，这些变化又反过来影响最终变化的那种成分，这一过程被称为反馈，反馈包括负反馈和正反馈。

和常态理解的正负概念不一样的是，在生态系统中正反馈作用则常使生态系统远离平衡状态或稳态；负反馈能使生态系统达到和保持平衡或稳态。正反馈是爆发性产生，经历时间较短，负反馈是对最初发生变化的那种成分所发生的变化产生抑制和减弱作用。所以，在生态系统中，负反馈的自我调节起着主要作用。

借助于反馈这种自我调节机制，生态系统通常情况下会保持自身的生态平衡。生态平衡是生态系统整体在一定时间内结构与功能的相对稳定状态，其物质和能量的输入和输出接近相等，在外来干扰下，能通过自我调节（或人为控制）恢复到原有的稳定状态。

“稳态”意味着相互协调、相互补偿、相互作用和不断发展，但是这种平衡只是相对的，生态系统内的自控制、自调节和自发展才是绝对的，所以它是开放性的动态平衡。需注意的是，维护生态平衡并不只是保持其最初的状态，人类有益的影响可以在生态系统内建立新的平衡，帮助生态系统内部建立起更合理的结构，以发挥更高效的功能、产生更好的生态效益。

（二）协同耦合机制与耗散结构

系统整体与部分的关系包括加和性与非加和性关系两种。加和性是指各部分可以用简单相加的办法逐渐建立整体的特性。非加和性是指由于各部分之间的相干性造成的非加和性关系的存在，却使系统出现其组成部分所没有的新属性。

相干性也被认为是一种耦合关系，耦合各方经过物质、能量、信息的交换而彼此约束、选择、协同和放大。约束和选择意味着耦合各方原有自由度的减少乃至部分属性的丧失；协同和放大意味着耦合各方在一种新的模式下协调一致地活动，其原有的属性可以被拓宽放大。它们交错重叠在一起，共同导致属性不可分割的整体的形成。只有经受涨落后能恢复自身状态的物质系统，才有存在的可能，这种对涨落的不变性就是系统的稳定性，其产生和耗散结构的存在是密切相关的。

一个远离平衡态的开放系统通过不断与外界交换物质与能量，在外界条件的变化达到一定阈值时，可能从原来的无序混乱状态转变为一种时空或结构有序的新状态，这种新的有序结构即是耗散结构。

耗散结构不仅仅是一种时空有序的结构，而且在一个自我保持和自我修复的系统中维护各部分之间关系也起着重要的作用。耗散结构的形成机制是一种自组织形成的过程，在一定程度上能反映系统的稳定性，是产生并得以保持稳定性的内在原因。

生态系统也拥有优胜劣汰的智慧，这种自然选择机制的优化对生态系统中的协调稳定具有重要作用。在演化中，通过优胜劣汰的优化作用，会自动排除掉那些不能与整体共存的部分。通常来说，一个现存的生物结构，或是已知的自然生态系统的结构，按照常识，就是最好的。

四、物质循环再生和能量流动法则

生态系统要维持正常的运转，就离不开一定的能量、物质和信息在生物与无机环境、生物与生物之间进行无休止的传递、转化和再生。由于地球资源是有限的，要使生物圈的生态系统能长期生存并不断发展，就在于物质的循环再生和能量的流动转化(图 4-2)。

图 4-2

(一)物质循环

物质循环，是指非生物环境中的各类参与合成和建造有机体的物质，在环境与生物之间反复循环的过程，也被称作生物地化循环，是生态系统存在和发展的物质基础。生物圈中的物质是有限的，为了能使生态系统长期地循环发展，只有对原料、产品和废物产生多重利用或者进行循环再生。

生态系统内部必须形成一套完整的生态循环流程，每一组分即是下一组分的“源”，又是上一组分的“汇”，某一种有机体排出的东西可能是废物，但会被另一种有机体当作食物而吸收。

“废物”这一概念在自然界中是不存在的，在《下一个工业革命》一文中，提出“新的工业将是自然循环整体中的一部分”这个观念，认为其废弃物将是自然的食物并为自然带来成长的营养。

（二）能量流动

能量流动是一种动力，促使生态系统得以正常运转，具体特性表现在以下几个方面。

1. 连锁性

生态系统中的能量流动是通过以各种有机体为载体的食物链渠道进行的。食物链是生态系统中的营养结构，它在各环节上所有生物种的总和被称为“营养级”。由于消费者往往是杂食性的，从而使这些食物链错综交织连接成食物网。

食物网（图 4-3）不仅表现着生态系统内各生物体之间复杂的直接或间接的相互捕食关系，也反映了生物的广泛适应性。

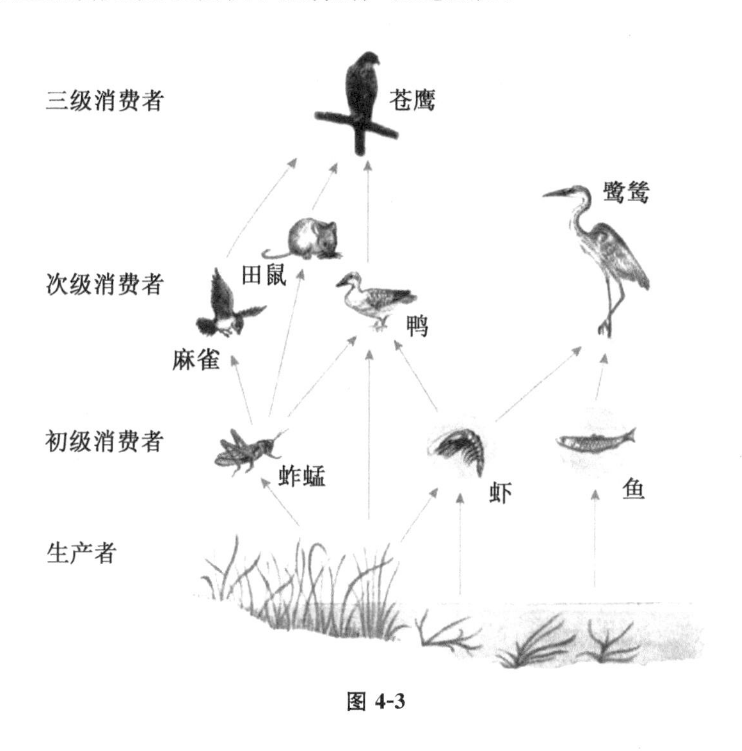

图 4-3

2. 递减性

递减性又被称为“生态金字塔”（图 4-4）。在遵循热力学第一定律和第二定律的前提条件下，生态系统中输入的能量总是和生物有机体转换的、储存的、释放的能量相等。

而在能量传递和转换过程中，除一部分可以继续传递和做功的能量外，另外有一部分不能继续传递和做功，而是以热的形式耗散，呈现出递减性的特征。按照林德曼效率理论，营养级间的同化能量之比值是 1/10。

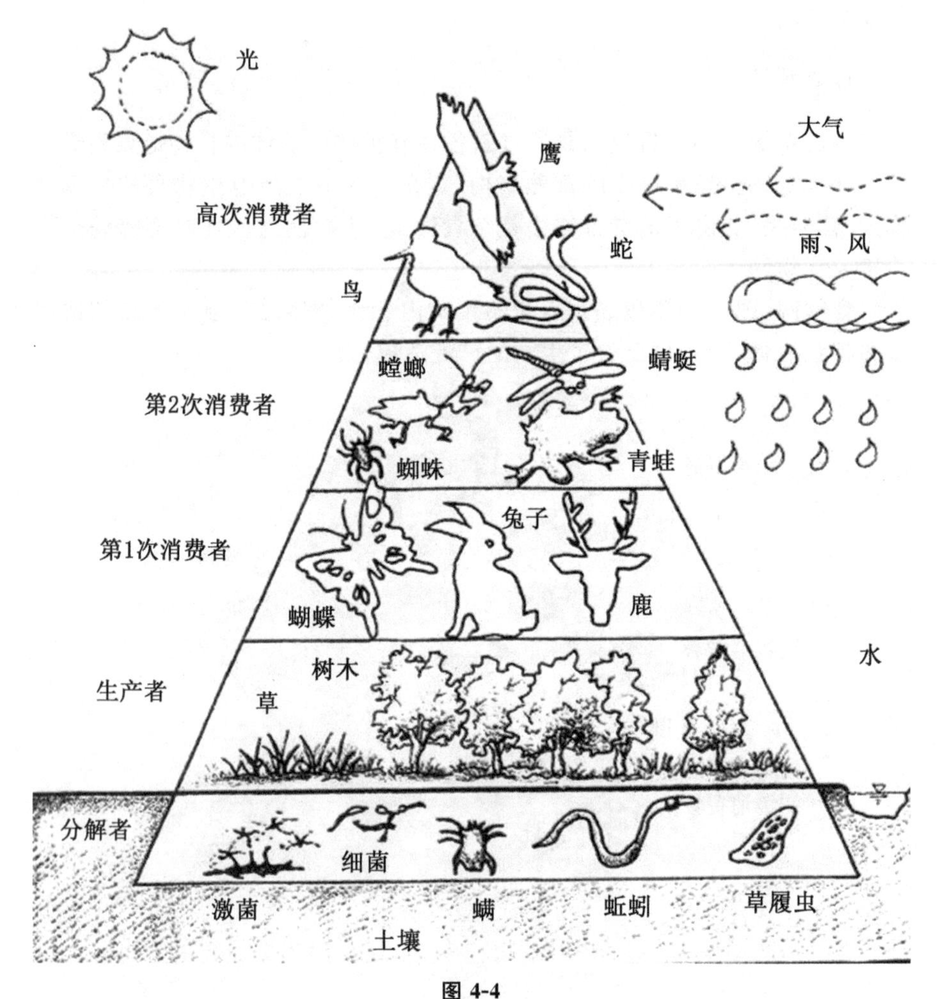

图 4-4

3. 单向性

单向性是指能量只能一次流经生态系统，它既不循环，也不可逆，沿着前进方向一去不回返。生态系统有两个基本过程——能量流动和物质循环，正是这两个过程使生态系统各个营养级之间和各种成分之间组成一个完整的功能单位。

物质的流动是循环式的，各种物质都能以可被植物利用的形式重返环境。能量流动和物质循环都是借助于生物之间的取食过程进行的，二者间相互制约、相辅相成，不可分割。物质流是能量流的载体，而能量又推动着物质的运动，二者将生态系统联系成一个有机的统一整体，并共同构成生态系统演替和发展的动力。

五、环境承载能力有限法则

环境承载能力有限法则包括环境资源有限和生态阈值有限两方面。

由于自然界中任何资源都是有限的，所以，对生态资源的利用并不是一次性的，而是要有一个摄取、分配、利用、加工、储存、再生和保护的过程，这也是维护生态平衡的一个过程。

当对生态资源的利用开采强度与更新相适应时，系统就保持相对的平衡；一旦利用强度超出极限，系统就会被损伤、破坏，甚至瓦解。

生态平衡可以靠生态系统自身调节能力来维持，但遗憾的是，这种自我调节能力非常有限，它取决于生态系统物种的生物潜能。生物潜能和环境阻力是决定生态平衡的两个重要因素，这二者之间的对比关系，以及此消彼长的发展变化决定着生态系统的稳定有序度。生态学将生态系统自我调节能力和对破坏因素的忍耐力的限度称为生态阈限。环境容量表现为接纳环境污染物的能力、环境自净能力，按照生态学的最小限制率，环境容量资源不仅是有限的，而且是相互关联的整体。

在不超过系统的生态阈值和容量的前提下，生态系统可以忍受一定的环境压力，当压力解除后，它能逐步恢复到原有的水平。反之，当外来干扰无节制地超越生态系统的生态阈值和容量时，其自我调节能力则会大大降低，最后导致生态系统衰退无序，生态平衡便遭受破坏。环境对人类需求的承载能力及自然环境对污染物的容纳能力都有限，超过这个限度就会导致生态危机。

同样的道理，物质系统的稳定性也是相对于一定范围而言的，超出这个范围，原有的稳定状态就会不平衡，涨落支配系统的行为。当这种涨落被一定条件所巩固时，就会出现新的稳定状态，随着外界控制参量的变化，系统的演化历程会经过稳定—失稳—再稳定的阶段。普利高津提出的结构、功能涨落关系图（图 4-5），就是这种过程的形象表述。按这个图式，随机涨落会导致系统内部功能机制的改变。

但有趣的是，这种改变不是发生在临界点附近，系统还是处于稳定状态，系统的结构会平息涨落。但如果涨落被放大到临界点附近，那么结构就无法对机制做出调整,系统就会变得不再稳定。此外,宏观时空结构也会发生变化,而在变化了的时空结构中,又会有新的涨落。

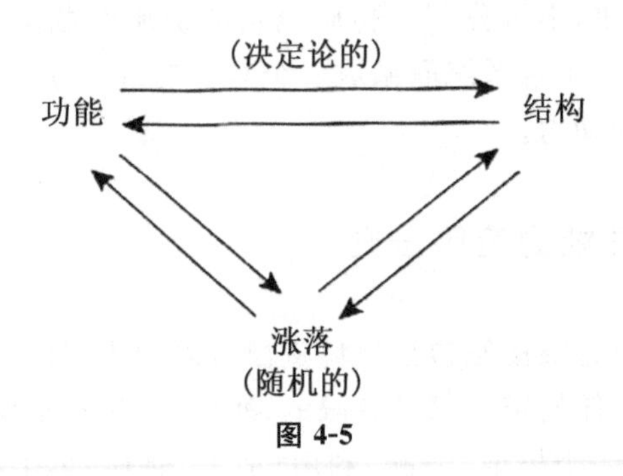

图 4-5

只有生态环境能稳定健康地运行发展,人类才能更好地生存和发展。所以,当人类的发展是以牺牲生态环境为代价时,那么总有一天,人类的发展也会止步于生态的毁灭。所以在生态系统的承受阈限之内进行发展才是最好的发展。

康芒纳将以上这些生态系统相关的基本原则称为"关于地球上的生命之网的看法",它们是构成建筑生态化设计研究的理论基础。只有将这些理论理解得透彻,才能更好地融入设计思想观念中。

第二节　建筑生态化的设计原则

在建筑设计时运用生态理念目的是要立足于长远,进行可持续性发展,并通过合理地利用资源,使之对环境不产生有害的影响,让建筑与城市、环境成为一个健康平衡的有机整体。

1993 年,美国国家公园出版社出版的《可持续设计指导原则》一书,则对生态建筑的设计原则进行了一系列总结,1991 年布兰达・威尔和罗伯特・威尔合著的《绿色建筑——为可持续发展而设计》一书中,作者认为绿色建筑所应具有四项原则:节约能源、设计结合气候、能源材料的循环使用、尊重用户。生态是一个动态的思想,生态建筑的设计一定要在面向未来发展时具有足够的弹性,表现在楼体的可生长性,包括基础的预留量、楼地板对承重的预考虑等。还体现在预留的管道空间、家居系统的可变化性、建筑内外饰面可更新构造方式等方面。

综上所述,我们以宏观生态策略框架为基础,从环境、资源、地域和气候、人等四个方面,建立生态建筑设计中观层面的设计原则或策略,为微观层面的具体的生态建筑设计和技术策略提供可操作性的理论依据。

一、环境保护原则

生态建筑系统具有整体性和开放性。生态建筑也需要太阳能输入一定的能量，并通过太阳能和地球内部能量作用，按一定规律不间断地、有序地进行物质交换和能量流动，以维持结构和功能的协调。

系统内各生物因素和环境因素按一定规律相互联系、相互作用，为了使结构和功能保持相对稳定的状态，系统中输入输出的能量和物质要保持平衡，即使遇到外界的干扰，也可以通过自身调节机制恢复到新的稳定状态。

在系统中输出的废弃物是环境污染的源头之一，同时，环境污染也离不开人的社会性活动，人类对生态环境的影响大小、危害程度等都与环境污染相关。

著名生态工程师 D. Porto 提出："考虑生态原则的建筑设计，是一个不产生废物的平衡系统，因为某一过程的输出物将成为另一过程的输入物，能量、物质、信息在相互关联的过程中循环往复，由于系统的效率与相互依赖的特性，产生出环境的原物质以及可靠的经济保证与高质量的生活。废物将不复存在，太阳的恒定输入将弥补过程中任何的能量损失。"①

所以，要想对自然生态环境系统进行保护，最重要的是在生态建筑设计时，将输出废弃物及人类的社会性行为活动作为切入点。

从中观层面来看，生态建筑设计的环境保护原则应体现在以下几个方面。

（1）整体全面地考察设计建筑与外部环境关系，减少人工层次，合理地保护土地、植被及自然环境。

（2）使建筑产生的废弃物和排放量值达到最小，运用多学科、综合性设计使不可避免的最终废弃物通过合理的技术流程成为其他生产部门的原材料。

（3）使用的材料要确保无污染、低能耗、易降解、易再生，最好是因地制宜地使用本地无污染的材料。

（4）人类的社会活动必须与环境建立起和谐关系，避免对环境的破坏。

---

① 刘云胜.高技术生态建筑发展历程：从高技派建筑到高技术生态建筑的演进[M].北京：中国建筑工业出版社，2008：229.

二、资源持续利用原则

地球资源是有限的，所以在利用资源时应坚持可持续性原理，对有限的资源最小化使用。尽可能多地使用再生资源，为持续发展提供保障。

宏观生态策略由生态建筑系统的动态性、区域性和资源可持续性原理三个方面构成。而应将合理地利用资源及设计方案本身两个方面作为生态建筑设计的切入点，所以从中观层面来看，生态建筑设计的资源持续利用原则应体现在以下几个方面。

(1)设计上优先选用节约环保型、再生型、耐用长寿型建材，并尽量就地取材、采用当地技术，以节约资源、提高资源的使用效率、降低建造成本。

(2)建立全生命周期的观念，在材料的使用上应采用再评价、减少耗费、更新改造、重复使用、循环使用的设计策略。

(3)在对建筑的设计中最大化采用再生能源，比如风能、太阳能、地热能、天然冷源的直接和间接利用，以及自然的采光、通风、降湿等。

(4)在开采、运输、制造、装配以及施工等各个阶段中降低建筑材料的能耗，并尽量选择蕴能量低的材料。

(5)在规划建筑向阳、通风、遮荫时，应从建筑单体的采集能量、保存能量、储存能量、释放能量和平面组合调整系数、体形系数、细部构造等设计层面合理解决建筑节能问题。

(6)在建筑单体设计中要保持灵活性，根据功能结构随时间、空间的变化，相应采取适当的设计概念、长寿多适概念和合理废弃概念。

(7)通过不同方案的比较研究，确定最经济的能量和物质材料使用方案，并以此为依据来确定最佳的建筑设计方案。

(8)修正和改变消费观念而倡导一种适度消费资源的新生活方式。

三、适应地域和气候原则

从具有原始生态倾向的传统民居到早期具有朴素生态倾向的建筑设计思想和实践，无一不是以地域和气候条件作为设计的出发点，地域和气候对于生态建筑来说是一个古老的话题。

根据生态建筑系统的区域性原理及其宏观生态策略，适应地域和气候的生态建筑设计的切入点应为充分利用地域气候条件及创造最佳的人体生物舒适感等，总之，适应地域和气候原则具体表现在以下几方面。

(1)在对设计地段的地域性深刻理解、研究的基础之上延续地方性历史、文化及人文脉络。

（2）在分析地形、排水、海拔高度、季风、太阳方位角和周围建筑等因素的场地分析基础上，根据设计地段内的土壤、环境及植被的特点对建筑进行设计和规划，并将对生态环境的不利影响减至最小。

（3）在建筑设计时，还要结合当地的温湿度、日照强度、风向等气候因素，因地制宜地采用被动式或主动式与被动式相结合的能源策略，尽量利用可再生能源。

（4）运用高科技技术，根据当地的气候进行建筑设计，努力做到以最小的成本建设，却能使建筑带给人们最佳的舒适感。

四、人性化和健康原则

同自然环境相比，人工制造的环境是人类与自然环境相互作用过程中产生的一个特有的人工生态系统，是人化了的自然环境，它既是自然界的一部分，同时又作为联系人类生产生活与自然生态环境的纽带发挥着重大作用。

人类社会与自然界的物质、能源和信息的循环、流动、交换处理都要依靠目前越来越复杂的人造环境系统，建筑及其环境是人造环境最重要的组成部分，其本原是为人服务的，要满足人的使用功能，但这并非终极目标，人造建筑还应该满足于人的心灵和精神上的感官要求，使人的精神世界达到富足。所以，适应人性化、健康原则的生态建筑设计的切入点应为人性化及健康两个方面，所以从中观层面来看，生态建筑设计的人性化和健康原则通过以下几方面表现出来。

（1）遵循人与环境的和谐为本的人文原则，加强人与自然的联系，在对建筑使用时，应尽可能多地加入自然的元素。

（2）创造开敞的空间环境，结合立体的多层次绿化系统，以便使用者方便地接近自然环境，并形成使用者与自然融合的视觉、听觉、嗅觉、触觉环境。

（3）室内的通风系统应该得到保障，在建筑设计时，空气的循环系统要能将清新的空气引入到室内，确保屋内空气质量达到优等状态。

（4）建立自然的防噪措施以降低噪声污染，为使用者创造安静、和谐的声环境。

（5）通过高品质的自然采光系统。

（6）保持室内的舒适度，温湿度要符合人体感官的需要。

（7）在设计上针对特殊使用者的行为能力做出合理的解决方案，体现对老、弱、病、残、孕等特殊使用者的关怀。

(8)提高建筑系统的生态安全能力,增强防灾、减灾能力。

(9)在设计上对建筑未来的发展进行充分的考虑并留有足够的余地。

(10)在室内及室外的设计中应因地制宜地接受多元文化并注重人们的生活习惯。

五、高效化原则

随着社会的发展,建筑物的属性开始逐渐变化,由以往的以美学方面作为研究基础变为一种经济产品和社会公共物品。

在西方资产阶级发展的高峰期,对建筑经济性的研究上升到理性的层面,在法国的建筑师夏尔·佩西耶看来,文艺复兴时期的建筑存在着“节约理性”的观念。从语言学方面来看,生态学和经济学在英语中的词根都是“eco”,源于希腊文的“oikos”表示“住处”,而“logy”代表研究,“nomics”代表管理。

由此得知,建筑设计也代表着一种经济效益,在有限的资源和无限的人类的欲望中保持稳定平衡,所以在实现从粗放型向集约型建设的转变中,存在着两种方法:第一种是通过减少成本的投入来达到节约的目的。第二种是综合改进系统结构,提高效率。

对于提高经济效益的方法,节约化有一定的作用。比如,节约用水、用地、建筑材料、人力和能源等。其中,节约能源是最重要的,包括节约制造能源(蕴能量)、节约施工能源、节约运行和维护能源。而在建筑设计时,就要尽量结合气候,利用自然通风、天然采光的方法,以减少建筑物对能源的依赖。

但是,通过自然通风、采光,无法形成舒适的内部物理环境。所以必须采取人工照明和空调设施,亦必须通过良好的建筑热工处理,充分提高能源的利用率,从而达到节能的目标。在材料收集、运输、制造、施工、建筑使用、维护和拆除的过程中,节约化贯穿其中,具有显而易见的经济意义。当然,节约并不意味着降低环境质量,或者是减少对能量的需求,通过这些来换取节能也是不明智的表现。

在现代建筑节能观中,更加强调基于可持续发展理论的综合资源规划方法和能源需求对管理技术的应用,更重视建筑物的合理用能,应当通过提高建筑的能量效率,用有限的资源和最小的能源消费代价获取最大的社会、经济效益,满足日益增长的环境需求。DSM 理论中一个重要思想就是“将有限的资金投入能源终端(需求端)的节能,其产生的效益将远高于投资能源生产的效益”。因此加强使用过程的节能意识,如对空调温度的设定、对空间规模的优化及对空间气密性的考虑等便成为高效化原则的最佳注脚。

从人的本能来看,人的欲望是无穷的,靠节约化来限制人们对需求的渴望是不人性的,也是不科学的,所以当节约与人们的需求矛盾达到不可控制的地步时,其作用也就跌到了最低谷。只有通过改进结构,高效化才能对可持续发展具有重要意义,也是最佳的经济手段。

对于建筑设计而言,高效化的表现在于充分利用空间。对于特殊类型的公共建筑,它的使用频率和范围终究是有限的,所以建筑师在建筑设计时要最大化地拓宽其服务范围、提高其功能的使用。在设计时,建筑师要从总体功能策划、具体功能布置、技术设备支持入手,通过优化功能结构和系统的协调应变,提高建筑功能的灵活运转能力。

建筑师在总体策划上,要考虑到聚集效应,主要是针对同类功能系列;同时,还要对具有异类功能间的刺激效应做出改进,采取互补优势,使整体功能得到最优最大化的配置。在功能布置方面,就要考虑到各种功能的配比、区位、流线、空间舒适等优化问题。在设备技术方面,应将它们的构造配合、空间规模及设备类型等问题集中起来,进行综合解决。

实行集约型建筑设计最不可或缺的就是要追求高效化。“建筑设计是能量和物质管理的一种形式,其中地球的能量和物质资源在使用时被设计者组装成一个临时的形式,使用完毕后消失,那些物质材料或再循环到建成环境中,或是被大自然所吸收。”提高效率也是生态建设的一部分。美国可再生能源最早的使用提倡者、未来学家、工业设计师理查德・巴克敏斯特・富勒曾提出一个观点“少费多用”,简单来说就是少一点消费、多一些利用。尹恩霍文将它概念化为“用较少的投入取得较多的成果,用较少的资源消耗来获得更大的使用价值”。

大自然是最好的模仿品,同时也是我们人类最好的教师。建筑师想要进行生态设计,最重要的就是要有对资源高效利用的理念,通过大自然,获取灵感,也能推动人类建筑走得更远更好。建筑师要学会将视角关注到生命体的高效低耗的特性上,合理组织结构,这对发挥出系统结构的高效作用有着深远意义。这些高效方法还包括对空间的灵活利用、有机复合的功能组织、结构形式要轻巧、机动高效的整合界面等。

总之,建筑的生态化设计就是要使生态系统保持均衡,最显著的特征就是高效益。一般来说,如果在经济上获得的回报较少,相对应追求生态目的的市场本能也就少了。建筑师的生态设计如果没有一个可观的经济利润,那这种生态设计也只能处于纸上谈兵阶段,是无法得到消费者和地产商的认可的。所以,建筑行业的专家学者们普遍认为建筑的设计是不能脱离经济规律的，而那些因前期投入太多，但在使用时又无法顺利地获得收益的建筑是不能被称之为生态建筑的。应该运用全寿命周期视野和全面建筑观辩证地决策生态设计方案。

建筑技术的经济效果可以从以下两方面表现出来。

(1)直接经济效果。将劳动消耗同某一个技术成果进行比较。

(2)某种技术对国民经济有关部门产生的经济效果。传统的建筑经济评价往往只针对某个工程自身，通过工程预算、实际投入和实际回报之间的比值来评价，这种将直接经济效果作为评价的唯一尺度和标准，打破了评价体系的均衡。但任何技术能否带来良好的综合经济成果，不仅同技术的成熟程度相联系，而且还要受到资源条件和经济发展水平的制约，因此在审查技术方案对个别单位、个别部门的直接经济效果时，不能忽略了综合经济效果，并以能否提高社会综合经济效果作为技术方案取舍的标准。

六、木桶效应原则

在物物相关法则的因果混沌性中，提到过“最小因子定律”。德国著名的化学家李比希曾提出“最小因子法则”，即“植物的生长取决于那些处在最小量状况的营养因素”，这是因为在对影响作物生长因素的分析中发现，限制作物产量的并不是那些需要最大量养分的物质，而是那些只需要微量的物质。

在使用该法则时，有一个前提条件，那就是物质的状态要稳定，而且还要注意到各种因子的相互关系。一个系统中，功能发挥的好坏并非只依赖于最强最优的部分，而是取决于最坏的那部分。

用由许多块木板箍成的木桶来打比方，一个木桶能装多少水，并不是取决于最长的那块木板，而是由最短的那块木板来决定的。这就是木桶效应(图 4-6)，也被称为“短板效应”。

图 4-6

生态化的建筑设计最大的优点就在于良好的性能和可观的效益，由于系统整体的结构能决定功能的发挥，所以，设计师在设计时就应该统筹兼顾、扬长避短、放眼全局，致力于完善优化系统结构，寻求整体上的突破。

设计师在做整体设计时，应该要开放地运用整体辩证的联系观点，不要陷入建筑设计思想上的种种误区当中。传统的公共建筑设计思想误区表现在以下几个方面。

(1)片面而孤立地看待形式，认为形式只是一种目的，为了形式而形式，忽略了对理性的考虑，人为地将形式与生成过程推导间的关系割裂开来，所以，应树立起一种过程观念，强化理性生成与形式之间的辩证逻辑。

(2)片面而孤立地看待节约，将节约与经济的关系分割开来对待。正确的做法应该是引入全寿命周期观念，理顺节约与整体经济的统一关系。

(3)看待建筑与城市环境的关系唯我独尊，对此，应强化城市设计意识，从更高的视角切入，因地制宜地综合处理建筑整体关系，使其不卑不亢，得体合宜。

(4)过分看重建筑师的作用，对其他工程师的配合表现得不在乎，对此应建立起以建筑师为中心的良性互动的协作关系，为集约的生态设计提供助力。

在此基础上，设计师应把生态学原理艺术地演绎到建筑设计中，以建立起性能更加优化的系统结构。

(一)集约共生的功能结构

以生态为理念的建筑设计，会要求建筑功能结构在同类功能中有兼容性，对待不同功能单元之间，具有互动刺激的作用，而不会像传统的建筑功能那样单一纯粹，具有生态性能的建筑会灵活应变，满足不同的需要，能合理地对空间进行利用。

正如简·雅各布斯等提出的功能混合和社会多样化理论，认为城市的特性来自丰富的融合，称之为“有机的复合”，其基本含义是功能多样混合，可提供各种空间环境以满足人们的多种需要。

建筑生态化设计还需要内外兼修，既重视主体空间的多功能集约设计，比如体育和展览空间可满足篮球、排球、手球、羽毛球、网球、乒乓球、展览、音乐会等不同功能，增强其适应性。同时，根据不同功能的空间要求，设计师要对集约设计统一筹划，同时又需引入同类或互补功能单元建立互动整合的功能结构，提升其综合性能和社会效益。

体育功能与展览、餐饮、休闲娱乐、商业的复合，交通功能与商业、会议、住宿的组合，展览功能与文化、住宿、办公等的搭配都在一定程度上达到了互利共生的目的，迅速提高了大空间建筑的活力和人气，也带动了整个街区的发展。

（二）城市整合的建筑空间

传统的建筑设计往往只重视建筑本身，对建筑同周边环境及城市生活的联系不太关注，这就容易同市民生活的需要无法很好衔接，造成资源的浪费。因此只有转换设计理念，将建筑设计融入城市空间，并与城市生活更好地衔接才能发挥出一定的社会经济效益。

日本著名的建筑师田村明提出“城市的建筑”观念，他对城市建筑重新定义，认为只存在于城市却丝毫不考虑城市空间的建筑不能算是“建筑”，或是只按自己的主张而完成的“建筑的建筑”，而“城市的建筑”不仅与城市规划相配合，同时还能拓宽城市空间，进而塑造更完善的城市空间，努力使城市空间转化为“场所”。

在目前的环境时代中，建筑必须根据资源的预算，结合城市需求和公共话语，对环境空间做出相应的对话，才能自在地存在于特定场所之中。

按照传统的建筑设计观念，建筑同城市环境是有比较明显的区别的，建筑的外立面象征着建筑与城市之间的门槛。而建筑的设计主要体现在设计者和业主之间的目标价值取向上，因此它趋于用建筑内部规律来探讨和解决设计问题，正是这种强烈的“内视”观念阻碍了都市生活在建筑与城市二者之间的有机连续。

城市设计是城市规划和建筑设计之间的纽带，是解决城市问题最有效的方法之一。对城市进行整合，主要是将局部各要素进行交叉综合设计，并不是所谓的只是把各功能组合在一起。通过城市内部诸要素数量、质量及其结构关系的调整与组织，把分化的结构和功能在新的基础上合为一体。

城市空间形式与城市间的职能活动是相互作用的，而城市空间和职能体系是建筑师在进行城市设计时首要考虑的问题。只有在设计中，将职能体系提前考虑周到，才能建立起建筑与都市间内在的联系网络，赋予城市环境以内在的生命活力。

传统建筑的设计往往有一种舍我其谁的霸气，与城市环境、风格、空间明显不融合。在建筑生态化设计上，只有加强与城市空间的互动，优化整合，在自在生成的同时，把城市景观、城市交通同设计融为一体，才能形成多元合力下的综合平衡设计。

（三）集成优化的围护界面与整体性能

传统建筑的整体性能影响往往比较大，这是因为单位面积的外围护界面相对较大。所以，为了形成一个良好的大的结构，建筑师在对建筑围护结构性能进行设计时，要充分发挥出各种材料性能，遵循均好性原则。

从辩证关系来分析，界面的保温与通风性能、采光与遮阳性能间的关系是相互作用的。如果设计师资金非常有限，就要全方位地协调各种因素，保证建筑热工性能最佳发挥，也使建筑的整体效果最佳。

从系统论分析，系统整体功能水平通常是由子系统功能决定的，整体功能水平大于各子系统的功能之和，但考虑到短板效应，系统的整体水平又由最弱的子系统决定。

需要注意的是，并不是广泛采用生态技术完成的建筑就能被称为生态建筑，虽然，我国目前的生态技术飞速发展，如节能墙体、节能窗户等生态技术研究都取得了一定的成绩，同世界的节能技术相比，也位居前列。但某些建筑的节能效果还是不容乐观，主要问题出在前期规划设计时，设计师在总体构思上缺乏考虑，整体性能没有达到最优化。比如，在建筑中运用了保温性能良好的墙体材料和保温、密闭性能俱佳的外窗，但却没有配套的遮阳设施，违反了均好性原则。

当然，在建筑设计中，如果能达到最好的效果，没有人会满足“较好”。但在实际的操作中，可能会遇到整体设计未能考虑得全面，或者在建筑中遇到的各种外部环境干扰等情况。为了能实现建筑最优化，往往要付出巨大的代价，无论是能耗上，还是经济上。

所以，美国经济学家西蒙提出了“满意”原则，主要就是针对“最优”原则在实际操作上所遇到的问题，基本思路是不执着于追求“最优”这个目标，根据实际情况做出决策，确定一个操作中可能实现的理想的上限和满足其最低要求的下限。在这个原则下，只要设计师的最终结果是落在上下限规定的范围内，那么这个决策就是可以接受的，也能保证整体效果达到预想的目的。

七、有机化原则

“有机”本是生物学中一个重要的概念，后来也被建筑专家学者用到建筑中。同传统的建筑相比较，生态化建筑设计应该更加注重有机化原则。简单来说，就是将相关建筑与技术要素进行全方位整合，由内而外地自然生发，使建筑的内容与形式趋于统一，并将其优化的产物升华为“有意味的形式”。

建筑师灵活地塑造建筑空间，将生态化整合一词提到了幕前，成为公共建筑形式的最主要、也最基本的词汇。传统常规的建筑因为太过于复杂和特殊，往往在生态化进程中走得异常艰难。

因此，建筑师与结构、设备、机械、策划等专业全方位多层次的合作便成为必需，相关专业的互动模拟和建筑师的整合计划应成为生态化创新设计不可或缺的原动力，这也就避免了传统、常规中的建筑在生态设计和建筑形式上的粗放和保守不统一、不协调的问题。

传统常规的建筑设计有两个误区，第一，过分强调专业功能。第二，不考虑融入城市生活中，同社会的运营接不上轨。为了能使传统常规的建筑能同社会链条相连接，在功能上需要完备的自我造血机制。

建筑师要深入了解实际，在这个基础上把握好各个功能之间的内在关系，这是实现建筑生态化设计的关键。

建筑师要对基地周围的商业业态详尽调研，并不断地进行梳理，对功能单元实施优化组合，进行科学的建筑规划，同时，为了实施可持续发展，还要做出相应的应变计划，实行“一专多能”的拓展设计，为社会良好的运作奠定基石。

传统常规的建筑设计还有一个不足之处，就是过分注重建筑形态的纯粹性，这样做的结果容易造成一种视觉上的不适，大的建筑体量看起来显得机械粗笨，缺乏可观赏性，从而减弱了建筑的可塑性，这当然与原始的设计表达媒介、建造方式及由此形成的美学趣味密切相关。

随着信息革命的到来，计算机辅助设计（CAD）、计算机辅助制造（CAM）、计算机模拟等相继在建筑领域生根发芽，建筑设计方式发生了巨大的转变，这也直接导致了建筑形态的有机化、轻型化、合理化。

另外，从建筑艺术观出发，传统常规的建筑设计的物理性能完全依赖于构造和设备的保障，在艺术的审美上较为欠缺。而建筑的生态化设计，在充分考虑气候和地形的情况下，在设计方案时，对技术要求进行精细的构思，保证环境修正需求最小化，再对构造和设备进行微调，形成整体建筑设计、细部构造设计、技术设计的合理链条，使建筑环境适用性达到最优化。

第五章　生态理念下的建筑设计创作方法

建筑本身是人类为了自身的生存和发展所做出的对外界环境的一种适应或改造。无论是原始的简陋巢穴，还是今天的高楼大厦，其实质都是为满足人类的各种需要而建造的。从这一层面来说，建筑也是人的一种自产生态位，每一栋建筑都是平衡了基地、气候、社会文化、经济技术等因素而建造起来的，因此，既对环境有一定影响，又对环境有一定适应性。纵观人类的发展史我们可以看到，建筑与人类的发展交织前行。从遮蔽风雨、阻隔虫兽的卑微，到大兴土木、人定胜天的豪迈，人与自然经过了漫长而艰辛的共存和较量。建筑作为最大量、最普遍的人造空间载体，由于其直接关联着对自然的改造，一次次地被置于这场持续斗争的前线。凭借技术，人类早已可以移山填海、河流改道，但终究改变不了自身作为大自然一分子的事实。面对庞大的自然系统，在历经多次惨痛教训之后，人类终于意识到，发展的同时不忘对后世与自然的尊重才是唯一的长久生存之道——这正是已获广泛认同的生态发展理念。这一理念有力地推动着建筑进化的方舟，使得可持续发展的生态建筑设计越来越受到人们的重视。而建筑本身是一个复杂的系统，包括空间、交通、设备等多种系统，而建筑设计也是一个复杂的过程，受众多因素影响。设计师不仅需要全面思考相关影响因素，更强调具有一定的生态建筑设计创作方法，只有这样才能保证高效率可持续建筑设计目标的实现。本章即以此为切入口，对生态理念下的建筑设计创作方法进行具体分析。

第一节　以生态为导向的环境优化及技术表现方法

建筑思潮已经不能用简单的某种风格或者流派来概括，建筑设计也面临方向性选择。在建筑设计中加入理性、科学的思维这一观点，早在1933年的时候就被四大现代建筑大师之一柯布西耶提倡过，倡导更加理性客观的建筑生成逻辑和审美价值。在当下直视环境问题，以科学、积极的态度和有效的技术手段回应环境问题，是科学理性创作观的鲜明表达，也是生态建筑设计创作方法论的有益探索。因此，呼吁通过复合表皮来解决建筑呼应环境和生态的问题，为可持续发展建构一个更加客观的建筑评价体系。

一、环境适应

（一）概述

环境适应建筑本质上是一个防护所，用以阻挡恶劣的气候，以及猛兽的侵袭。建筑表层通过采光、通风、防热防湿、防风、防眩光、提供视线联系、安全、保安、中击、防噪声、防火、获取能源等功能，创造出一个用于安全领域的物质界限。建筑表皮的气候适应能力是决定建筑生态性能的重要评价。

（二）环境优化策略

建筑设计中应被提倡的生态绿色建筑，具有这几个特点：资源节约、环境友好、以人为本、生态绿色，建筑还要能够同自然、社会环境融为一体。可持续性的设计价值观念，并不是游离于建筑设计之外的独立体系，更不是以技术和指标来限制建筑创作的唯技术论，而是对既有建筑价值观的一种积极完善和提升。

对应建筑设计中最基本的原则——“适用、经济、美观”。在可持续性价值观的引导下，“适用”原则可以延伸为建筑要同周边的环境相适应。“经济”原则要求建筑设计尽量减少对资源和环境的消耗，建筑的使用要满足使用者的需要。“美观”原则亦包括“体现生态价值和可持续性观念的生态美学”。

建筑师树立这样的价值观对建筑和环境的生态质量有着根本性的影响，因为相对于工程师改进设备的努力，建筑师在建筑的基本体系和围护结构上的工作效果往往是事半功倍的。

一般来说，生态建筑设计具有两个核心思想：建筑设计要因地制宜和被动式设计。

1. 因地制宜

顾名思义，建筑设计时要考虑到建筑所在地的气候、环境因素等方方面面，其中包括地理环境、气候环境等物理方面，也包括人文、历史等文化层面，还包括建筑使用需求、使用方式等特定使用条件等。

2. 被动式设计

被动式设计则要求建筑师从建筑策划、方案设计之初就开始考虑建筑基本系统的环境生态性能，尽可能通过合理的规划、建筑、景观设计，实现环境优化的目标，合理的技术应用应该是这一策略的延伸和补充，而非主体。

比如，超低能耗、天然采光、自然通风等技术策略都属于被动式技术。可见以生态环境优化为导向的建筑表皮设计需要充分关注被动式策略，这就要求要合理地利用空间组织，合理地采取构造措施，以节约能源动力为前提，优化建筑光、热、风、声等环境。

通过被动式的方法，对空间进行调节是一个建筑师的职责所在，还包括其他方面：生态节能技术、建筑形体可以自动遮阳、导风表皮、导光表皮、生态绿化等。

具体来说，减轻建筑环境负荷、协调建筑与环境关系的建筑设计有以下五点原则。

(1)建筑与自然环境和谐共处。

(2)建筑节能技术不增加环境的负担。

(3)保持建筑自身的可循环性和再生性。

(4)健康舒适的室内环境。

(5)建筑具有人文性，能同当地的历史和地域相融合。

因此，在这项综合而庞大的工程中，首先要明确整个流程中的环境优化策略(图 5-1)。优化策略可分为气候策略、材料策略、技术策略、能源策略和细部策略。这些若干策略会对建筑策划、概念设计、方案设计、扩初设计和施工图设计产生指导性作用。

(三)热环境优化

1. 热环境优化综述

优化自然环境条件，营造适宜的人工微环境，或许就是建筑产生的最原本意义，也是建筑表皮的最基本功能。使人体产生舒适感的空气温度为18℃～25℃，当然它与空气相对湿度也有一定关系。

相对而言，我国各地气候的差异非常大，如严寒地区最冷月平均温度不超过－10℃，而夏热冬冷地区的最热月 14 时平均气温在 32℃以上则很常见。在这种自然条件下的热环境中生存，人们不能不依靠建筑围护结构进行温湿度的优化和调节。所以，对于不同的地域地貌，建筑师要做出不同的气候适应策略。对不同热环境条件下的优化策略和典型复合表皮的运用归纳建议详见表 5-1。

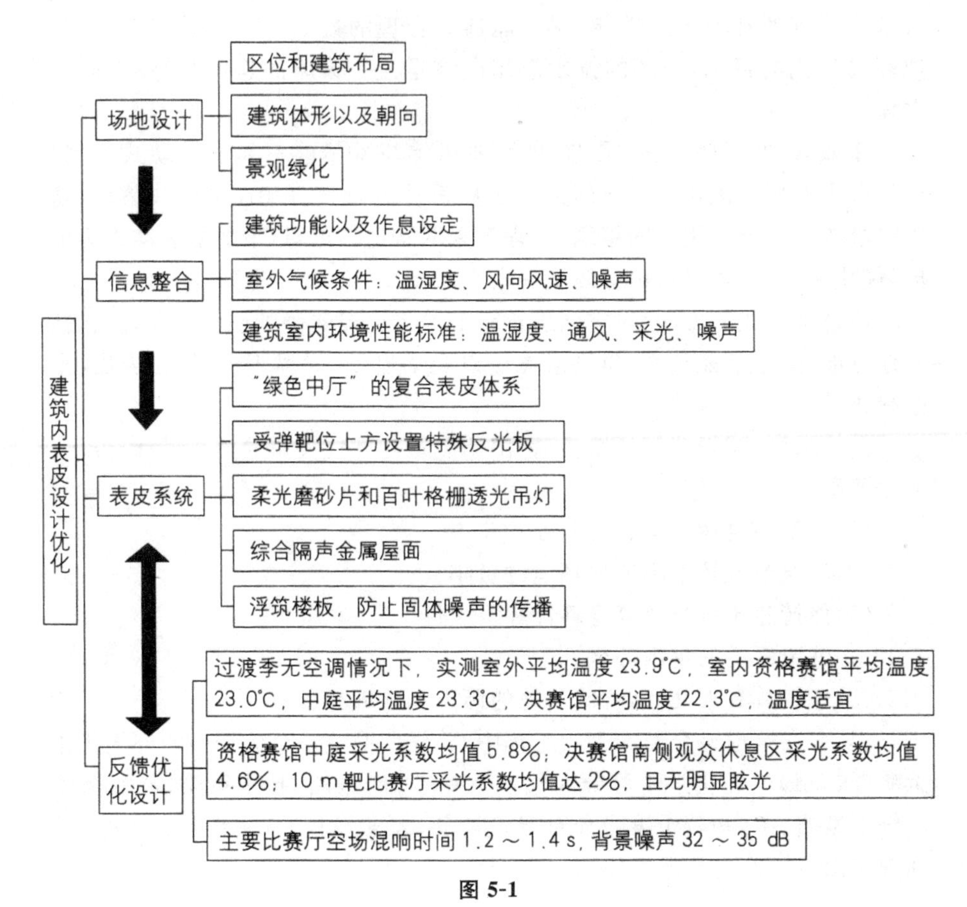

图 5-1

表 5-1　我国各地气候热环境特点及优化策略

气候区	热环境特点	优化策略
严寒地区	最冷月平均温度≤－10℃	充分满足冬季保温
寒冷地区	最冷月平均温度－10℃～0℃	冬季保温，夏季防热
夏热冬冷地区	最冷月平均温度0℃～10℃ 最热月平均温度25℃～30℃	夏季防热，冬季保温
夏热冬暖地区	最冷月平均温度＞10℃ 最热月平均温度25℃～29℃	充分满足夏季防热
温和地区	最冷月平均温度0℃～13℃	夏季防热，冬季保温

从建筑设计全过程来讲，在建筑策划时考虑自然环境的热条件对建筑

功能、使用方式的影响程度和影响方式，依据其影响决策热环境优化策略的权重和目标重点。

在方案设计的阶段，使方位规划更为合理，同时朝向与体形尽量满足保温、防热的要求，在深化的过程中进一步考虑外围护结构的隔热、保温和气密性设计，综合运用建筑构造、设备系统等手段优化建筑热环境。

在体形处理时，宜以气候策略为指导，优化体形系数来达到保温隔热的作用。比如，普天信息产业上海工业园智能生态科研楼（图 5-2）为降低体形系数，采取了覆土的方式减少建筑体量，体形系数仅为 0.298，远低于规范所要求的 0.40。

图 5-2

在材料策略上，常见的保温隔热手段是采用保温性能较好的复合材料，合理设计窗墙比。例如，深圳万科城四期住宅复合外墙，即采用了自保温砌体作为墙面材料，该小区是华南地区最早尝试节能 60％的小区。

节能模拟计算帮助建筑师得到如下结论。

（1）墙体、外窗对南方的住宅节能起主要影响。

（2）根据楼层高低对比，低层住宅的自保温砌体占外墙比例比高层住宅高。高层住宅还不到 1/3，而低层住宅能达到一半以上。

（3）在窗墙面积比上，低层住宅的窗墙面积低于高层住宅。

在技术策略上，为达到以隔热为主的综合热环境优化效果，呼吸式玻璃幕墙不失为一种高性能的复合表皮选择。例如，日本阿倍野 Harukas 大厦在隔热方面选用了呼吸式玻璃幕墙，以更好地抵抗外部的风压条件，同时也能考虑到超高层建筑的安全。

呼吸式幕墙由两种特殊的玻璃构成，当窗户通风时，便可以将室外的热量有效组织进入室内。而特殊玻璃的高效隔热层就可以降低空调能耗。

值得一提的是，为了降低空调负荷，有时候设计中也可采用相对耗能较少的主动隔热手段。例如，在北京奥运会射击馆中，面对一处非常特殊的使用条件——一方面，要保证该项目在室内的空调环境下观赛；另一方面，射击子弹飞行及靶位要在室外环境里——特别设计了空气幕表皮进行主动隔热，在射击馆资格赛馆 25 m、50 m 比赛厅的室内外设计靶位分隔处，并在开放的空间室内设计了空调系统，空调系统的运行原理为：首先通过局部循环形成一个小环境空气幕，其次为局域空气幕采用独立的送风、除湿及循环系统，顺利地在建筑开口部形成空气幕表皮。

复合建筑表皮的热环境优化作用还可以是降温。例如，中新生态城城市管理服务中心（图 5-3）改造项目采用了表皮降温的措施。在玻璃幕墙内设置水幕（图 5-4），水从顶部水槽一出来，通过白色玻璃夹片缓缓流下，与空气充分接触。通过蒸发吸热的方式，水幕在夏季可降低建筑表皮围护结构的内表面温度，从而减缓室内温度的上升。另外结合构架设置了花槽，室内的垂直绿化也有一定遮阳和改善室内空气质量的作用，而中新生态城城市管理服务中心的幕墙构造大样有以下几方面。

（1）5 mm 厚不锈钢水槽。

（2）幕墙水平次龙骨。

（3）白色玻璃夹片。

（4）底边为 20 mm 的等腰梯形玻璃黏条，长度同水幕玻璃。

（5）钢化玻璃。

（6）LOW-E 中空玻璃幕墙。

（7）8 mm 厚钢板焊接成花槽，外包白色铝板。

图 5-3

图 5-4

蓄热是另外一种热环境优化功能。例如，在万宝至马达株式会社总部大楼中体现为板式储热系统。在这一系统中，作为建筑构件的空心板被用作空调送风管道。夜间，空心板被空气处理单元送出的风冷却，而在白天这一蓄热体又被温暖的回风重新加热。在夏天使用这一蓄热装置和作为热源安装在楼内的冰蓄冷系统可改变用电高峰期的情况，而在过渡季利用它可以用夜间的室外冷空气取代热源冷却水来降低空调负荷。

在实际项目中，复合表皮的功效往往不止一种，经常热环境的优化功能还会与光环境、声环境等优化功能相结合。例如，昆士兰大学全球变化研究所(图 5-5)半透明 ETFE 膜屋顶就能达到隔热与透光的综合作用。在多嵌板钢结构穹顶空间的中庭庭院设计中，运用了半透明三层结构的 ETFE 膜屋顶，具有很好的透光和保温隔热的特性。在需要自然采光的中庭中，主要通过控制透光率来控制太阳照射的热负荷，从而达到隔热的效果。

复合屋面的具体措施表现如下。

(1)ETFE 膜气枕的气压和形状随外部荷载改变而改变，作为一种自适应结构能够在过度炎热的情况下降低透光率和太阳负荷。

(2)膜面印刷可以反射过量的光线。

(3)层膜组成的气枕上的反对称图案能够达到控制透光率的目的。

热环境优化并不是经常通过一个散热手段来实现的。为达到理想目的有时还需要综合运用其他手段，如遮阳或通风。使用大面积玻璃幕墙的公共建筑往往很难达到较好的节能要求。为了弥补使用玻璃幕墙后带来的热工问题，可以考虑采用外遮阳来减少太阳辐射以达到隔热的目的，同时结合热、光、风环境方面的综合设计策略，可以相互优化。

图 5-5

2. 复合金属墙面系统

根据《公共建筑节能设计标准》的要求，北京奥运会柔道跆拳道馆（图5-6）在节能50%的基础上，又进一步降低外围护结构的能耗。结合北京奥运会柔道跆拳道馆的平面图（图5-7）能感受到，整体造型比较简洁集约，在设计的过程中，通过降低体形系数，以更好地提升保温性能。

图 5-6

为了降低太阳辐射对体育馆能耗的影响，在对立面进行设计时，采用了相对封闭的手法，通过大量使用复合金属幕墙（图 5-8），减少对外窗的设置，一到夏天，体育馆的能耗便大幅降低了。

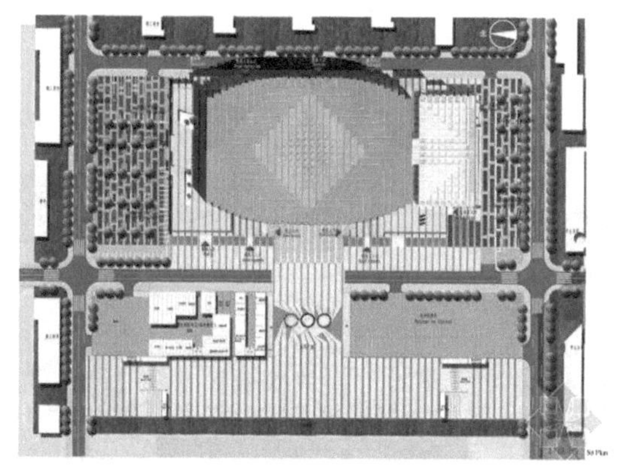

图 5-7

图 5-8

在体育馆的外形设计上，设计师使用了柔道、跆拳道运动中“带”这一概念，整个立面由锈红色的金属板包围，每块金属板（图 5-9）宽 3 m、间距 0.75 m。

图 5-9

无论是北京科技大学体育馆前的奥运会徽广场(图 5-10),还是体育馆的外墙立面图中(图 5-11),甚至是体育馆内部,整齐的线条排成一排,都始终在向人们传递着关于“带”的信息。

图 5-10

图 5-11

3. 对应热环境的综合解决策略

对应热环境优化的综合解决策略:智能生态型呼吸式遮阳幕墙双层皮幕墙又称呼吸式幕墙,在保持了建筑平整通透外观的同时大大提高了遮阳效果和隔热性能。它有如下重要特征:两层玻璃幕墙之间为一条通道,其宽度依幕墙类型从 0.2 m 到 1.5 m 不等。

一般情况下幕墙会有两层,最主要的一层使用的是隔热玻璃,而位于主要幕墙的外侧或内侧则使用单层玻璃。通道内的遮阳设备与导光构件可以进行调节,当处于冬季供暖季节时,通道保持封闭,就能大大提升保温效果,当在夏季的时候,通过自然或机械通风的方法将其中的热量带走。双层皮幕墙有两种循环方式,一种是内循环,一种是外循环。前者还包括外挂式、走廊式、箱式、井式、百叶窗式等。

北京奥运会射击馆(图 5-12)采用的“智能生态型呼吸式遮阳幕墙”,主要针对隔热、保温、遮阳、降噪等特殊要求而设计的智能幕墙系统,该表皮的特点是可以实现对建筑通风换气的全智能主动控制,实现全方位调控室内外热、光、声等的交流,营造舒适健康的室内环境(图 5-13)。

图 5-12

图 5-13

该幕墙系统为外循环式双层幕墙,从实景局部图可以看出幕墙基本构造为双层皮幕墙形成的空腔换气层以及外部遮阳百叶层(图 5-14)。设计师采用百叶层的设计,主要是为了凸显射击馆“林中狩猎”的寓意,木纹格栅象征着森林,通过阳光的照射,投影到墙上,形成可变化的光影。百叶正面设计得比较窄,主要是为了不影响人的正面观景视线,百叶的侧向深度则能保证足够的遮阳效果。

图 5-14

射击馆采用简洁清爽的设计方法，用无框幕墙构造打造出外幕墙，在对内层幕墙的设计中，采用了中空隔热铝合金材料。在双层换气幕墙的上下两端配有进风和排风装置，目的是使内部形成更好的自然通风效果。此外，还在双层幕墙中间配备智能装置，自动感应内外部环境温度，再通过计算机程序控制风窗和通风口，实现外部与内部的通风换气。

随着一年四季气候的不断改变，双层幕墙的运作原理也随之改变。

1)春秋两季

开启双层幕墙上下两端的排气、进气装置，通过对量的调控，使通道内形成负压，再打开内侧的通风窗，通过对内外两侧的空气压差的利用形成对流及自然通风，如图 5-15 所示。

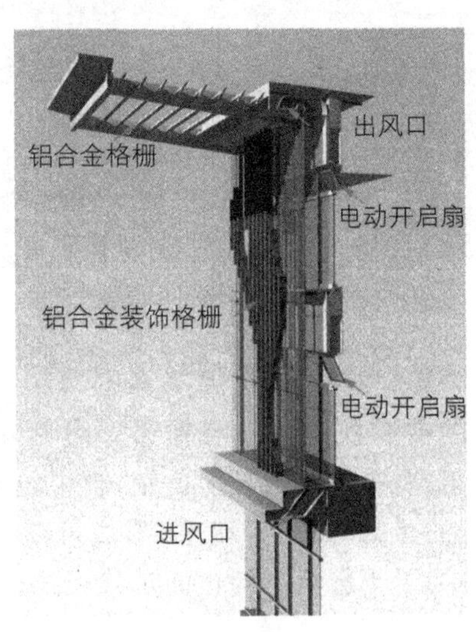

图 5-15

设计师还在进风口处设有防虫网和可拆过滤装置，能防止外面的昆虫进入到室内，降低室内的灰尘，使室内的空气保持洁净清新。

2)夏天

为了能将室内的热量迅速地排出去，打开双层幕墙上下两端的排气、进气装置，从下进气口进入的空气，通过气流运动，将热量从上出气口排出。只有把内侧幕墙的外表温度降低，减少室内的热量，才能降低空调制冷的负荷。夏季没有太阳时的热传递方向示意图如图 5-16 所示。夏季有太阳时的热传递方向示意图如图 5-17 所示。

图 5-16

图 5-17

3)冬天

进入冬季后,将上下两端的进气、排气口关闭。当阳光照射时,双层幕墙中间的温度升高,室内的温度也将获得提升。为了减少采暖经费,可以通过提高幕墙的表皮温度,减少建筑的耗能。当有太阳能时,双层幕墙的工作原理如图 5-18 所示。没有太阳能时,可以通过图 5-19 所示了解双层幕墙的运行原理。

图 5-18

图 5-19

经建成后实测传热数据计算，北京奥运会射击馆“生态呼吸式幕墙”夏季传热系数 K 值约为 1.12 W/(m^2·K)，冬季约为 0.86 W/(m^2·K)，该技术获得奥运工程环境保护技术进步奖，具有创新示范意义。北京奥运会射击馆生态呼吸幕墙做法大样——外层幕墙立面如图 5-20 所示，呼吸幕墙墙身大样如图 5-21 所示。此外，也可将设计师做的幕墙模型(图 5-22)同实景局部(图 5-23)进行对比观察。

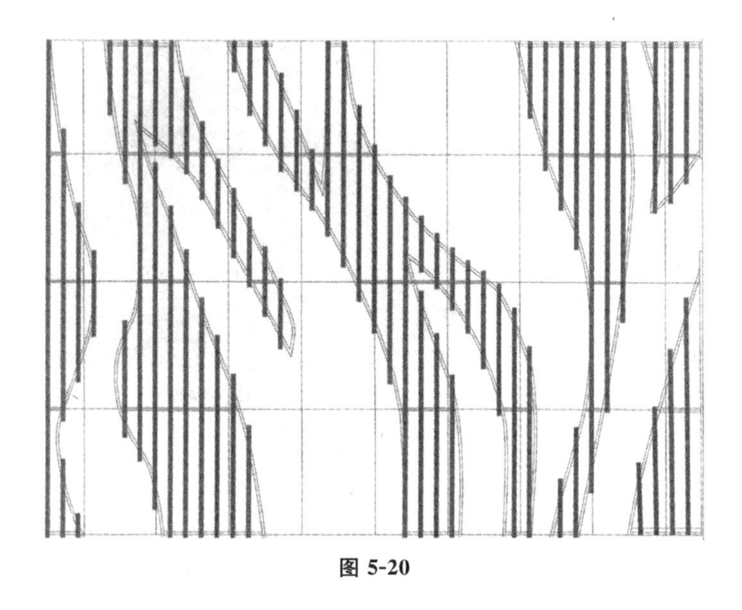

图 5-20

(四)光环境优化

1. 光环境优化综述

针对建筑对应光环境的环境优化策略，常见的建筑表皮设计要点为采光、遮阳、防眩光、导光、照明。建筑内外空间形态表达与光的作用密不可分，光也是建筑物理材料之外的又一重要的造型要素，甚至能够表达物理空间所不能及的空间效果。因此光在建筑中的作用早已超过简单的实用意义，经常被建筑师出神入化地运用以营造特殊的空间意境。光在建筑生态性能优化方面的作用同样应予重视。

在采光策略上，可以利用光线在不同时段的不同角度，设置表皮开口，有选择性地将所需的太阳辐射引入室内，并防止过量射入。例如，普天信息产业上海工业园智能生态科研楼(图 5-24)在建造时，为了能很好地利用太阳光，将中庭的天窗顶部设置为白色结构构件，截面是 S 形状，能柔和地将太阳光两次反射进室内，避免出现眩光。

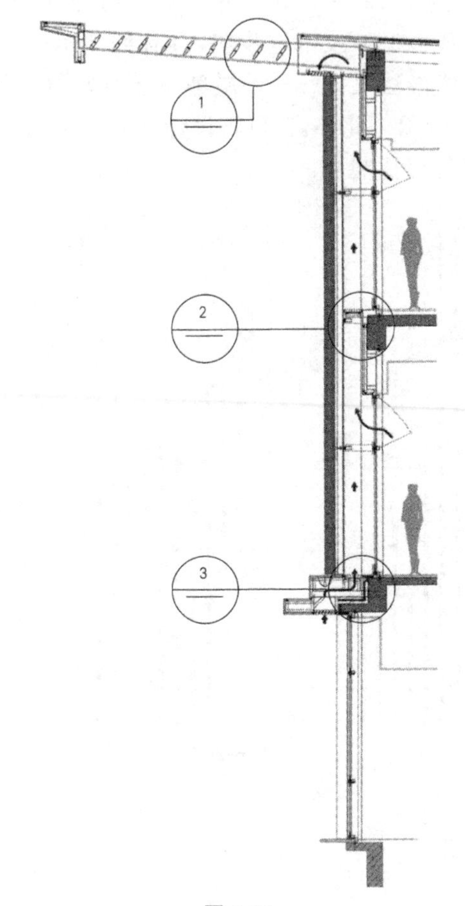

图 5-21

图 5-22

图 5-23

图 5-24

光线洒向中庭，建筑内部就会出现类似于自然光的照明效果。建筑底层的展厅天窗在设计上也融合了建筑的结构构件，截面呈U形，向东开启，与水平方向形成10.5°的夹角。除了在清晨高度角较低的阳光能透过斜向构件直射进入室内之外，白天，当阳光通过构件的反射进入室内时，光线会变得柔和均匀，整个展厅的光环境让人觉得很惬意舒适。

对于难以获得太阳辐射的建筑室内，常见的采光策略是将太阳光反射到需要自然照明的部位，如环境国际公约履约大楼，建筑师在中庭屋顶安装了太阳能反射装置。

当中庭高宽比过大时，其自然采光性能会大打折扣。因此，通过对环境国际公约履约大楼的中庭剖面图的分析，可以看到该建筑在中庭屋顶安装太阳能反光装置，能够有效地将光线反射到中庭底部，增加底部采光。

同时，在中厅内部设置枝状吊装反射挂件，将阳光反射到各个方向，增加室内自然采光均匀度。反射装置使中庭周边走廊的自然采光系数明显增加，降低人工照明能耗，改善采光环境。

相对于建筑屋面，在建筑立面上采用反光板将阳光反射到室内更深处的手段则更为常见，如旧金山公共事业委员会新行政总部就采用了水平反光。

由于建筑进深较大，项目通过复合表皮设计对室内光环境和热环境进行了优化，节能高达32%。立面反光板把光线引入到更深的室内，而遮阳板则增强了室内景观和自然采光的视觉效果，自动百叶窗能够根据太阳高度角调节开启角度。

除反光板外还有多种采光措施，如北侧房间可采用条状高侧窗或天窗，增加自然采光进深；地下室可设置采光天窗、导光井或导光管等，不一而足。

遮阳策略可以说是经常和采光策略一起出现的，两者相辅相成，互相制约。例如，上海自然博物馆的设计(图5-25)，建筑师在"细胞状"U形玻璃幕墙(图5-26)中综合考虑了采光和遮阳两种功能。采光遮阳一体化玻璃幕墙外围护透明部分将低辐射中空玻璃幕墙与遮阳体系有机结合。南面U形玻璃幕墙运用"细胞墙"构件(图5-27)将采光与遮阳完美结合，创造了强烈的建筑视觉效果。

图 5-25

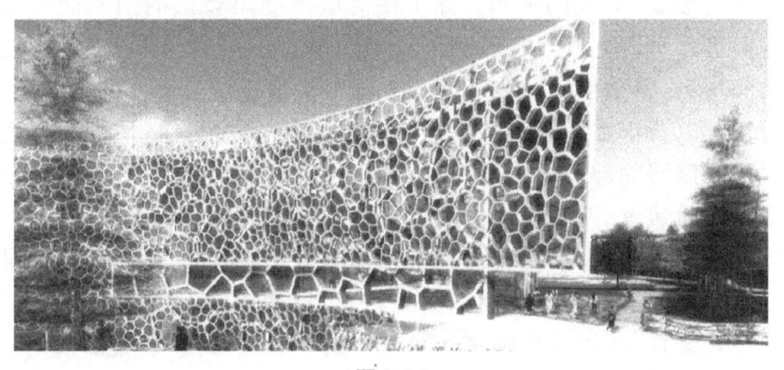

图 5-26

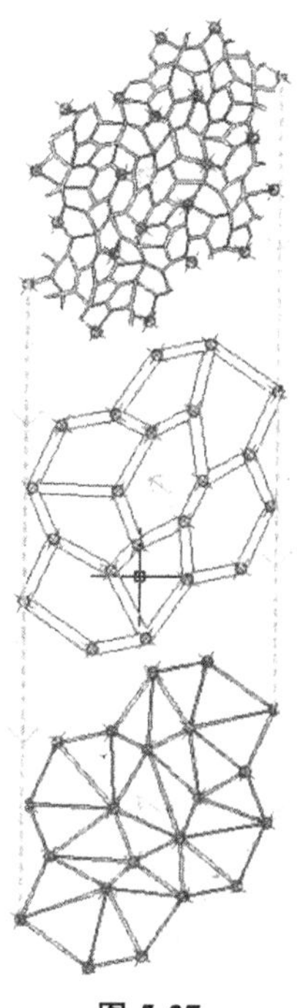

图 5-27

上海自然博物馆入口处(图 5-28)的拉索式玻璃幕墙则与宽大的挑檐匹配,强化入口标志性的同时,还能起到很好的遮阳效果。东立面三层的办公空间则采用可调遮阳百叶。以上多种灵活适宜的策略组合,将能耗最大的建筑表皮转换成了内部空间的能量调节装置。

图 5-28

建筑师需要综合思考遮阳技术与建筑设计的密切关系,设计选择需要权衡各个方面的因素，以保证综合最优，而非单纯的技术至上。活动外遮阳成本远高于固定外遮阳，采用自动调节或智能控制系统又需要较高代价。

另外高技术的遮阳复合表皮往往还有抗风、生能、施工难度等难题。为节约成本和切实有效的遮阳，可以在建筑设计中综合运用不同类型的遮阳策略，具体有以下几点。

(1)充分利用建筑自遮阳，设计符合当地日照特点的建筑体量和表皮空间造型。在有建筑自遮挡且太阳辐射不强的空间，可不设外遮阳。

(2)采用活动外遮阳与固定外遮阳的有效结合。不必过于追求高技派的全自动可调节表皮，而是在重点部位适当运用，如在辐射强度大且波动大的建筑东西立面。而在辐射强度小、光线角度变化小、采光要求不苛刻的部位，如建筑北立面，可考虑设置固定外遮阳或不设遮阳。

(3)优化固定遮阳构件。比如通过计算典型太阳高度角得出遮阳百叶的合理角度，参照典型天气下的日照强度选择适当的遮阳构件透光率等。

(4)通过模拟计算，比较达到要求的不同遮阳方案的优劣。

株洲规划展览馆(图 5-29)设计中的自遮阳策略是利用复合表皮建立缓冲空间，在设计时，对不透明的材料设置保温功能，透明的材料采取遮阳技术，在建筑南侧组合建筑造型，用深远的建筑挑檐形成形体的自遮阳，减少太阳辐射，在建筑南边的外墙上构建出一个空气缓冲层，保证气流的流通顺利，也为室内的办公、会议空间提供了休憩活动场所。

图 5-29

在外遮阳方面，在很多项目有过多种造型、材质的复合表皮探索。如深圳万科总部(图 5-30)的外遮阳方式采用了多孔弧形遮阳板，出自于著名建筑师史蒂芬·哈儿之手。多孔弧形遮阳板的设计灵感源自椰子树树叶的纹理，这种根据自然的启示设计出来的遮阳百叶系统能够做到遮阳，但不会把光挡住，使室内显得暗淡，或者在光线强烈的时候，能够遮光，但是不会挡住风的流动，使室内的空气保持清新舒适。

图 5-30

这种独特的百叶遮阳系统是由德国某一家专业公司根据整个建筑立面的不同朝向以及深圳全年太阳高度角设计出来的，当阳光透过百叶进入室内时，不会让人觉得刺眼，光线反而变得柔和，在墙上和地板上留下生动的光影，进一步优化室内光环境，营造自然环境般的氛围。可旋转式的外遮阳系统能够自动旋转调节遮阳角度，保证采光和温度，在国内属于首次使用。相对于同类型建筑可以节能 75%。

卡尔顿像素大厦（图 5-31）的遮阳构件亦给建筑形象增色不少。遮阳彩色绿化系统是一个综合系统，包括遮阳百叶、种植植被、太阳能遮阳和双层皮幕墙。

图 5-31

卡尔顿像素大厦形成了独具一格、五彩斑斓的“像素”表皮，让人过目不忘。虽然像素大厦的结构纷繁复杂，但形象杂而不乱。有趣的是，人在不同角度观看像素大厦会有不同的视觉感受。

大厦外这些色彩鲜亮的翼片并不仅仅只是对外表的装饰，它们还具有两个功能，一是可以在夏天起遮阳作用，减少建筑能耗。二是对光线进行调节，自然光可以百分百进入到室内，但这些被设计好的叶片能将光线变得非常柔和，不会出现眩光现象。在那些主要的办公区域内，甚至都可以不用安装百叶窗，也能顺利地使用计算机办公，设计非常人性化。根据不同的季节，像素大厦的遮阳和采光方法也不一样，具体展示如图 5-32 所示。

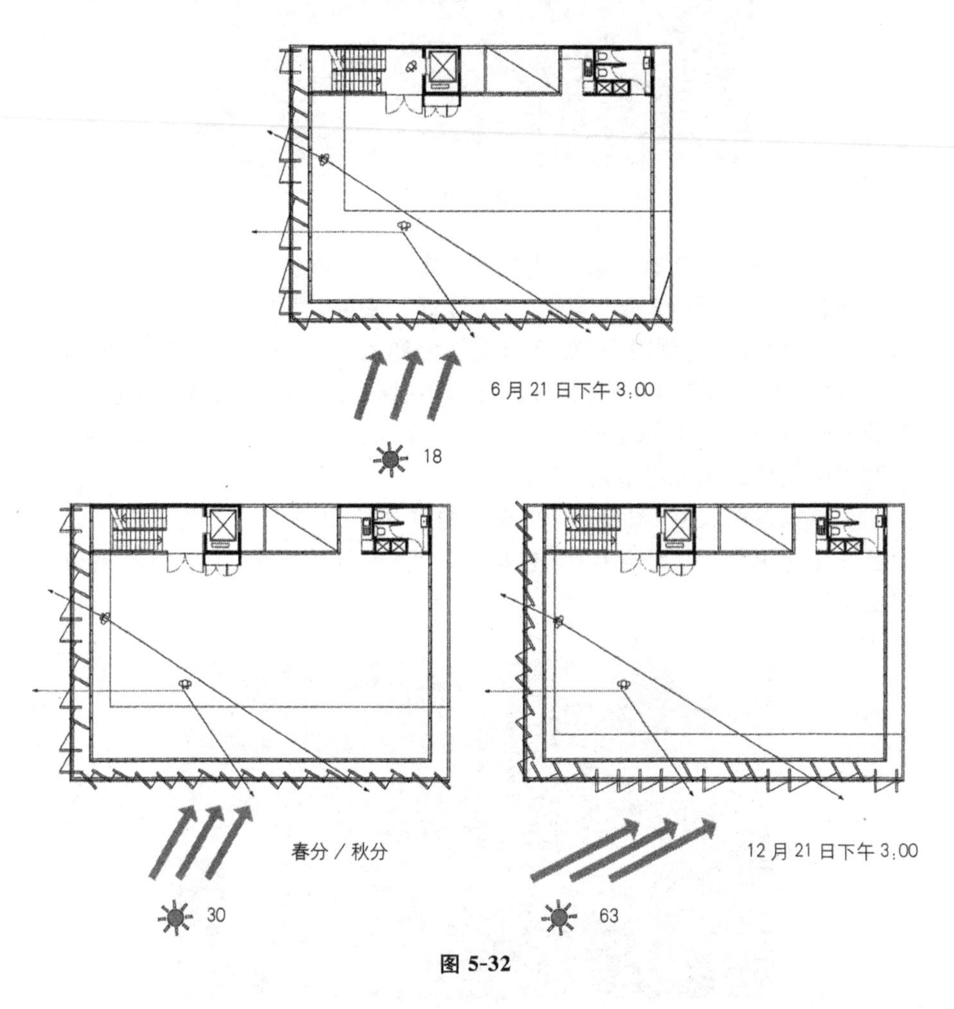

图 5-32

除了外遮阳，在双层皮幕墙的中间层设置遮阳也是一种常见的遮阳策略，如苏州工业园区档案管理综合大厦(图 5-33)的双层皮可调电动遮阳幕墙。

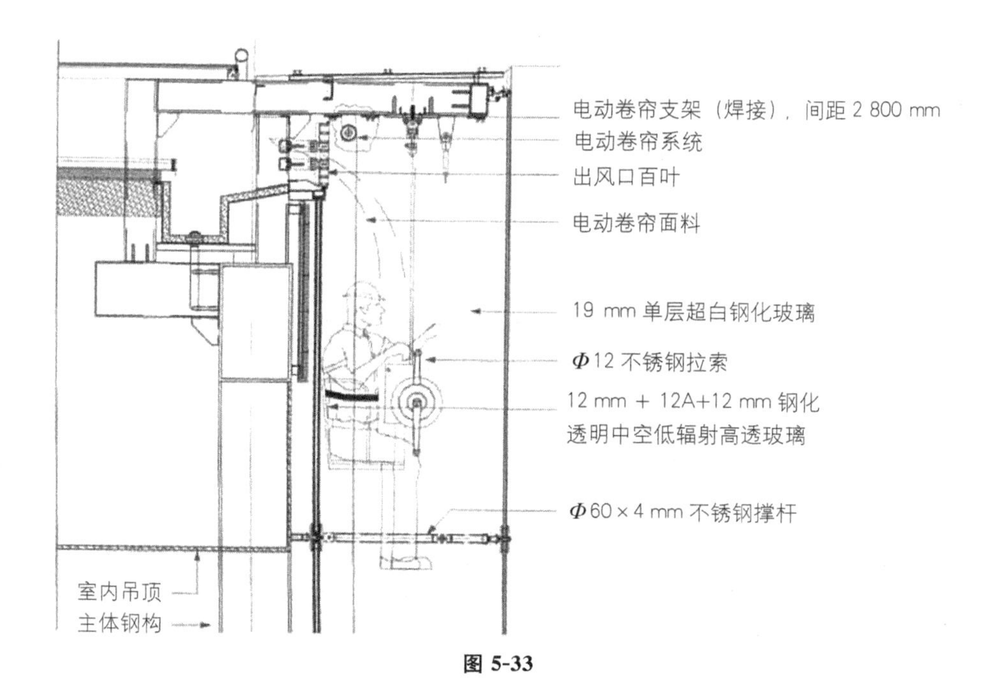

图 5-33

相对于外遮阳或中间层遮阳来说，内遮阳从原理上对建筑能耗影响很小，因为太阳的热已经进入室内并成为空调负荷。然而内遮阳对室内光、热环境质量有一定优化作用，它能够避免阳光直射、保证靠窗空间的光照强度和热舒适度。

可调节的外遮阳系统越来越受到关注。如处于亚热带地区的昆士兰大学全球变化研究所，使用由轻质多孔铝板制成的双层垂直曲面可动幕墙（图5-34）。

建筑表皮是由三种复合材料组成，从里到外一共三层。可调节穿孔金属板幕墙安置在最外一层，中间层装有遮蔽层，主要是防蚊虫。最内层设置有可调节的百叶窗。从功能上来看，金属板幕墙是安装在有弹簧的轻质框架上。金属板可以通过弹簧调节高度。整个幕墙都可以随着阳光的变化而自动调节角度。此外，该幕墙还能有效地进行控制，使光线和微风能够通过减少空调负荷，缓和调节极端环境条件。默认采光区会尽可能利用自然光进行照明，为同时满足遮阳隔热的要求，建筑师设计了穿孔密度不同的金属板穿孔肌理。该肌理是根据视野区和非视野区采用不同的穿孔率，如在视野区高达40%而在非视野区则低至10%。这样既保证了良好的视觉通透性，又避免了过度暴晒导致的升温。

图 5-34

墨尔本政府绿色办公楼同样充分利用动态遮阳来获取最佳遮阳效果和景观效果。政府办公楼的西面墙上有一整面再生木质百叶窗，这些百叶窗可以随着太阳的照射而自动改变角度遮阳。木质百叶窗会在早上全部打开(图 5-35)。等到阳光直射时，百叶窗会关闭(图 5-36)。到傍晚时，木质百叶窗又会完全打开，整个过程都是由一套液压系统来控制。建筑师在设计时也会考虑使用者的体验感受，除了太阳直射的那 3 h 外，其他任何时间，使用者都能通过办公楼看尽整座城市的美景。

国内一些项目在可控遮阳表皮上也有比较成熟的探索，如普天上海科研楼的遮阳表皮就是可以调节控制的。双层表皮将建筑上部主体围护、外侧的门窗和外墙都具有高性能热绝缘功能，可调控的遮阳表皮也是由铝合金百叶构成的。

遮阳百叶的控制系统可根据视野、遮阳、采光等不同功能要求做出不同的改变，冬季时可以最大化地利用太阳能，夏季能阻挡太阳辐射，实现室内光环境的最优化。

光环境优化要求更深入的细部优化设计。如尼桑先进技术研发中心在玻璃外层使用的外遮阳装置在细部优化设计中集合了各种遮阳、通风和防热构造。百叶窗平台能够有效减少太阳辐射进入室内，也在一定程度上维持玻璃的清洁。同时设置了喷雾系统，可减少北向玻璃表面辐射温度。在南侧屋檐下镶嵌了光伏百叶，中庭装有外遮阳百叶窗。可旋转幕帘能够促进自然通风。

图 5-35

图 5-36

细部策略往往意味着在复合表皮具体构件的尺寸、造型上精益求精，以达到最优的环境优化效果。例如，丰田汽车（中国）研发中心在百叶状反光板的设计中经过了反复修改优化。

日方在方案设计的阶段就设计了反光板，用以改善办公区内的自然采光条件。在后续的设计中从江苏常熟的实际情况出发，反光板的形状被进一步修改成百叶状。优化的结果是减少了对外区的采光影响，积灰问题也能够通过雨水冲刷得以解决。

2.光环境优化案例

北京奥运会射击馆资格赛馆二层的 10 m 靶比赛厅为封闭式室内比赛厅，考虑到日常使用的经济方便性，设计采取适宜措施，使这个室内比赛厅实现了可控眩光的自然采光。从北京射击馆资格赛剖面(图 5-37)可以看到，建筑师在射手位置的上后方设置了天窗用于采光，在采光玻璃面下设置柔光磨砂片和透光吊灯，经过角度、位置计算的格栅片能很好地挡住直射阳光进入室内。

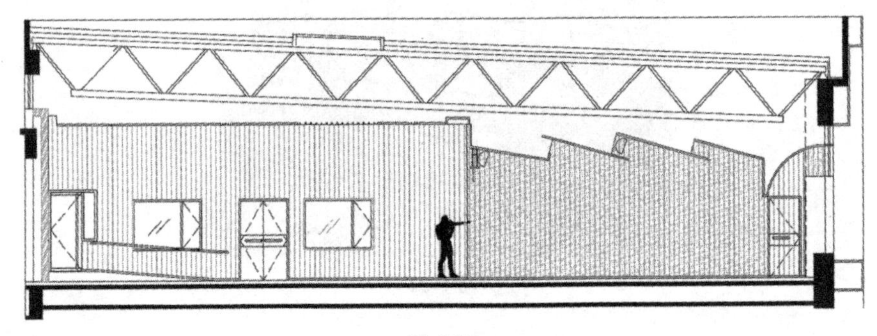

图 5-37

建筑师还把反光式顶部采光窗安置在受弹靶位上方，这样就可以用自然光为靶面提供照明。反射采光设计如图 5-38 所示，确定导光板曲线可以通过几何计算来确定，导光板的反光效率非常高，主要是由反光金属板制成的，以保证光线反射到靶心位置时，能达到光照最高点。

(五)风环境优化

1.风环境优化综述

按照驱动力源分类，建筑的自然通风可分为风压作用下的自然通风和热压作用下的自然通风。前者措施有：在建筑布局上，可采用长边迎着主导风向，以使室外风在迎风面和被风面形成压力差，促进室内换气通风；后者措施有：在中庭边庭、楼梯间或幕墙顶部设置拔风井或可开启百叶作为通风口，利用建筑内部热压形成烟囱效应等。例如，中新生态城城市管理服务中心的“边庭＋可开启玻璃屋面”的原理就属于典型的热压通风。

在设计中，建筑体量的布局对通风有很大的影响。深圳万科总部在建筑创作之初，就充分考虑到华南地区的湿热气候特点，所以就将建筑设计为折线形，有利于自然通风和采光。

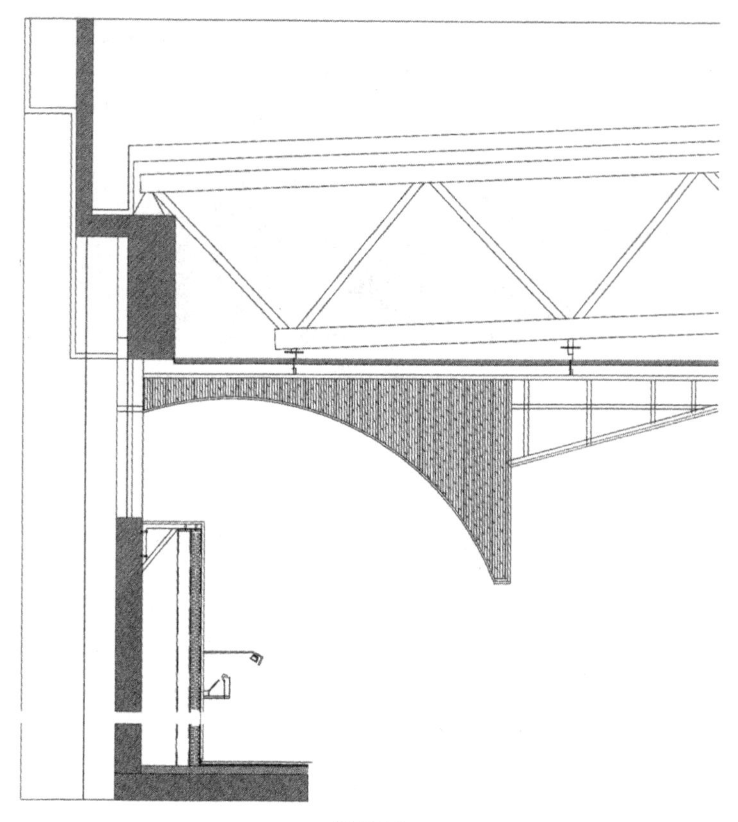

图 5-38

表皮的设计也可以与空间设计相结合，从而更好地实现自然通风的效果。香港理工大学专上学院红磡湾校区（图 5-39）就采用了不同立面处理与边庭灰空间结合的设计。根据不同的环境对立面进行不同的处理：在大楼的不同位置采用了不同密度的铝百叶、不同种类及不同面积的玻璃，以及传统理工大学的两种不同材质的红砖，用以营造不同的通透程度，同时也控制阳光进入室内的强度。配合室内走廊尽可能采用可开启式窗户，以增加自然通风量。这样的综合措施为大楼提供了一个自然舒适的环境，并重新演绎了室外学习及共享空间。香港理工大学专上学院红磡湾校区的剖面图如图 5-40 所示。

图 5-39

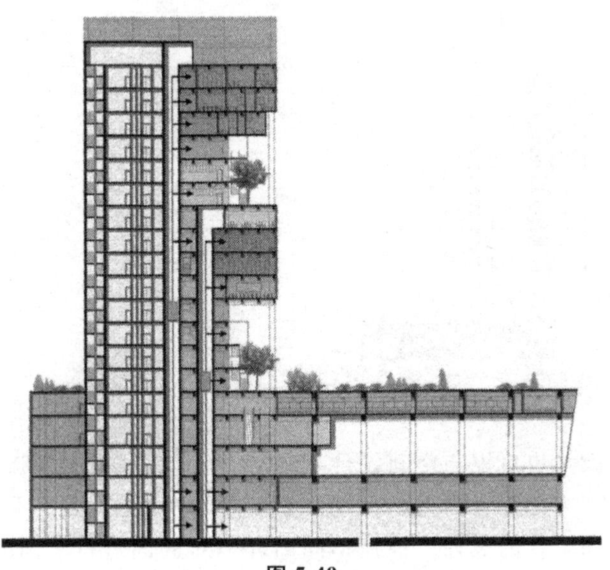

图 5-40

利用热压进行自然通风的常见复合表皮构件有排热烟囱、可开启天窗等。例如,加拿大温哥华范杜森植物园游客中心利用太阳能烟囱(图 5-41)辅助自然通风。可开闭的玻璃天窗和铝制散热片具有铝质吸热设备的特性,能够将太阳能转化成为空气对流的动力,在中庭空间中形成空气流,实现中庭拔风的效果。夏天通风效果更佳。该太阳能烟囱位于中庭中心,也位于整个建筑热辐射核心,在形式和功能上都集中体现了环境优化的意识。

它从屋顶景观中探身而出，不仅较好地解决了通风散热的问题，还使中庭呈现出温暖的橘黄色调，营造了独特的中庭空间效果。

图 5-41

青岛天人集团办公楼在绿化中庭的部分同样使用了排风烟囱和带外遮阳的玻璃幕墙，能够在夏季形成热压通风效果。利用热空气上升的原理，将热空气从顶部的排风烟囱排走，从底部吸进室外新鲜的冷空气。

风压作用下的自然通风设计实例相对前者较少，但也不乏优秀案例，如新加坡的邱德拔医院的导风遮阳系统（图 5-42）。设计师安置了可调节式百叶窗（图 5-43），随着外部气流不断变化，用来控制进入病房的气流。建筑配套安装茶色玻璃，可以减少眩光。经过对实地气候和风向的考察，为了达到最佳的换气效果，雨水的渗透率也要降到最低，可以通过将百叶窗设置成 15°角来达到目的。将设置在外墙的百叶固定在与病床一样高的位置，也被称为“雨季百叶”。这样能够保证空气交换的最低值。通过新加坡国立大学的实验，如果建筑外墙布满了铝合金散热片，那么可以通过风压将盛行风导入到建筑内，通过这些铝条，空气流动的速度也将提升 30%。

图 5-42

图 5-43

根据通风原理，表皮细部设计中需要考虑一些通风构件的设置。在外表皮中，自然通风器是一种比较行之有效的构造措施，即通过安装在建筑立面（幕墙或门窗）上的自然通风器，使建筑的外围护结构阻力特性可调，从而根据室内外的温湿度、风速风向等气象条件，根据室内人员需求等调节室内外风口的角度，进而调节进入室内的新风量，实现小风量下的供求平衡，可以大幅度地减少新风系统输送能耗，同时有效解决室内新风不足与新风过量的问题。更有效的解决方案是，直接将空调系统的新风和建筑立面一体化，这样可以有效实现新风过滤、噪声控制、环境品质提升和节能等多种目标。

在窗台下方将风机盘管和室外新风口直接连接，这样的好处就是室外的新风事实上是和风机盘管的送风掺混后送入室内，相当于混合通风的方式，有利于节能换气。中国第一商城的“波鳞式幕墙”就应用了自然通风器，将玻璃幕墙分块斜置，与建筑墙面形成夹角，从夹角面和下面进入自然空气，在幕墙内冷却后再进入室内。并用五种大小不同的玻璃幕墙单元和五种大小不同的铝合金幕墙单元通过不同角度的组合形成幕墙的整体。

山东交通学院图书馆的标准楼层空调模式也属于类似的做法，省掉了外区新风系统，类似于混合通风模式，自 2007 年运行以来，实践证明节能效果明显，全年空调能耗不到 15 kWh/m^2，大大节省了能耗，同时室内空气品质令人满意。

细部设计同样体现在内表皮的构造设计中。为实现均匀有效的自然通风，普天信息产业上海工业园智能生态科研楼在内墙上设置了专门的通风构造。上海张江集电港办公中心为达到较好的“穿越式”自然通风效果，使在热压作用下的热气流能够如设计时那样顺畅流向拔风井，同时，为了减少建筑能耗，靠近走廊的房间内墙上安装有百叶抠，春秋两季，开启百叶抠进行自然通风，需要运用采暖、制冷设备时就将百叶抠关掉。

2. 通风：自然换气

徐州音乐厅（图 5-44）对应大中庭空间，设计充分考虑内部空气流通、实现自然换气的可能性。在弧形“花瓣”建筑表皮的下方及上方，都设置了可人工控制开启的进风及出风口。当打开上下风口，利用中庭空间形成的空气温差和压差，自然会形成内部空间的空气对流，实现大空间的自然通风、换气，节能效果显著，室内环境质量也大大改善。

图 5-44

3. 自然渗透：可呼吸绿色内表皮

北京奥运会射击馆的建筑设计打破了大型建筑室内环境与室外环境的严格界限，通过“渗透中庭”的建筑形式、“导光百叶”的细部做法、“室内园林”的室内设计将自然环境引入室内，充分利用自然通风采光，实现室内外灵活交换、相互渗透，塑造清新健康的体育建筑形象。实现主要比赛厅自然采光、自然通风，将自然环境引入室内，实现室内外空间相互渗透。决赛馆比赛区设置了既能防止跳弹，又能实现自然采光的天窗。

实现绿色中厅的复合表皮体系：在资格赛馆设置内外过渡的绿色中庭，布置绿植、休息角落。使室内的环境、空间更加舒适宜人，体现出生态人文奥运的理念。

（六）声环境优化

1. 声环境优化综述

声环境优化的常见策略有：隔声、吸声、防噪、组织声场等。隔声是建筑表皮的基本功能之一，而隔声量的大小基本取决于围护结构材质的密度与质量的大小，因此，不同类型的建筑，可以由复合表皮的形式来提供足够的隔声需求。

复合表皮围护结构在运用时具有灵活性和丰富的表现力。不管是装饰还是技术功能，都能很好地包容，将各种功能都能融为一体。在一些对声学有特殊要求的建筑中，如歌剧院、音乐厅或射击馆等，也会运用带有声学构造的复合表皮，控制声反射、声扩散，以达到组织声场的效果。

在材料策略上，可使用隔声性能较好的幕墙，如上海张江集电港办公中心的 RP 钢幕墙，不会因温度变化产生噪声。在构造策略上，亦有若干隔声措施可有效减少楼层间、相邻房之间的固体声传播，如在内外墙及楼盖搁栅间填充玻璃纤维，吊顶龙骨采用带有小切槽的弹性构造，分户墙采用二道墙柱等。其他优化导向的建筑表皮也能间接起到声环境优化效果，如一定程度外表皮采用大面积呼吸式幕墙可间接起到隔声效果。没有大面积开启外窗也可保证室内声环境的质量。

2. 隔声：预制清水混凝土外挂板

北京奥运会射击馆外墙采用的预制清水混凝土外挂板，简洁朴素，具有良好的隔声、隔热、装饰效果，这种外挂板的面材具有完整性，建筑表现力也显得简洁有力，采用一次成型工艺工厂化生产，具有严格控制的质量保证条件，特点是很容易达到外装饰标准要求、有良好的抗震性能，同时还具有防水功效。

3. 隔声防噪：综合隔声金属屋面

近年来，轻质金属屋面作为建筑顶部表皮的重要围护形式，被广泛地应用到大型公建中，由于其重量轻、厚度薄、质量小、有结构缝隙等普遍原因，轻质屋面相比混凝土等重型屋顶结构的隔声性能偏低，因此带来的隔绝雨噪声问题也越来越突出。

北京奥运会射击馆决赛馆（图 5-45）顶部，由于采用的是钢结构大跨度金属屋面，所以在隔声、隔热这两方面都比较欠缺，同射击馆对噪声、振动的控制要求相矛盾。

图 5-45

为隔绝可能遇到的雨噪声对正常的训练和比赛带来的干扰，采用了综合隔声金属复合表皮的构造方法（图 5-46），这种方法能将保温、隔声融为一体。具体的构造方法为：首先采用双层金属面板；其次将防火、隔热性能较好的离心玻璃棉放入金属面板之间，能达到 150 mm 的厚度；最后是将一层隔热防潮的铝塑加筋膜附加在玻璃棉下方。

图 5-46

同时，将吸声毡的空腔层和穿孔金属格栅吊顶层共同组成吸声层，设置在隔声层下方，能很好地对应低频和高频的吸声要求。大大提升了建筑的隔声性能。采用这样的构造方法，奥运期间射击馆达到了比较理想的声环境条件。

4. 吸声：穿孔铝合金吸声雨篷

建筑周边的声环境，除了受到所处地段的噪声影响以外，还与建筑的方位布置、体形设计、表皮构造等密切相关。建筑的布局和表皮的形态要尽量将外部噪声隔绝在建筑环境之外，或反射到不影响声环境品质的区域。由于体形设计而无法隔绝或散射的噪声，应利用表皮的特殊构造将噪声吸收。北京奥运会射击馆资格赛馆的入口雨篷设计，考虑了南侧香山南路的交通噪声对入口广场的干扰，将雨篷底面设计为穿孔铝合金吸声构造，用来降低对交通噪声的汇聚作用。

5. 声音反射：斗型反射声罩

中国北方国际射击场射击位三面围合，一面敞开，通过顶面和侧面的斜向处理，使射击位成为斗型反射声罩，第一时间将声音反射到大气中，做法简洁、实效突出。这也为后期的装修设计提供了便利条件(如果在半室外环境的射击位采用吸声材料，将大大提高造价，也不利于长久维护)。

为了有效减少射手水平差异产生的地面跳弹和对轨道的破坏，设计将室内地坪上抬，高于室外地坪 1 m。射击位隔墙采用橡胶板、木板、钢板复合构造并向外侧倾斜，有效防止飞弹和跳弹。

6. 综合：射击馆声学复合表皮集成

北京奥运会射击馆出于节地高效考虑，首创采用双层立体资格赛馆布置方式，为此需要克服解决由此可能引起的楼板振动对运动员精确比赛的影响。为此，设计采用了“浮筑式楼板”技术，在可能产生振动的设备机房采用双层浮筑楼板做法，有效解决了这一难题。

这一做法获得了国际射击联合会验收时的高度评价，认为这是射击馆建造技术的重大突破，首次成功实现了立体化射击场馆的布置，对今后全世界建设高效的射击场馆具有很好的示范作用。

二、技术合理

表皮的物理特性取决于其结构、构造层的顺序以及材料本身的性质，生态特性又与功能目标的设定有关。表皮的材料及构造方法的选择则决定了建筑能耗及外观形态。从生态眼光看，建筑的表皮设计应该以理性的技术合理为基础，而不应仅仅是“纯表现”的随意畅想。建筑的合理审美价值应当建立在技术合理的前提之上，这也是建筑有别于艺术、建筑设计有别于艺术创作的非主观性根本性区别之一。

(一)室内温湿度控制技术

1. 室内温湿度控制概述

室内热湿环境主要由室内温度、湿度等要素综合组成，以人感知的热舒适程度作为评价标准。室内空气温、湿度合理控制直接关系到室内的热舒适性。合理设计室内的温、湿度不仅能够增强室内的热舒适性,同时能够降低暖通空调系统的运行能耗,同时,使用者可以根据实际需要调节室内温湿度。

2.适用范围

要想对室内空气温湿度进行合理的控制,建筑内采取暖通空调系统是非常必要的,而且也是最基础的。比如,安徽省就处于夏热冬冷地区,暖通空调是该区域建筑不可缺少的组成部分。

3.技术措施

1)室内热湿参数设置

在有空调的情况下,能耗也会根据室内的温度进行变化,供暖时,室内温度下降1℃,能耗可以减少10%。制冷时,提高室内温度1℃,能耗可以减少8%。所以,为了节约能耗,如果已经满足了使用者的要求,那么就将室内的温度保持稳定,不要轻易变化。

在常温条件下,相对湿度在30%~60%为最佳区域,在这个范围内,细菌及生物有机组织之间相互发生化学作用的可能性最小。然而,由于满足舒适、健康要求的相对湿度范围较宽,所以对于舒适性空调来说,为了节约能源消耗,通常没有必要刻意追求保持某个特定的湿度值;尤其是冬季供暖时,室内的相对湿度一般可以不进行控制。

2)空调及其他供暖供冷设备的应用

比如,安徽地处夏热冬冷地区,需要在夏季供冷、冬季供暖才能使室内处于一个舒适的温湿度范围,对大型公共建筑可采用集中式空调系统,对住宅建筑可以设立分体式空调机组。

无论选用何种形式的空调系统,其末端设计一定要合理,良好的空调末端设计能够实现室内人员根据需求自己调节室内温湿度。该设计是非常重要的,不仅能够满足人的生理和心理需求,提高人体感知的热舒适性,还可以增加人的自主性,而不是完全被动地适应一个环境。

(二)室外光污染控制技术

1.光污染控制概述

在城市生活中有不少这样的体验,户外的照明、广告灯、射灯、建筑反射光等人工照明设备会让人感到特别不舒服,这些光源也被称作光污染(图

5-47)。人处在光污染的环境下久了,会出现一些副作用,比如对灯光信号等的辨识力减弱。对于一些天文爱好者来说,夜晚的明亮度增大后,会影响对天体的观测。

图 5-47

2.适用范围

减少光污染技术主要是针对采用大量玻璃幕墙或室外有泛光照明的建筑。

3.技术措施

1)避免采用玻璃幕墙

当前科技的发展已经将幕墙的材质从单一的玻璃发展到钢板、铝板、合金板、大理石板、搪瓷烧结板等,通过合理设计,将玻璃幕墙和钢、铝、合金等材质的幕墙组合在一起,不但可使高层建筑物更加美观,更可有效地减少幕墙反光而导致的光污染,还能进一步减轻高层建筑物的自重,充分发挥幕墙建材的优点。

2)控制玻璃的光学性能

对于外立面采用玻璃幕墙的建筑,应严格控制其玻璃的光学性能符合国家标准《玻璃幕墙光学性能》GB/T 18091—2016 的要求。在《玻璃幕墙光学性能》GB/T 18091—2016 中已将玻璃幕墙的光污染定义为有害光反射;规定玻璃幕墙的可见光反射比最大不得大于 0.3,在市区、交通要道、立交桥等区域可见光反射比不得大于 0.16。

3)降低眩光的影响

对于室外照明设计,需降低建筑物外装修材料(玻璃、涂料)的眩光影响,合理选配照明器具,并采取相应措施防止溢光。

（三）场地噪声控制技术

1. 场地噪声概述

绿色建筑要求其场地周边的噪声需符合国家标准《声环境质量标准》GB 3096—2008 中对于不同声环境功能区噪声标准的规定。对场地周边的噪声现状以及规划实施后的环境噪声均应进行预测，必要时采取有效措施改善环境噪声状况，使之符合现行国家标准《声环境质量标准》GB 3096—2008 中对于不同声环境功能区噪声标准的规定。

当拟建噪声敏感建筑不能避免邻近交通干线，或不能远离固定的设备噪声源时，需要采取措施降低噪声干扰。

2. 适用范围

场地噪声控制技术对于公共建筑及住宅建筑均适用。尤其适用于建筑场地内含有噪声的场地，噪声控制技术对于公共建筑及住宅建筑均适用。尤其适用于建筑场地内含有噪声源，或场地临近噪声源，如交通干线等情况。

3. 技术措施

在进行建筑用地选择时，应避免邻近交通干线、远离固定的设备噪声。控制外界噪声声源。

当建筑周边环境不满足《声环境质量标准》GB 3096—2008 中相关要求时，可通过在建筑周边设置隔声绿化带、安装隔声窗、室内增加绿化等措施减少周边噪声源对建筑内的影响。

（四）热岛效应技术

1. 热岛效应

热岛效应是指一个地区（主要指城市内）的气温高于周边郊区的现象（图 5-48），可以用两个代表性测点的气温差值（城市中某地温度与郊区气象测点温度差值）即热岛强度表示。

2. 适用范围

降低热岛强度技术适用于各类公共及居住建筑，尤其是位于市区的建筑项目。

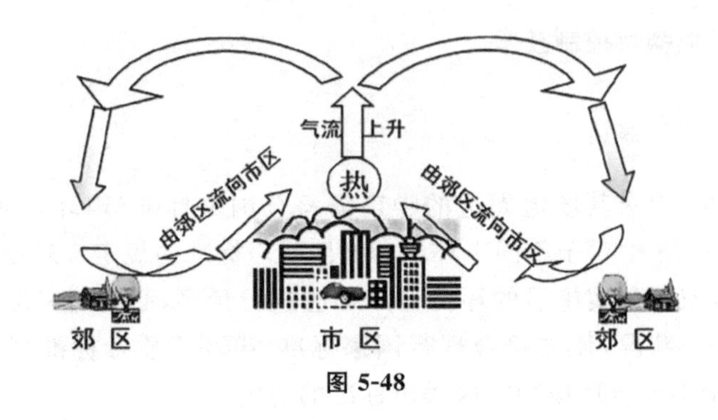

图 5-48

3.技术措施

热岛效应的技术措施主要有以下几点。

(1)降低室外场地及建筑外立面排热。

(2)户外活动场地有遮荫措施。户外活动场地包括步道、庭院、广场、游憩场和停车场。遮荫措施包括绿化遮荫、构筑物遮荫、建筑自遮挡。

(3)建筑外墙(非透明外墙,不包括玻璃幕墙)、屋顶、地面、道路采用太阳辐射反射系数不低于0.4的材料。

(4)结合建筑特点,合理设计屋顶绿化、墙体绿化。

(5)增加室外绿地面积。

(6)降低夏季空调室外排热,采用地源热泵或水源热泵负担部分或全部空调负荷,可有效减少碳排放。采用排风热回收措施,回收排风中的余冷/热来预处理新风,在降低处理新风所需的能量的同时还可减少空调外排热量。

第二节　以生态为导向的建筑设计构思方法

一、以生态为导向的建筑设计构思

(一)建筑设计构思概述与构思分类

1.建筑设计构思概述

构思被普遍认为是一种思维活动。思维有狭义和广义之分,狭义的思维一般是指与感性认识相对应的理性认识阶段的思维，而广义的思维则包括了上述两个方面，它贯穿于人类创造实践活动的整个过程。就建筑设计而言，构思贯穿于建筑师建筑创作的全过程，也可以说是设计中的思考。所以本章中提到的构思，主要是用于建筑设计阶段的构思。

构思是人与外部世界的交互机制和一种互动行为，建筑设计的生态构思也一样，它是用生态学的理论和技术成果来综合构思的抽象概括和虚拟想象的一个过程。其中抽象概括是指将已有的理论概念或实物形象演绎成建筑语言或工程技术形象；而虚拟想象则是指建筑师以已有的建筑语言作为基本要素，通过大胆想象、演绎、组合，创造出前所未有的、带有虚拟色彩的建筑形式。一般来说，建筑设计的设计构思过程为设计构思、结合工程技术知识的抽象概括和虚拟演绎、建筑创作成果。

2.建筑设计构思分类

建筑设计中构思的来源主要分为以下七类。

1)功能的构思

功能的构思以适用为目的，指满足人的行为需求空间的实用要求。这也是建筑创作构思的最基本要求之一。功能构思首先来源于人们生产、生活、工作上对建筑的功能需求，其次是行为、活动表现的场地以及空间使用上的要求。当然，功能构思除考虑人的使用外，还涉及自然环境(声、光、热)对人的适应情况，如隔绝噪声、遮阳隔热等，这些都会在建筑形象上产生新的表现特征(图 5-49)。

图 5-49

2)结构的构思

结构总是与社会当时所能运用的技术、材料密切相关，远古人类在构筑巢穴的过程中本能地使构架完善和美化。随着时代的发展、技术的进步,在满足使用需求的前提下,那些独具魅力的结构形式开始成为技术美学、应用美学的表现物,起到了“诱导人们从建筑的外形识别建筑的内涵”的作用。

3)形象的构思

一般层次上的建筑形象的构思主要是符合公认的建筑美学法则,满足普通大众的建筑审美情趣,比如形体构成是否得当、门窗洞口比例是否适宜、材质搭配是否协调等。但对于某些特殊建筑,其形象却被人们寄托了情感,赋予了一定的内容、意蕴,如体现自然崇拜的远古图腾、表现宗教信仰的中世纪教堂、反映时代和科技进步的现代标志性建筑等。有时形象的要求甚至会成为压倒一切的主导构思,比如纪念性建筑,其形象已超越建筑本身而成为某种历史、文化的传承物。

4)空间的构思

任何建筑都具有空间和空间感,空间的范围、大小、尺度以及产生的体量都是构思的触发点。但不同的建筑要求不同的空间感受,如宗教建筑的神秘、虚幻,皇家建筑的森严、压抑,文化建筑的宁静、安谧等,建筑师应该根据不同的建筑性质做出相应的空间构思。实际上“空间构思是综合建筑诸手段的综合表现”,因为空间离不开结构的支撑,同时空间要满足功能的要求,最后空间感还有赖于建筑实体在形象上的表达。

5)意境的构思

齐康先生指出:“意境的构思是灵感表现艺术上最高的境地。”意境的构思首先是和环境的构思结合在一起的,即要求建筑在环境中有一种生长感,与环境取得默契、和谐,这种和谐不只是形象、体量上的,更是在生态和自然机理上的。深层次的建筑意境则是有意象地追求实体形象和空间造型达到某种情趣、某种遐想、某种意念以表达人们心神的向往。

6)技术的构思

在体系上,生态建筑是现代建筑在环境和时代上的深化和继续,因此生态建筑的设计方法与一般现代建筑设计方法的不同在于它在后者的基础上增加了环境和资源这两个重要参数,使建筑设计从以往的“功能—空间”这一单一目标转变为“功能—空间”和“环境—资源”并重的双重目标,而连接这两个目标则依赖于不同的技术手段。由于生态建筑的这一特性,技术的作用就显得十分突出,不同类型的技术可以产生不同类型的生态构思以适应不同的环境条件。

7)规则的构思

设计规则包括强制性设计规范、规划法律条例一些硬性的设备技术要求等。满足规则是建筑创作基本要求,但在一些客观条件十分苛刻的设计中，甚至会使创作构思产生唯一性。例如，根据一些规划管理条例，建筑与城市干道中心线的距离与建筑的高度成正比，在最大限度争取建筑面积的情况下则只能考虑将建筑做退台或后斜切面处理。

（二）建筑设计的生态构思

生态构思常用的思维方式有“日常—综合思维”和“计量—运算思维”两种。在“日常—综合思维”中，客体性的思维内容是针对生态环境中的诸多客观因素与条件，实际也就是建筑存在和人类活动的日常状况；而主体性的思维形式则必须涵盖这种日常状况中的种种生态问题，提出综合、全面的策略来解决。对于“计量—运算思维”，主要是一些具体的建筑问题或生态处理措施必须通过精密严格的计算才能解决，是定量研究结果的客观表达。

如果从构思的来源来解释生态构思，则首先无疑是功能的构思，是出于满足建筑的生态功能和环境保护的需求；其次则是技术的构思，如上文所述，连接“功能—空间”和“环境—资源”这两个目标依赖于不同的技术手段，而且在科学研究的意义上，生态建筑依赖于许多相关技术的最新发展以及根据具体条件而对这些技术的最佳搭配，或称研究性技术组合，但在实际运行方面，生态建筑则主要建立在现有的成熟和经济合理的技术之上，亦即实用型技术组合。

具体来说，建筑创作中的生态构思就是建筑师在生态理论的指引下，有意识地在建筑创作过程中遵循生态学的基本原理和规律、运用生态设计方法或引入生态构造技术以完成建筑创作的设计方法和构思过程。

（三）建筑设计的生态构思主体

建筑师是建筑创作的主体。一个生态化的设计构思能否被完美地实施，取决于主体的三个方面。

1.建筑理念

建筑师必须具备相当的社会意识、环境意识、生态意识、可持续发展意识以及对以人为本，建筑、环境、人三位一体等观念的深度认同和相当的理念建构。

2.专业修养

专业修养要求建筑师首先有相当的生态理论积累，熟悉生态学的基本规律、原理、方法，其次要掌握大量的生态建筑语言和生态技术知识，能运用扎实的建筑组合和形体塑造能力将构思顺畅地表达出来。

3.综合能力

建筑的生态特征不能始终停留在概念阶段，必须通过不断的深化发展而最终得以实施，这就要求建筑师在创作的全过程中具备相当的统筹能力、分析能力、处事能力，也即起到一个综合协调的作用。

(四)建筑设计的生态构思客体

生态构思的客体是指设计过程中面临的诸多客观因素与条件，可称为设计的依据。具体来说，生态构思的客体有“天”“地”“人”“物”“法”和“时”六方面。

(1)“天”指项目面临的自然因素。
(2)“地”指用地因素。
(3)“人”指人的因素。
(4)“物”指物质条件。
(5)“法”指现行法律、法规。
(6)“时”指时尚和风潮。

(五)建筑设计生态构思的本体

生态构思的本体是指建筑设计的多元、多矛盾最后集中统一于设计载体，即设计的作品。

(六)建筑设计生态构思研究导则

1.思维模式从“清晰”到“混沌”

对构思的研究必须破除极端理性和非此即彼的思维模式与研究方法，承认建筑构思问题有其必然性、有序性，但同时承认其中也有偶然性、复杂性和无序性。比如，看似简单的建筑功能问题，实际上客观地存在很大的不确定性。

2.研究方法从“笼统”到“深入”

对构思的研究不能停留在对思维过程总的概括性描述上，必须涉及构思过程中的诸多技术问题以及各个阶段的工作内容、思维特征、表达方式等的深入分析和研究，才能产生在方法论上有价值的指导和启示。

3.树立整体的生态构思观念

对生态构思的研究，不能局限于考察构思主体本身，应该延伸到客体，即建筑所处的环境及其所在生态系统的产生、变化和发展过程，这样才能对生态构思的来源有合理和动态的解释；还应考察构思的本体，通过研究构思成果总结经验，转化为有价值的设计方法与理论。

（七）建筑设计有机的生态构思观念

生态构思并不完全等同于生态建筑，因为主体在进行建筑创作时，其构思总能体现一定的生态设计思想，如热压通风和风压通风的原理在任何建筑中都适用。

因此对生态构思的研究不能陷于片面，应该更多地从方法论、有机论的层面来把握，认识到生态构思在建筑创作中具有普适性，对任何类型的建筑创作都有指导意义。

（八）建筑设计生态构思范畴

建筑设计生态构思范畴主要包括总体考虑、材料与设备、气候、资源与能源、建筑使用、地域和人文环境等方面。

1.总体考虑

总体考虑首先要确定合理的建筑规模，测算投资与效益平衡情况；其次是预先评估建筑对周围生态环境的正面和负面影响，估量对城市土地、能源、交通配套的使用情况；最后因地制宜地选择合理的生态技术手段和结构、建造形式。

2.材料与设备

尽量选择耐久性强、耗能低和危害小的材料与设备；尽量选择本土化、可再生、可循环利用的材料与设备。同时，设计还要有利于设备的运行和管理方便。

3.气候

建筑总体布局和体形要顺应主风向、朝向，并充分利用地形、水面、植被等自然环境来调节建筑内微气候。

不同的地区有着相应的设计，如对于湿热地区强化通风、降温、遮阴、蒸发、除湿等设计，对于干寒地区强化日照、供暖、保暖、增湿等设计。

4.资源与能源

关于资源与能源，尽量做到以下几个方面：合理利用和保护自然资源，如水、土地、植被等；尽量利用高效清洁的能源，如地热、太阳能、风能、光能等；合理使用不可再生能源，如矿物燃料等；尽量利用自然采光和自然通风，避免不必要的人工照明和机械通风。

5.建筑使用

建筑在投入使用以后，需要强化控制管理系统的设计，降低管理、维护、耗能成本；同时还要创造良好的物理环境，如温度、湿度、光环境、声环境等，使建筑内的人感到舒适。

对于建筑垃圾和装修材料，在排放前经无害处理。对于建筑完成历史任务的，解体时尽量不对环境产生再次污染。

6.地域、人文环境

建筑的设计还需要注意继承地方传统技术，吸取传统建筑中的生态处理方式。同时对古建筑、古树等文化遗址，需要采取保存、更新的方式，继承和发展传统区域中有价值的景观和风貌。通过设计优化使用者原有的生活方式，保持区域的持久活力，体现地方的特色，积极创造区域新景观。

二、以生态为导向的建筑设计构思过程描述

（一）建筑设计生态构思的过程与表达

美国的约瑟夫·沃拉斯在《思考的艺术》一书中提出一切创造性构思的四阶段模型：准备阶段、孕育阶段、明朗阶段、验证阶段。参考该模型，建筑设计的生态构思可以分为意念建构、意象发展、意象完善三个阶段。

1.意念建构阶段

1)意念建构阶段的工作内容

意念建构阶段的工作重点是逐渐进入“角色”，理解消化项目任务书，调查研究设计目标的背景资料，了解和掌握各种有关的外部条件和客观状况。

这个阶段的工作都应该是细致而全面的，收集的资料应该包括前面论述过的一天一地、人、物、法、时等所有内容。在意念建构阶段，资料收集是否充分，现场勘察是否详尽，能否把握住生态关键点，都将成为设计结果成败的关键因素。

2)意念建构阶段的思维特征

模糊和无序是这个阶段的特征，一切都是不确定的、各种各样的。创作者似乎已经从远处听到了微微的声音，然而仍然不能推测这声音的含义，但

他从微小的迹象中窥见了一种希望，一系列远景展现出来，就像梦幻世界那么广阔，那么丰富。

3）意念建构阶段的构思表达

短暂快捷的构思表达是深厚的积累、长期的孕育以及片刻的灵光闪现综合作用的结果。该阶段构思意念表达规律主要为强调真实性和突出侧重点。

2. 意象发展阶段

如果说意念是指建筑创作主体产生的生态设计概念。那么意象发展则指创作主体在初步的设计意图的指引下，对建筑物的布局、功能、结构选型等做通盘考虑，对未来作品的形式进行一系列的抽象概括、虚拟想象、选择加工以产生形象性的结果，并通过一定的表达手段使之物化的过程。

在意念建构阶段，创作主体除了收集资料以外，也往往对思考内容做草图表达，但如前所述，这种表达是概念性的，显得模糊、不够清晰，对于受众而言，可解读性很低；而在本阶段，建筑物的生态构想较之意念建构阶段逐渐成形，建筑师内在的生态观念经过反复推敲后，成为可以表现的雏形，按照德国美学家布罗克的说法，“这时它成为成熟了的被表达的直觉”。

1）意象发展阶段的工作内容

该阶段的首要工作内容是生态建筑基本形象的确定，这涉及意象的选择和组合。意象选择是对建筑基本形式要素的选择；意象组合则是指在生态意念构思的调节下进行的一种有目的、有方向的形式要素与生态语汇的组合，它在创作主体的大脑中以不合常规的方式活动，组合的结果是建筑形式反映生态功能，建筑新形象得以建立。

除此之外，意象发展阶段还包括的工作有：考虑和处理建筑物和周围环境的关系，考虑建筑和城市规划、城市交通、区域发展的关系；对建筑物的主要功能安排结合形象有大概的布局设想，初步考虑建筑内部各功能块的交通联系、各主次空间的塑造；为了实现生态意象构思考虑合理的结构选型、材料设备的选择、工程概算和技术经济指标是否合理等。

2）意象发展阶段的思维特征

创作主体的前期意念建构和个性特征使其意象的确定呈现出因人而异的特点，闪现着感性的灵感火花；而设计中面临大量错综复杂的问题又使主体必须依靠理性的力量去理清脉络、权衡把握。感性思考使建筑意象不致因为相同的外部约束而陷入“千人一面”的雷同，而理性思考则保证建筑意象不会由于主体的天马行空而变成虚幻的“空中楼阁”。

另外，意象本身的形成必然要经历一个“确定目标建筑意象—发展建筑意象（发现并解决建筑问题）—基本达到目标建筑意象”的过程。

3)意象发展阶段的构思表达

意象发展可以说是整个生态构思过程的主要阶段。在此阶段，创作主体的构思意象在反复推敲中不断地发展、完善，由此产生的建筑问题也伴随着意象的变化而经历着“产生—解决—再产生—再解决”的过程。

3. 意象完善阶段

意象完善阶段是指在生态构思方案基本确定以后，对其尺寸细部以及各种技术问题做最后的调整，使建筑的生态意象更加具体化，并将这种完善的建筑意象充分“物化”，以各种方式表现出来，成为最终的设计成果。

1)意象完善阶段的工作内容

意象完善阶段的工作内容主要有解决技术性的问题和完成建筑意象的最终表达。在该阶段，应注意一个问题：该阶段的工作不仅要靠创作主体个人的积极思维，还要综合多方面的力量和智慧。比如解决技术问题时，要征求结构、水、电、暖通等专业人士的意见；最终成果的表达，可以委托绘图公司、模型公司等制作。但所有的这些工作都应以创作主体为核心，按照其构思意图进行；创作主体也应根据自己建构的建筑意象，对各方面的工作提出要求和意见，并不断加以比较、综合，最终完成建筑设计工作。

2)意象完善阶段的思维特征

在对技术问题的处理中，往往要受到很多法规、条例、技术水平、客观条件的限制，因而主体的创作思维以理性成分居多，需要做多方面客观、理性的分析、综合和评价。

而在设计成果的表达阶段，思维的理性和感性则呈现出并行不悖的势态，因为就建筑意象的最终表现成果上看，既必须具有真实和精确的特点，以满足工程的要求，又要富于表现性，以反映主体追求的建筑意境，同时令旁观者可以充分领略设计者的匠心所在。这就要求创作主体在意象完善阶段，既要保持思维的理性，又要发挥思维的感性，真正体现建筑是技术和艺术结合的产物。

根据GA杂志出版的安藤事务所施工详图专集可以看出，该事务所擅长以轴测图和剖面图结合来表达设计成果，这些图纸构图复杂、制作精确但又异常精美，即使只从图面上看，也能令人领略和遐想建筑之美。据说，安藤的图纸表达“基本采用的是一种手工制作的方式，而无论其造价或是施工期限是否允许，其结构是科学的，并不存有含混性，每一件事情直到细部都能得到逻辑的理解”。

3)意象完善阶段的构思表达

意象完善阶段的构思表达方式主要有：图示表达法、实体模型表达法和计算机表达法等。

(二)生态构思激发策略

注意当代的科学技术发展,在设计中引入高技术手段是激发生态构思的有效策略。尤其是高技术生态建筑,已广泛地在建筑与城市环境设计中采用了电子计算机、信息技术、生物科学技术、材料合成技术、资源替代技术、建筑构造措施等,以降低建筑能耗、减少对环境的破坏、维持生态平衡。

例如德国建筑师英恩霍文在德国埃森设计的 RWE AG 大厦,业主要求建筑具有透明的形象,并且希望内部房间尽可能地有良好的自然采光和景观条件,建筑师因此决定采用大面积的玻璃幕墙;但同时玻璃幕墙透射的热量将大大增加空调负荷,造成能耗的不经济。为了解决这个矛盾,英恩霍文借鉴了 20 世纪 70 年代以来发展起来的“双层/多层幕墙系统”技术,提出“可呼吸的外墙”的构思:在外层的单层平板透明玻璃和内部的双层平板透明玻璃之间留出 50 cm 的空腔,里面设置 8 cm 宽的、可旋转的铝板百叶,同时在玻璃间填充氩气,这样每个幕墙单元成为“能呼吸的肺”,通过铝板的调节起到遮阳和热反射的作用,而玻璃内气体在温度升高时,能迅速地从下到上带走热量。

一般来说,生态构思常用的激发方法为再造性构思,即对现实生活和自然环境中具有生态特点的现象进行联想、组合,继而优化、抽象出具有原型意义的生态构思方案。例如巴格斯设计的乌泽鲁—卡塔丘塔国家公园文化中心位于澳大利亚阿亚斯山山脚,这里是阿那古土著文明的发源地。

建筑师花费了大量时间对阿那古文化进行研究,抽象了三点文脉原型应用到设计上:一是建筑群的总平面布局模拟阿那古人在红砂地上的手绘画,重复运用弧线形母题,显得自由洒脱、不拘一格,仿佛完全融合在浩瀚的荒野环境中;二是建筑屋顶曲线隐喻阿那古神话中主宰分离和结合的蛇的形象,蜿蜒盘旋,呼应着高低起伏的山脉,而由此产生的巨大挑檐屋顶在建筑外墙上投下浓重的阴影,起到了降低室内温度的作用;三是建筑构造直接借鉴了阿那古古民居:红色砂土筑墙成为良好的储热体,内部采用传统木结构,利用多方位的天窗、高侧窗采光,柔和的光线在室内形成漫反射,从而减少了人工照明。

三、以生态为导向的建筑设计方法

绿色建筑的兴起是与绿色设计观念在全世界范围内的广泛传播密不可分的,是绿色设计观念在建筑学领域的体现。绿色设计 GD 这一概念最早出自20世纪70年代美国的一份环境污染法规中，它与现在的环保设计DFE含义相同，是指在产品整个生命周期内优先考虑产品环境属性，同时保证产品应有的基本性能、使用寿命和质量的设计。

因此，与传统建筑设计相比，绿色建筑设计有两个特点：一是在保证建筑物的性能、质量、寿命、成本要求的同时，优先考虑建筑物的环境属性，从根本上防止污染，节约资源和能源；二是设计时所考虑的时间跨度大，涉及建筑物的整个生命周期，即从建筑的前期策划、设计概念形成、建造施工、建筑物使用直至建筑物报废后对废弃物处置的全生命周期环节。

（一）集成设计的过程

集成设计是一种强调不同学科专家的合作的设计方式，通过专家的集体工作，达到解决设计问题的目标。由于绿色建筑设计的综合性和复杂性，以及建筑师受到知识和技术的制约，因此在设计团队的构成上应由包括建筑、环境、能源、结构、经济等多专业的人士组成。设计团队应当遵循符合绿色建筑设计目标和特点的整体化设计过程，在项目的前期阶段就启用整体设计的过程。

绿色建筑的整体设计过程如下（图5-50）：首先由使用者或者业主结合场地特征定义设计需求，并在适当时机邀请建筑专家及使用者，建筑师、景观设计师、土木工程师、环境工程师、能源工程师、造价工程师专业人员参与，组成集成设计团队。

专业人员介入后，使用专业知识针对设计目标进行调查与图示分析，促进对设计的思考。这些前期的专业意见能起到保证设计正确方向的作用。随着多方沟通的进行，初步的设计方案逐渐出现。业主与设计师需要考虑成本问题与细节问题。此时之前准备好的造价、许可与建造方面的设计相关文件开始发挥作用，设计方案成熟之后就可以根据这些要求选择建造商并开始施工。在施工过程中，设计师和团队的其他成员也应对项目保持持续的关注，并对建设中可能产生的问题，如合同纠纷、使用要求的改变等提出应对策略。在项目完成后，建筑的管理与维护也十分重要，同时应该启动使用后评估（POE）的过程，检验设计成果，为相关人员提供有价值的经验。

可见集成设计是一个贯穿项目始终的团队合作的设计方法。其完成需要保证三个要点：业主与专业人员清晰与连续的交流，建造过程中对细节的严格关注和团队成员间的积极合作。

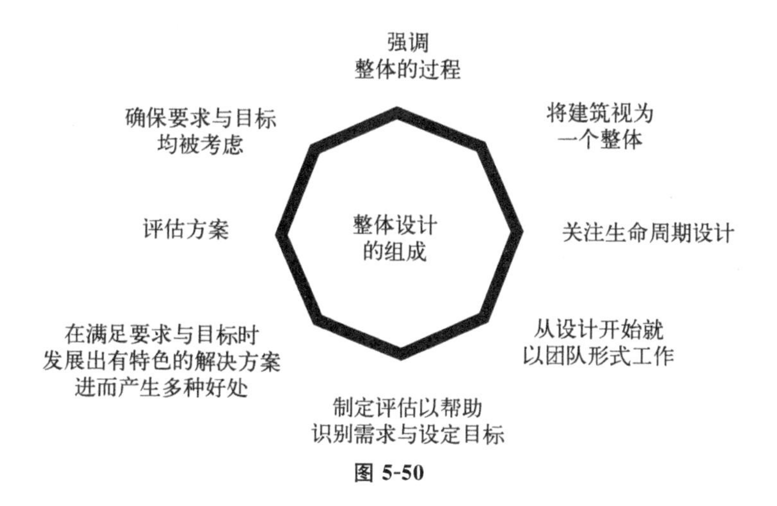

图 5-50

（二）生命周期设计方法

建筑的绿色度体现在建筑整个生命周期的各个阶段。建筑从最初的规划设计到随后的施工建设、使用及最终的拆除，形成了一个生命周期。

关注建筑的全生命周期，意味着不仅在规划设计阶段充分考虑并利用环境因素，而且确保施工过程中对环境的影响最低，使用阶段能为人们提供健康、舒适、安全、低耗的空间，拆除后又对环境危害降到最低，并使拆除材料尽可能再循环利用。

目前生命周期设计的方法还不完善。由于生命周期分析针对的是建筑的整个生命周期，包括从原材料制备到建筑产品报废后的回收处理及再利用全过程，涉及的内容具有很大的时空跨度。

另外，市场上的产品种类众多，产品的质量、性能程度不一，使得生命周期设计具有多样性和复杂性。因此，在设计实践中应用该项原则时，现阶段主要是吸纳生命周期设计的理念和处理问题的方法。

（三）参与式设计方法

参与式设计，是指在绿色建筑的设计过程中，鼓励建筑的管理者、使用者、投资者及一些相关利益团体、周边邻里单位参加到设计的过程中，因为他们可以提供带有本地知识和需求的专业建议。

这一手段可以理解为公众参与途径。公众参与源自美国，其参与模式与美国的政治体制模式密切相关，可以说是不同利益团体为争取自身利益而发展出的相互制衡的设计与管理模式。谢里·R. 阿恩斯坦将公众参与层次理论分为三大类(无参与、象征参与、完全参与)的 8 个层次(图 5-51)。

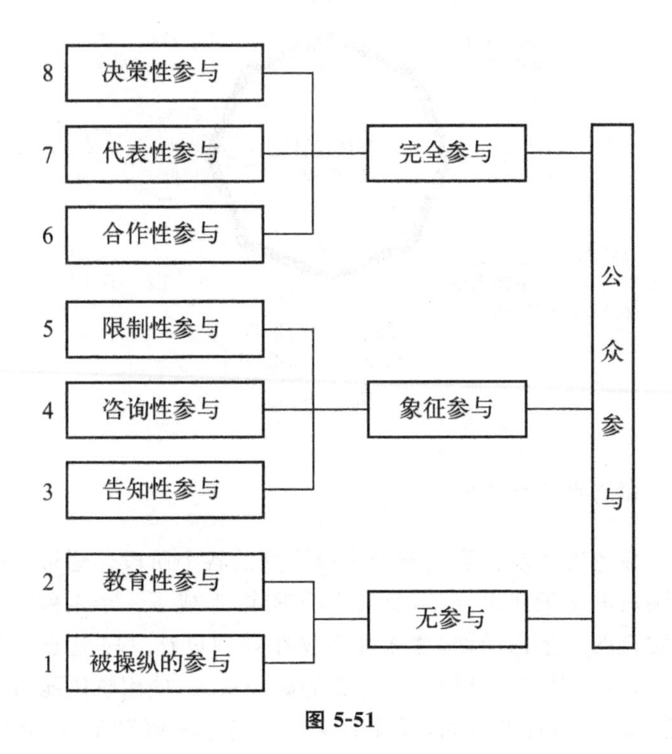

图 5-51

无论达到哪个层次,任何参与行为都会优于没有参与的行为;通过对参与质量的控制可以收到良好的效果。经常是一个有质量的良好小团体组织比一个低效率的大组织效果好。因而在实际操作中,不应把参与范围推行得过广,而应深入参与的层次。

在设计阶段,通过组织类似于社区参与环节的公众参与,达到鼓励使用者参与设计的目标。同时,日趋完善的网络技术也可被用来得到更广泛的公众参与。通过明确设计对象,清楚地了解使用者的需求,达到一定层次的公众参与会为设计提供帮助。针对传统的参与方式效率低下,双方缺乏良好的交流的问题,专家学者等探讨了利用网络和 CSCW(计算机支持的协同工作)技术来实现公众参与,以提高参与度,有效地达到公众参与的目的,也可更好地促进使用者与投资者参与到设计中。

政府决策者、投资者和使用者的参与设计。通过对设计活动的参与,提高决策者的绿色意识,提高投资者和使用者的绿色价值观和伦理观,促进使用者在使用习惯中树立绿色意识。

第三节 以生态为导向的多学科融合的创作方法

一、综合设计

复合建筑表皮设计是一项系统性整合的设计工作，它需要建筑师、结构师、设备师等设计人员具有环境性能优化的概念和相应的工作协作平台。

这种多专业、多层次、多阶段合作关系的介入，需要在整个建筑实践的过程中(包括策划、设计、施工、调试、运行和拆除等阶段)建立有效的协作机制。为此，针对以环境生态性能优化为目标的建筑设计，本书提出综合设计的复合表皮设计策略。

在传统的项目设计过程中，建筑方案(包括围护结构)几乎都是由建筑师来设计完成的，而水、暖、电等设备工程师在初步设计阶段才开始介入，而且工作配合仅基于已经确定的建筑基本布局体系及表皮体系。而复合表皮系统，所承担的保温、隔热、通风和采光等作用之间的相互影响更加复杂，这要求建筑方案设计不但考虑到空间造型和建筑审美，更要整合基本的建筑生态应对体系。

在方案阶段就形成完整的建筑环境应对策略，提高建筑的节能性能，从而为建筑的整体可持续性打下良好的基础。因此，方案创作初期各专业就必须介入。

二、动态设计

基于动态平衡的环境优化原则，反馈式的动态设计将逐渐取代静态的设计过程。动态设计包括如下层面。

(1)建筑物之间的。

(2)建筑全寿命周期内的。

(3)建筑内部各个系统之间的。

动态设计包含从规划到建筑、从建筑整体到细节、从建筑单一建造过程到全寿命使用周期的多维度多层面的动态思考体系，具体如图 5-52 所示。

以北京奥运会射击馆为例，设计师在进行建筑设计时，便充分考虑了基于生态环境优化的目的，从场地设计到信息整合，再到表皮系统和反馈优化设计，动态设计的理念思想完全体现其中。

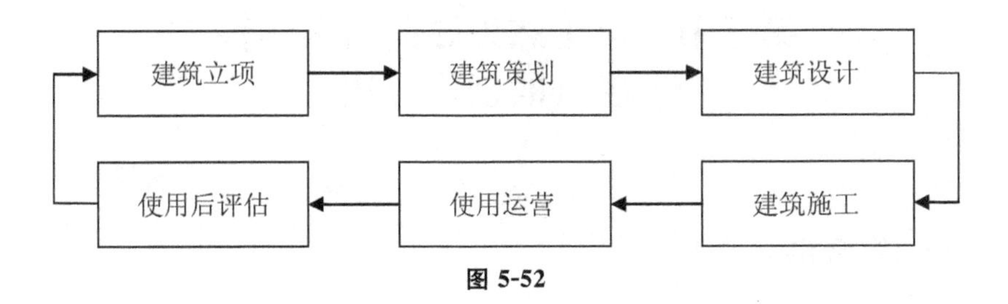

图 5-52

在具体设计的过程中，设计师不仅要考虑建筑的体形设计，根据奥运会射击馆所处环境及其具体功能将其设计成大面积、多形态立体的绿化体系，以及“渗透中庭”的建筑形式和“室内园林”的室内设计形式。在表皮系统上，奥运会射击馆的立面采用了生态型呼吸式遮阳幕墙，运用预制清水混凝土外挂板/清水混凝土装饰/木材、热转印木纹装饰型材百叶，外墙使用的预制混凝土挂板增强了建筑整体隔声性能。在屋顶上，则采用了双层金属面板＋150 mm 玻璃棉＋铝塑加筋膜＋水泥压力板硬质隔声吊顶层，以及采光天窗、采光玻璃屋面。另外，在反馈优化设计上，资格赛馆中庭采光系数均值 5.8%，决赛馆南侧观众休息区采光系数均值 4.6%，10 m 靶比赛厅采光系数均值达 2%，且无明显眩光，主要比赛厅空场混响时间 1.2～1.4 s，背景噪声 32～35 dB。

第四节　建筑设计创作阶段生态优化思维表达

一、准备阶段

准备阶段指建筑师从接受任务开始，到形成设计构思这一阶段，是对建设项目进行总体上把握的阶段，包括收集资料、现场勘察、把握设计关键点等。收集资料的内容，包括自然条件（气候）、城市规划对建筑物的要求、城市市政环境等，还包括项目所处的人文、历史特征。准备阶段需将收集到的资料有意识地归纳总结、综合分析，特别是对其生态因素予以重点梳理，厘清各生态要素之间的逻辑关系，形成对项目全面而深入的基本了解。

对于建筑师，建筑表皮会涉及如下问题。

(1)功能。建筑表皮起什么作用？如果它具有复合功能，这些功能分别是什么？

(2)建造。建筑表皮由什么组成以及如何组成?

(3)形式。建筑表皮的外观形态如何(包括构造的合理、视觉的愉悦及意义的表达)?

(4)生态。建筑表皮在建造、使用以及拆除时的能耗状况及对环境的破坏程度如何?

朝向、窗墙比、外遮阳、材料、通风策略是几个主要参数。初步设计(总体形态设计)阶段便涉及以上参数的优化,是因它们都关系到了建筑的投资金额、建造时间、视觉效果和能耗、环境性能。

例如,如果把产热量大的房间排在南侧,将引起夏季过热。自然通风策略优化可以让设计者考虑如何在初期通过调整建筑形式和构造来改进。当然这些参数在设计初期也只是设想阶段,它们将在方案设计和详细设计阶段进一步细化。

二、构思阶段

构思阶段指建筑物各体系构想逐渐成形的阶段,建筑师经过反复推敲、甄别设计要素重要性,对建筑的空间组织、空间形态、技术策略形成雏形,它是建筑创作思维过程的主要阶段。

如果说准备阶段是对外部信息进行加载与处理,构思阶段则是在此基础上,对建筑所应解决的问题的一个内省的、全面而综合的回应过程。它包括发现问题和解决问题两个步骤,这两个步骤交替、同步进行。

对于发现问题的分类归纳如下。

(1)易于确定的问题。例如,被给定的空间要求、被限定的尺寸及功能,包括它们之间的相互联系。具体如建筑的布局、结构选定、基本空间关系等。在生态要素方面,包括建筑所处的气候、地理、地貌特征,以及建筑热、光、声等环境因素的特殊性。

(2)难以确定的问题。目标和手段都不清楚的问题。例如,怎样通过建筑的方式改善建筑与环境的关系,改善建筑与人的关系,以及如何改善建筑等。在这里,把握环境性的制约因素是难点,往往也是寻求突破、形成建筑特点的关键点所在。

(3)极难的问题。例如,建筑的整体意象、形式问题、风格问题等。由于这些问题涉及人的主观评价性,因此将它列为最不易把控,也最需要通过客观要素来实现可控的设计重点问题。

发现问题的两个层次包括:

(1)目标的确立。通过概念性语言文字或构思草图,梳理解决以上问题的思路。例如，要功能合理，与周围环境相协调，充分考虑经济性，建筑要表达某种思想、体现某种风格等。同时，生态因素的考虑在这一阶段需要有整体性思考框架，这些目标的提出是发现问题的第一步，对建筑意象的形成有着总体方向上的指引。

(2)意象的形成。针对上述目标和方向提出初步构想，即将设计目标“物化”成建筑构想、建筑草图。在这个过程中，建筑内外体系需要同步推进，各种环境生态要素需要建筑设计在各个层面上予以回应，建筑意象建立在对各种制约因素的客观梳理、相互协调并有一定彼此妥协的基础之上。

两种发现问题的途径包括：

(1)理性地发现问题。多是在受到较多制约条件下产生的，即大多形成易于确定的问题。

(2)感性地发现问题。更多地受到建筑师自身的观念、修养、知识结构和思维方式等条件的影响，大多形成“极难的问题”，解决问题往往会再综合形成较完整的建筑意象。例如，朗香教堂设计构思(图 5-53)。

图 5-53

另外，在构思阶段，针对建筑的可持续性目标，在概念设计阶段，必须将设计生成的过程融入过程中的多次判断：设计者要不断对各种不同的总体布局、空间体量、建设进程、材料选择、关键构造等问题进行优选判断，根据建筑所处的地域环境，判断气候特征对建筑的采暖、制冷、通风、采光等要求和影响，并考虑各因素间的制约关系，使其得到综合的发挥，满足建筑功能和能源管理等要求。在这一过程中，设计者面临的决策问题大致有两种类型，即主观判断与客观判断。主观判断主要包含建筑视觉形态、空间特征感知、综合评价决策等内容。客观判断主要包含规划、交通、功能、物理、成本等层面各技术指标的计算、模拟与比较。两者并不能截然区分，相互仍然存在必要的融合与互为条件。前者需要综合客观数据、个人经验、审美修养等多个定性与定量条件，后者也并非完全是简单的数据大小比较，涉及各种计算方式与权重分配，也有明显的主观判断成分。设计者通过主客观交织的分析、权衡、判断，再到决策，以寻求较为合理优化的解决方案。在可持续目标的设计过程中，强调设计工具的意义，将传统建筑设计中关于流线、分区、审美等经验或修养层面的能力，借助更为可信的(数字化)工具，获得更大范围的拓展。通过设计评价工具获取的结果，设计者能够全面系统地了解影响建筑能源和室内环境性能的主要因素，并通过结论评价、修改设计成果。

三、完善阶段

方案构思基本确定后，对其空间、尺度及各种技术问题完善调整，使建筑意象更加具体化，并将这种完善的建筑意象充分物化，以多种方式表现出来，成为最终的设计成果。建筑设计中解决问题的过程，如图 5-54 所示。

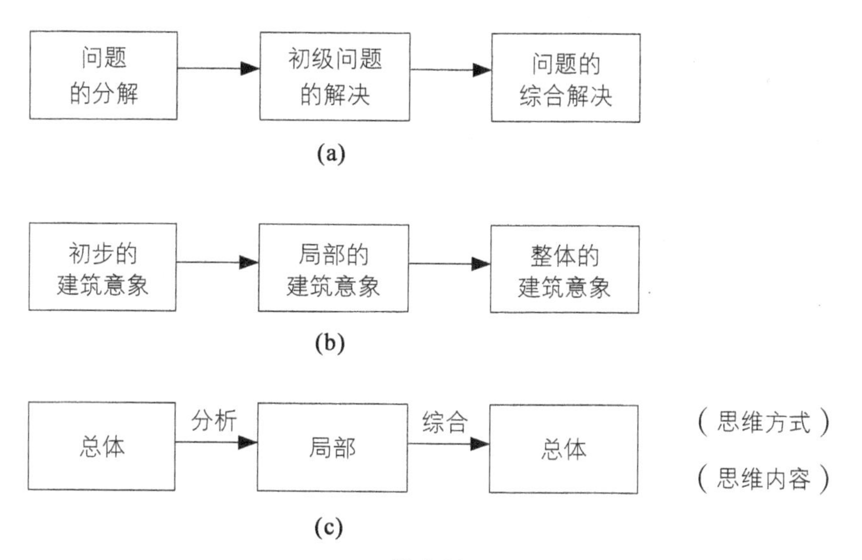

图 5-54

(a)解决问题的三个步骤；(b)解决问题中建筑意象的变化；(c)解决问题的思维活动规律

完善阶段的工作内容是要解决技术问题，包括：整个建筑和局部的具体做法，各部分确切的尺寸关系，结构、构造、材料的选择和连接，各种设备系统的设计、计算和对建筑的影响，以及各个技术工种之间的整体协调，如各种管道、机械的安装与建筑装修之间的结合的系统性问题等。在此过程中尤其要注意以下三个方面的问题。

1.基地可再生资源分布与建筑总平面设计的整合

基地可再生能源的空间分布与建筑整体平面布局的相互协调，有利于充分利用基地的可再生能源。建筑整体平面布局与可再生能源(太阳能、风能、地热能等)的空间分布状况之间的正效关联是整合设计的出发点。不同的地形、地貌、周边建筑物分布、植被条件都会导致包括风、阳光分布的不同，也使可再生能源的利用具有可调整性。因此，建筑设计可以依据基地中各种可再生能源的分布状况，通过总平面设计或调整总平面，充分利用可再生能源。

2.建筑空间对能量的需求与建筑空间设计的整合

在分析建筑不同空间对能量的需求形式的基础上，进行建筑空间形体设计，可以提高建筑的能源利用效率。建筑物空间形体的设计形式与建筑对能量的需求方式之间存在关联性。在不同地区和环境条件下，建筑物对风能、太阳能等自然能源的需求不同。吸收或释放能量都会成为建筑空间设计的动因，因此建筑设计可以根据建筑空间对能量的需求进行空间设计。

3.建筑中能量传递路径和围护结构设计的整合

建筑围护结构的设计是降低建筑能耗的主要保障。建筑设计中的表皮、屋顶、楼地板等外围护结构是建筑与周围环境进行能量交换的主要路径。建筑围护结构和内部设计与能量传递路径的巧妙整合，可以实现建筑的美观、实用、节能。

第六章　生态理念下的建筑设计创作策略

本章将从环境反哺生态的创作策略、形式追随生态的创作策略和功能结合生态的创作策略三方面入手，对建筑设计创作策略做具体的阐述，以便更好地帮助建筑师深入理解生态理念，设计出同社会人文与自然和谐相处的绿色、生态建筑。

第一节　环境反哺生态的创作策略

一、环境品质健康

随着现代技术的广泛应用和不断异化，建筑逐渐偏离了对外界环境"用"与"防"之间的平衡点，越发成为人与自然之间交流的鸿沟。随之而来的"容器"负效应促使建筑学人对其生态健康问题进行反思。

（一）建材设备无害化

比如利勒哈默尔冬奥会速滑馆、里斯本大西洋馆也采用了木结构屋盖。由于我国森林资源较匮乏，整体上不宜推广木结构，但可适当利用森林资源。建筑采用低装修和绿色建材是实现健康化的现实选择。

除了直接对人体健康产生消极影响的建材以外，建筑设备的间接危害也不容小觑。用作建筑空调制冷剂的氯氟烃（CFCS）和含氢氯氟烃（HCFCS）是臭氧层的杀手，随之而来的是穿越大气层的有害紫外线数量的增加。

这两种物质还被用作塑料和许多保温材料的泡沫剂。因此建筑设计应主要采取下列措施，来逐步减少氯氟烃和含氢氯氟烃的消费：尽量减少使用空调，不采购生产时使用了氯氟烃或者含氢氯氟烃的保温材料，避免使用以卤代烷为原料的灭火材料，更换现有用氯氟烃制冷的空调设备，避免氯氟烃相关产品（包括含氢氯氟烃）的重复使用。

(二)室内环境自然化、宜人化

传统型建筑片面强调阳光、气温及自然风的不利影响,以创造均质舒适空间为目标。到这并不全对,室内气候的动态变化对人体的舒适感觉起到增进作用,因而真正的舒适是适度的刺激,而不是消除刺激。

1. 建筑声环境计划

声环境是评价建筑的环境健康优劣的基本衡量标准。对于易产生声聚焦现象的上凸曲面,设计时应尽量使曲率半径远大于屋顶高度,以使曲率中心远离人体高度范围。由于声场的混响时间与室内容积成正比,与吸声量成反比,对体育馆、观演建筑等设计时应合理调度体形体量,控制单座容积在 $20m^3$ 左右,以利于满足多功能需要。长野奥林匹克速滑馆设计初就考虑到下凹顶棚可减少空间容积,有利于控制混响时间,且漫反射形状可改善音响特性(包括处于冰面时),空间塑造处于一种自律状态(图 6-1)。

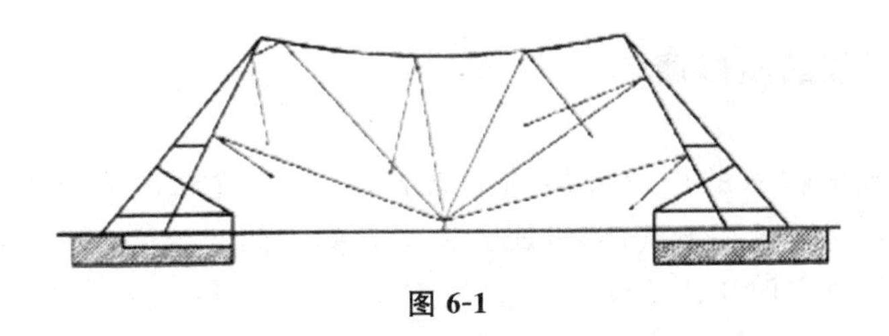

图 6-1

建筑由于容积较大,声场不易控制,单靠后期技术辅助措施显然是低效的,而且有舍本逐末之嫌,因此建筑师创作初期就应优先从建筑声学的健康角度调控声场,集约化设计空间造型。

由此可见,通过本体的建筑声学设计为创造宜人的声环境建构了良好的基础框架,并成为渲染健康的建筑空间环境的精彩华章。

2. 天然采光计划

人与自然的关系是人类解决一切问题的出发点和归宿,人工环境只有融入自然才能体现价值、探究意义。当荧光灯照明和廉价电力资源成为现实以前,整部建筑史就是一部界面逐步开放化、利用昼光照明的历史。从古罗马的十字正交拱顶到 19 世纪的水晶宫,建筑结构的主要变化,都反映了增加室内采集自然光线数量这一目的。

当所在房间的地板有 15%～25%受到阳光照射时,人感到最为轻松而且精神集中,而低于 10%时,人的情绪低沉、精神沮丧,高于 45%时,人则逐渐表现出紧张、烦躁不安。

研究表明，太阳的全光谱辐射是人们生理和心理上舒适满意的关键因素之一，对建筑而言，屋面采光天窗具有节能、采光效率高、构造简单、布置灵活、易达到室内照度均匀的特点，可通过以下几类基本方法实现。

(1)屋面设采光罩。

(2)结合屋面构件采光。

(3)利用结构组合缝隙。

(4)全透射顶棚。

名古屋穹顶在屋顶中央部位设置 5 600 m^2 的双层阳光板以自然采光并防止光和噪声外泄对周围环境引起的公害，白天进行各种比赛均不依赖人工照明。对于举行需要明暗变化的音乐会等活动时，则使用在穹顶上的世界首例滚筒式遮光装置，该装置能演示出各种各样的图案，从而达到所需的光线效果(图 6-2)。

图 6-2

3. 自然通风计划

以札幌穹顶作为例子，札幌穹顶利用空气动力学原理，通过计算机及模型试验，确定其穹隆状屋顶形状。由于札幌是多雪区域，屋面被设计成可防积雪、减少风力影响的抛物曲面造型。流线型穹顶可以引走冬季的主导风，从而减少了寒气，节约能耗。开口朝向夏季主导风向。在夏季或其他温暖的季节，温暖的自然风通过 90 m 长的开口进入室内，其基于伯努利效应的端部狭长的瞭望孔也强化了自然通风，从而大大减少了室内的机械通风需求和空调能耗(图 6-3)。

所以，自然通风设计不仅能提升室内环境品质，还能为建筑空间形式提供科学的依据。

图 6-3

4.适度波动的热环境

诚如吉沃尼所说:“把人对热环境的反映表达为单一的环境因素,如空气温度、湿度、气流速度的函数是不可能的,因为这些因素同时对人体产生影响,且任意因素的影响又取决于其他因素的水平。”

现代科学已经证明,影响室内人体热舒适的因素有六个,其中两个是主观因素,四个是客观因素。主观因素之一是人体所处的活动状态,可用人的新陈代谢率来代表。其二是人体的衣着状态,可用服装的热阻来描述。影响室内人体热舒适的四个客观因素都是室内的气象参数,分别是室内空气温度、空气湿度、室内风速和室内的平均辐射温度。人的热舒适感是在上述六个因素的共同影响下的一种综合结果。

根据生理学观点,人对热舒适环境的反应是人体感受到外界刺激的反射过程。实验证明:如果人体一个或所有感官受到过度刺激,我们大脑就会受警告,直到感官恶化;如果它们是欠刺激或感觉受到剥夺,大脑就会产生幻觉,直到感官被毁坏。我们应在稍过或稍欠的刺激之间保持平衡,当来自环境的刺激减少时,人们会不得不主动寻求刺激以获得外界信息作为补偿。

根据卫生学的观测数据,在一天之中温度的变化对人体是有益的,它与新陈代谢强度的关系和人体活动特征有关。而空调设计所依据的舒适标准过于敏感,忽视人们可以随温度的冷暖变化,酌情增减着装的可能。

恒定的温室度数是标准并不必然是人们最舒适的感受,所以建筑不应是恒温箱,动态的室内气候对人体产生适度的冷热等方面的刺激不仅是合理的而且也是必要的。因为从生理上说,人们长期处于稳定的室内气候下,会降低人体对气候变化的适应能力,不利于人体健康。除此之外,与外界气候呈现相同或相近的动态室内气候还能减少气候的修正量，减少能量的输入，降低舒适的成本。

（三）绿色宜人的视觉环境

随着现代技术的异化，建筑室内与自然的界限越发清晰，清一色的人工环境要素使空间氛围死气沉沉，物理环境对人也颇有消极影响，缺少自然界那种生动和谐的局面，同时有机的生态机制也被机械的人工控制所取代。

建筑物常被看作是大量无生命物质的堆积……植被化的理想目标就是将有机的、富有生命力的物质与无机的、无生命力的物质融为一体。因此，无论从生理健康还是心理健康的角度，生物气候功能体系对于建筑都是一个必要的有益补充，其融入都会给建筑注入一股清新的活力。

悉尼国际水上运动中心的水上娱乐中心室内种植了植物，为娱乐健身空间平添了几分天然意趣，而且植物呼吸作用和游泳馆内设备运转所产生的热量也被积极有效地利用起来为池水加热所用。同时，植物的光合作用产生的氧气对室内空气品质的改善也不无裨益。

1991 年威尼斯双年展中，Nicolas Grimshaw 设计的 21 世纪机场方案就是以一个通风的、椭圆的绿色花园来代替目前以不同楼层区分入境和出境，而乘客便绕着花园或左或右地行走。屋顶是曲线的，它在中央下沉，并利用航站候机楼和花园之间的空间来通风和排烟。

作为第一个人工岛上的机场，大阪关西机场以成片的植树建造人工森林，并将绿化带引进了航站楼大厅以及登降廊厅两翼内部。特别是在旅客大厅宽达 275 m、深 31.2 m、高 20 m 贯穿四层的“大峡谷”中，屋顶采用透明的玻璃顶棚，保证天然树木的成活需要，并以充足的养料和水分来弥补室内阳光之不足，用含水量高的多孔质烧成土代替一般的土壤，使用与树木同高的喷雾装置喷洒水雾，保证枝叶部分对水分的日常需要。引入绿色植物、阳光等生态因子，既改善了室内生态微气候，又增强了空间识别性和定位感，振奋了旅客的精神。

综上所述，健康可谓生态的核心语义，通过建材设备无害化和室内环境自然化、宜人化策略，可以创造出生态健康的环境品质。前者尽量杜绝有害构成单元的使用可谓扼源，后者则通过声、光、热环境和视觉环境的有机整合塑造人性化空间环境可谓治载，将“内容结合生态”原则落到实处。

二、环境负荷减约

在建筑的发展中，自然始终是一个沉默的背景和不可逾越的对话者，在建筑全寿命周期中肆无忌惮地给环境贡献了超负荷的温室气体、酸雨气体、烟尘、CFC、废水、固体废物等。

而随着人们改造自然能力的指数式增长，人工环境已大有置换自然环境之势，从而减少了生态系统的自我调节和同化吸收能力。

新陈代谢是建筑与环境关系问题的关键所在，建筑对环境的亲善还表现在采用合理的物质流、能量流模式上。

（一）节材减费

由于建筑是资源的消费者，节约资源是减少环境负荷的应有之意。除前文的材料结构优化以高效利用外，在设计中变材料线性使用模式为环形使用模式是非常必要的，通过再生更新、循环利用等措施减少资源输入输出。

在细节方面，重复使用一切可以利用的材料、构配件、设备和家具等资源。其实，建筑物中的钢构件、木制品、照明设施、管道设备、砖石配件等都有重复使用的可能性，这就需要建筑师在创作中树立新的选材思想。首先应该考虑利用以往材料与设备的可能性；其次即使在选用新材料时，也应考虑这些选用材料和设备以后被再利用的可能性。在考虑材料和设备的价格时，也应该照顾到今后可能被再利用的因素。

在整体方面，应对有保留价值的旧建筑进行更新改造。从生态角度看，在建筑物的建造过程中会消耗大量资源和能量，同时亦会产生不少废弃物，这都不利于保护生态环境。

因此如果能充分利用现有质量较好的建筑，然后对其进行更新改造以满足新功能需要，就可大大减少资源的消耗和降低能耗，同时亦能减少建筑垃圾。对旧建筑的更新改造是一项有很大潜力的资源再利用的课题，在西方发达国家几乎成了一种时尚。

目前西方国家已一改工业革命后的大拆大建的做法，旧建筑很少拆除，尽量将其利用。英国国家资金用于新建与改建的比例已由20世纪70年代的3∶1提高到了90年代的1∶1，这与人们环境意识的提高是有一定关系的。西方社会兴起对旧建筑改造的原始动机并不是为了追求生态精神，在当时更多的是基于对保护城市文脉、保护城市中心区的建筑特色、促进城市中心区的复兴等因素的考虑。然而如今，他们已逐渐认识到旧建筑更新改造的生态意义，更认识到旧建筑的更新改造具有社会—经济—生态的综合效益。

在此背景下，我国建筑领域也相继出现利用旧建筑的案例，为如火如荼的建设热潮吹入一股理性清新之风。例如，上海江湾体育中心改造既在不浪费资源的前提下更新了空间，扩展了功能，又延续了其在景观、经济、交通等方面与周边环境相得益彰的互动关系，不失为一次有益的改造尝试（图6-4）。

图 6-4

由此可见，通过循环利用构件和有机更新旧建筑能有效地节省资源、减少重复投入的目的，其对北京 2008 年奥运会体育场馆建设也具有借鉴意义。

（二）节能减耗

1. 开源节流策略

通常情况下，建造一栋建筑所消耗的能量只相当于其在使用寿命中所消耗的全部能量的 10％～20％，而大约 50％的能耗会用于通过采暖、供冷、通风和照明来创造一个人工的室内气候，因此建筑比常规建筑对环境有着更大的负荷，运行维护能量的节约是其生态设计的重头戏。为维护生态环境必须减少全寿命周期内运行所必需的能源耗费和污染物的排放。建筑应从整体到局部、从功能到形式都“以生态为本”，才能辩证地实现“以人为本”的终极目标，而开源节流策略是综合生态设计的本体核心。

所谓“开源”，即是指建筑设计将视野从化石能源主动拓展到可再生能源的多元并举的局面，摆脱原先单纯依赖传统能源的被动局面，以填补巨大的能源缺口。当前具实际应用价值的自然能只有太阳能、地热能、风能等。熊本运动公园穹顶基于温热的生态气候全面充分考虑自然能利用，将建筑设计、结构设计与环境设备系统密切结合，实现节省资源、能源的目的，全年预计减少光热费用 3 000 万日元（图 6-5）。

图 6-5

(1)太阳能。屋顶设 3.5 kW 的太阳能电池,供二重空气膜内充气用动力(夜间用商用电源)。利用太阳能电池的冷却水回收排热量,以提高用于游泳池加热的真空式太阳能集热器的出水温度。

另外,该穹顶采用可以遮阳而又能充分利用其散射光的具有百叶窗功能的蜂窝式玻璃,设置在屋顶周边,使比赛场白天几乎可以不用人工照明。

(2)风。利用下部周边入口大门的开启角度,使空气在室内形成回旋上升气流(上部为排气天窗)的自然通风,即使无空调,因观众席有风感而改善了热环境。

(3)雨水。利用大面积屋面的雨水可节约上水道供水量 50%。通过利用屋顶淋水装置,在夏季可减少屋顶的太阳辐射负荷。

(4)土壤。利用空气热源热泵、水泵、空调机组、蓄热盘管、土壤蓄热槽系统转换阀门等构成土壤蓄热系统。

利用深夜廉价电力由空气热源热泵机组制得冷水(或热水),并输入埋于休息厅的(200 m^2 建筑面积)地下土层(相当于土壤蓄热槽)的盘管中,故白天蓄热盘管就成为采热盘管,取出的热量供空调机组,为休息厅等提供热量(或冷量)。仙台穹顶基于风洞试验数据,通过屋顶弧状折缝构成的换气口,将积聚在穹顶下面的热量诱导排出,这种气流(膜下部)也可防止内表面结露,而下部墙面上的大型进风窗可以自然通风,使观众席产生风感不致过热(图 6-6)。

PTFE 膜屋面保证了自然采光的效果,活动屋盖可在气候适宜时打开完全室外化。另外积极利用地热、屋顶形状和材料设计成易于使积雪下滑的可能,将从屋面下落的雨水或融解的雪水储留在地下水槽内,将其通入埋在地下 5～7 m 含水沙砾层(全年约 11℃)中的“雨水用集热管”,可用于人口密集的广场等地进行融雪。不利用地热时,地下水槽内的水作为中水使用，而且供冷期间新风可经地下的“空气用集热管”预冷却后供空调房间使用。冬季同样可利用它进行预热后供暖。

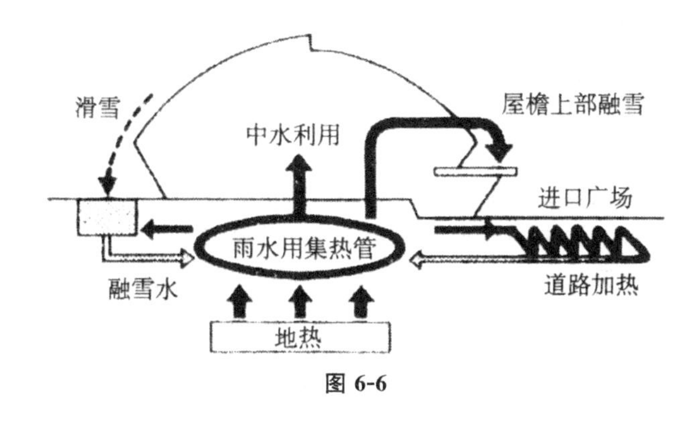

图 6-6

通过这些措施，仙台穹顶有效地利用了自然能源。

所谓“节流”，就是通过全方位调度建筑各系统参数，在综合平衡中提高气密性和开放性，辩证地解决通风与保温、采光与遮阳的矛盾，减少建筑能耗。在新型再生能源占据市场相对主动的优势之前，建筑节约化石能源都具有无可替代的重要作用。

“建筑节能”的主题词在 20 世纪 70 年代第一次能源危机时是 building energy saving，即减少能源的使用量，努力抑制需求、控制建筑能耗上升趋势。20 世纪 80 年代改为 building energy conservation，即建筑能量守恒，就是希望在总能源消费量基本不增长的情况下发展经济。20 世纪 90 年代又成为 building energy efficiency，即提高能源利用效率，用最小的能源消费代价来满足日益增长的建筑能耗需求。近几年则被称为 global warming 和 global environment load，即地球温暖化和地球环境负荷。因此从整体上寻求节能环保与舒适健康、生产率间新的平衡是节能的唯一出路。

建筑最重要的目标是提供舒适的室内气候，其使用过程也就是一个对自然气候的修正加工过程，对于生态化建筑而言，这个目标应该增加“高效”这个原则。建筑对气候资源的利用不仅是最为生态的高效能源利用方式，而且这种方式也能够使我们获得最高品质的室内舒适环境。建筑高标准的舒适满足不应是停留于生理舒适或物质满足，而应该体现在心理舒适和精神满足，高效充分地利用气候能源获得的室内舒适环境就能达到这样一种高品质的舒适。同样标准的舒适气候，如果通过被动式获取，比如直接利用太阳能，我们在享受时就会感到心安理得。

美国能源部指出被动太阳辐射型建筑能耗比常规新建筑的能耗低 47%，比相对较旧的常规建筑低 60%。里斯本大西洋馆采用了具有革新性的节能策略，在屋顶中部装备受控天窗，引进天然光线并能提供自然通风，既节省了馆舍运营费用，又创造了清新的环境。此外排风扇和混凝土看台对大量的人群起到热交换的作用，扩大了自然换气系统。在 Tagus 河下面的用于进行热交换的水中盘管提供了补充的冷量，替代了冷凝器，经过冷却的空气通过低速管实现座椅送风。以上综合措施比一般的制冷系统可节约能源 50%以上。

丹克·格雷奥林匹克自行车馆屋盖中间采用玻璃天窗，配有光控百叶窗以充分利用自然光并可消除投射在车道上的阴影。智能系统控制室内亮度、风压、风向以及温度，通过天窗引导气流或将热空气从百叶窗排出，当室内温度过高时，热空气通过顶棚上的百叶窗排出，而冷空气则由观众座位下的通风管导入。当需改变室内风压时，则可利用对流原理通过开窗引导气流实现，从而将环境调整到最舒适的状态。该馆 6 000 座席并无空调系统，舒适要求靠有组织的自然通风保证，用天然采光把照明用电量降到几乎为零，是一个可观的生态创举。

2. 整体统筹策略

当然，生态化建筑是动态非线性的系统，是相关因素的整体协同优化的结果，而非局部技术措施的单打独斗。

生态设计的灵魂就是以整体视角，辩证地疏通系统与环境之间及系统内部各要素之间的关系，使其和谐有序，以优化系统功能。系统集成和整体统筹是不二之选，片面强调单体要素的突进，并不能提高系统的整体功能，有时反而增大系统内耗。

建筑师应根据具体项目的实际，从整体入手推敲方案，既要洞悉重点又需避免生态技术喧宾夺主的表演，在此基础上调度各种技术，只有融入整体构思的技术才能充分发挥作用。

大馆穹顶通过综合优化设计达到了生态措施的有序整合。整体上基于空气动力学原理，同时兼顾棒球飞行轨迹的包络曲线，选择了最小表面积的卵型曲面体形。

首先，考虑到沿着米代河（河名）吹来的和常年的西南风及豪雪区域的落雪主题需要，卵形空间的纵轴与主导风向平行，并且膜结构屋面肌理也顺着风向以减少积雪。其次，屋盖双向拱形构架由当地层压雪松制造而成，屋面采用总透光率高达 8%的双重膜材以确保自然采光，比赛场地晴天时照度可达 3 000～5 000 Lx，阴天时为 1 000～1 200 Lx，大幅度减轻了照明电力需求，同时营造了一种与大自然融和的氛围。最后，外周下部 1 600 m^2 的开口之间的风压及其与顶部 50 m^2 的换气口之间的热压实现了自然通风，可有效排除室内热量，其效果经计算机数值模拟获得了证实。利用当地恒定的西南风向及馆外的生态水池对进入室内的空气蒸发冷却则是该馆统筹设计的亮点，生态水池同时储存屋顶雨水作为杂用水源。此外，用井水、雨水作为夏季降温的冷源，冬季可用于屋顶融雪，并且利用井水在屋顶上淋水，蒸发降温以减少热负荷(图 6-7)。

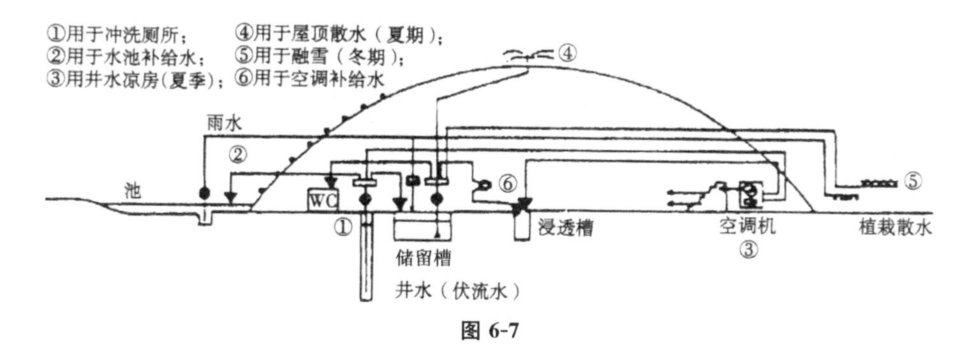

图 6-7

由于一以贯之的整体生态策略，该馆在低负荷层面上运行状况良好。由此可见，从全局出发秩序化、系统化的生态措施设置是实现生态效果的必要策略。

事实上在当前建筑的创作实践中，建筑师只重视其特殊性而忽视与其他类型的普遍性问题是其生态效果提高的瓶颈，乃至在其他建筑中已普及的技术措施(如遮阳)在建筑中却十分鲜见，难怪其眩光等问题凸显。建筑师应尊重建筑创作规律，打破思维定式，既要抓个性问题，又要强调共性问题，兼容并蓄，才能融会贯通，避免整体效果中生态缺陷的出现，实现建筑生态化设计从必然到自由的升华。

(三)节水减污

建筑日常运行用水量很大，种类也很多，但仅有少量需要达到饮用水标准，约 50％的饮用水可用雨水来代替。

提倡建立中水回用系统及雨水收集和井水利用是大势所趋，对水资源紧张的城市更是缓解给水紧张，实现节水减污目的的一条可行之路。雨水不仅可以作为中水使用，还可以冷却建筑外围护结构或建筑构件。

由于屋面面积很大，建筑收集雨水具有先天优势，有条件时再利用深井水，可用作杂用水如清洗便器、地面、喷灌种植的树木与花草等以节约资源。

通过设置杂用水槽、雨水储水槽、雨水原水槽的水位控制以及各槽用泵和深井水泵构成系统，以雨水作为杂用水主水源，井水起补给作用，雨水不够时，全部用井水代替亦可。城市给水供生活用，井水热量可作为热源被热泵利用。在深井水较充足的地区，以其作为制冷机的冷却水，北方地区的融雪和清洗用水也是可行的。

为了生态控制，井水必须设回灌井，避免地面沉降等。出云穹顶早在10年前就利用大面积屋面的优势收集雨水作为中水杂用(图6-8)。长野奥林匹克纪念体育馆将深井水用于化雪、冷却、洗涤等，行之有效。东京国技馆每逢举行相扑大赛时，每天用于冷气机或厕所等的水量超过200 t，为此将8 360 m^2屋顶收集的雨水储存于容量1 000 t的地下水池内，该馆的年用水量为23 700 t左右，其中杂用水9 900 t。地下水池的计划储水量可达7 200 t，用作杂用水，即约占杂用水总量的70%，若按东京自来水费计算，可节约2 523万日元，是一笔可观的数目。

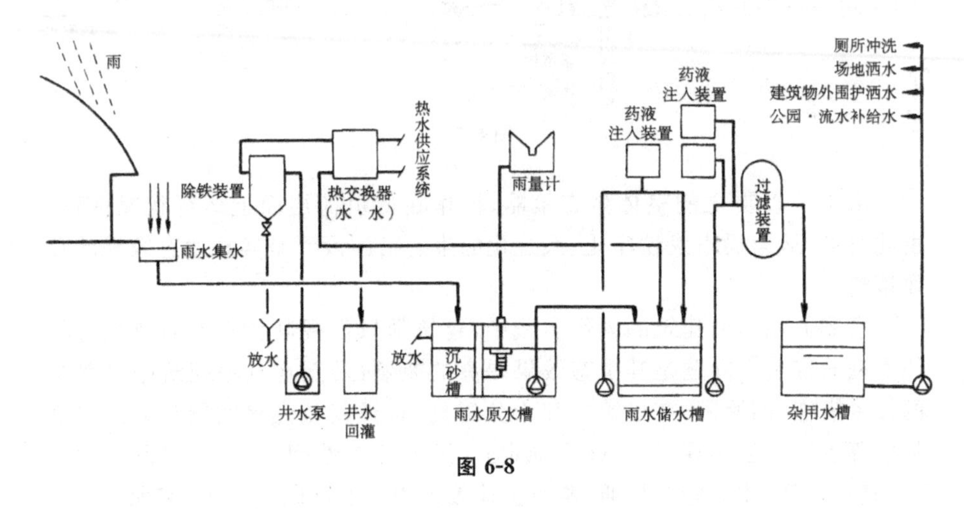

图 6-8

建筑周围的蒸发效应可以有效地促进自然通风，还能用来冷却建筑外围结构。和歌山巨鲸屋顶(图6-9)汇集的降雨存于地下储雨水槽，并用来作为屋顶上的引人注目的喷水，经过处理后的雨水从地下泵送到暗埋在脊饰中的水管，再送入具有4个可调式喷嘴的集管箱，然后从屋面喷出。此外还安装了11个洒水用的喷淋器，蒸发散热，冷却屋面，从而降低了传入比赛厅的热量，喷出的水和喷洒的水再经由檐沟，重新汇集于储水槽，实现了无浪费的合理设计。

莱比锡新会展中心玻璃大厅使用雨水降温系统，在盛夏季节不靠空调设备制冷的情况下，只靠玻璃外表面的雨水喷洒蒸发冷却，便能使其室内温度只比室外高1℃～1.5℃，足以保证室内的热舒适。由此可见，对建筑而言，雨水和井水作为中水的合理利用是扬长避短之举，优化了水源结构，并实现了物尽其用，开拓了节水减污的新路。

图 6-9

作为公众聚会的“容器”和资源消费者，生态化建筑意味着其存在本身应真实反映出环境特征与使用者的需求，由内而外地体现出一种健康、和谐、充满生机的存在状况。

节约无疑是生态精神最重要的内涵，节材减费、节能减耗、节水减污则为建筑搭建了实现环境负荷最小化的可行框架，也是“内容结合生态”的切实表现。

三、场地环境保护

(一)建筑选址的指导思想

绿色建筑是一种能很好地与自然、社会环境和谐相处的新型生态建筑，它的出现最大限度地减少不可再生的能源、土地、水和材料的消耗，产生最小的直接环境负荷。绿色建筑在设计建造前，设计师一定要对当地的自然环境、人文环境进行实地考察。只有因地制宜，建筑才能给环境带来最小的负荷。

规划生态绿色建筑，为建筑选择合理的场地，最重要的原因是增加人的生活舒适感，同时也能减少人的社会行为对环境的副作用。

选择和规划建筑场地可以考虑以下两个方面。

(1)合理地利用自然规律，对建筑能耗起着积极作用，避免场地周围环境对绿色建筑本身可能产生的不良影响。

(2)减少建设用地给周边环境造成负面影响。绿色建筑场地选择与规划要坚持“可持续发展”的思想。

生态建筑场地的选址与规划必须合理利用土地资源,保护耕地、林地及生态湿地。应充分论证场地总用地量;禁止非法占用耕地、林地及生态湿地,禁止占用自然保护区和濒危动物栖息地。建筑项目应尽量使用没有拆迁任务或拆迁任务少的土地作为建设用地。对荒地、废地进行改良、使用,以减少对耕地、林地及生态湿地侵占的可能性。

绿色建筑场地的选址与规划应避免靠近城市水源保护区,以减少对水源地的污染和破坏。区域原有水体形状、水量、水质不因建设而被破坏;自然植被与地貌生态价值不因建设而降低。保护物种多样性就是保护我们人类生存的环境,室外环境设计的目标之一就是使经济发展与保护资源、保护生态环境协调一致。

应通过选址和场地设计将建设活动对环境的负面影响控制在国家相关标准规定的允许范围内,减少废水、废气、废物的排放,减少热岛效应,减少光污染和噪声污染,保护生物多样性和维持土壤水生态系统的平衡,等等。

(二)建筑选址场地安全

对建筑的选址,要考虑到以下几个方面。

(1)对自然灾害有充分的抵御能力。

(2)具备可靠的城市防洪设备,同时防汛能力要达到国家制定的防洪标准。

(3)要避开容易产生泥石流、滑坡、多地震的地段。

(4)建筑周边的电磁辐射值在国家规定的标准之内。

(5)项目场地周边没有污染源。

(6)住宅区内部不能排放超标的污染源。

第二节　形式追随生态的创作策略

“形式追随生态”的初衷就是建筑师通过挖掘生态因子及其规律的潜力,优化形式基因,自觉地赋予观赏者一种可能,以便从外观对内部实质进行准确的判断,达到“表现”的目的,也是建筑生态化设计的精华所在。

科学性是建筑生态化设计的根本要义,“形式追随生态”意味着大自然的法则将决定建筑的形状和运营。因此通晓生态法则就成了生态建筑师的基本功之一。

一、从“自然之理”到“自然之利”

对设计师来说，建筑设计的第一步应该是对环境功能和外部空间进行设计。建筑师应从环境整体性出发，为公共建筑寻求与城市环境协调整合的设计方法。在进行建筑的设计构思和空间运营中，不能忽视周边环境对其的影响。

传统建筑比较注重建筑的纪念性和人工性的环境，对外部的自然环境设计比较忽略。人们设计的不应该仅仅只是一个场所，一个空间。应该是设计的一种体验，一种人性的、重要的体验。这就要求环境与空间是促成建筑个性形成的重要因素。

（一）轻柔地触碰大地

建筑及其场地从景观层次上首先是作为自然的大地景观而存在，通常来说，这种观念是促进人与自然和谐对话，积极维护自然生态。

1. 完全利用地下空间

城市的土地资源是有限的，这就需要合理地利用地下空间。

大阪近来饱受热岛效应的侵扰，为了恢复原有的小气候，当地政府还制定了“绿色政策”，大阪中央体育馆面积只有 450 m^2，由于受到其他政策的限制，在对体育馆的建筑设计上，将地下空间利用起来。构思出将体育馆隐身于都市公园的种植屋面的想法。

主竞技场屋顶直径 110 m，上面建造一座高 25 m 的绿色人造山丘覆以 1 m 厚的土层，种植着多种植物和花卉，为城市和街区创造了动人的中心。由此自然被保留于屋顶上，与公园的景色保持一致，表现了绿色的地方景观新标志（图 6-10）。根据实测，该种植屋面不仅对室外微气候改善有所贡献，对室内热稳定性也是功不可没的（图 6-11）。

由于体育馆大半建筑埋于地下，内部很少受夏季的影响，充分利用了地下特有的恒温性、保温性，节省热能，具有生态意义。

柏林奥林匹克室内赛车场和游泳馆位于城市中心区，在设计时将这两个场馆全部下沉 17 m，高出地面仅 1 m，除了在比赛厅顶部覆盖金属屋面板外，其余均覆土种植屋面。这种别出心裁的建筑设计不仅没有对环境带来负作用。其大尺度的绿色开放空间，还成为富有魅力的新城市景观。

地下建筑的最大优点是其室内温度比较稳定。根据检测发现，地面以下 2 m 时，在一年的时期里，还可有 12℃左右的年平均温度之差；当深入地面以下 8 m 左右时，其温度能在一年中基本保持不变(图 6-12)。建筑也因为有土壤的覆盖，避免受到外界温度的影响。

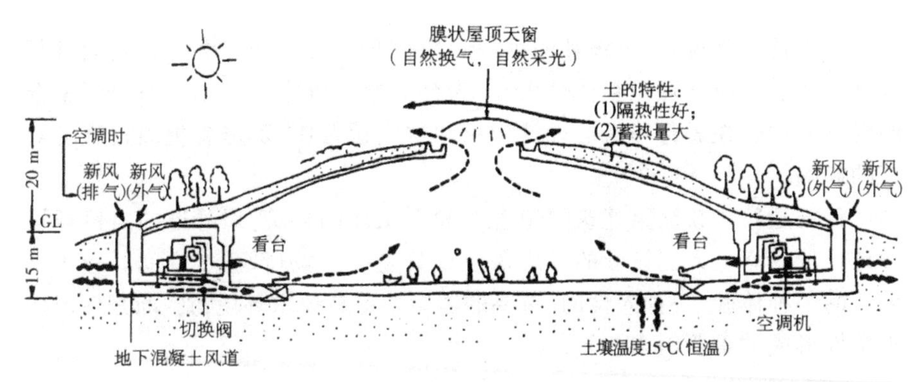

图 6-10

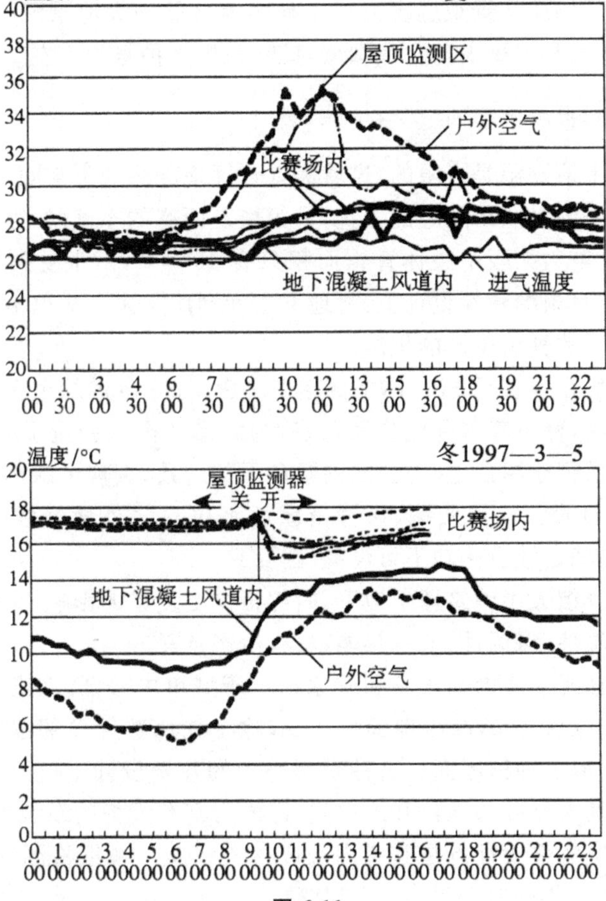

图 6-11

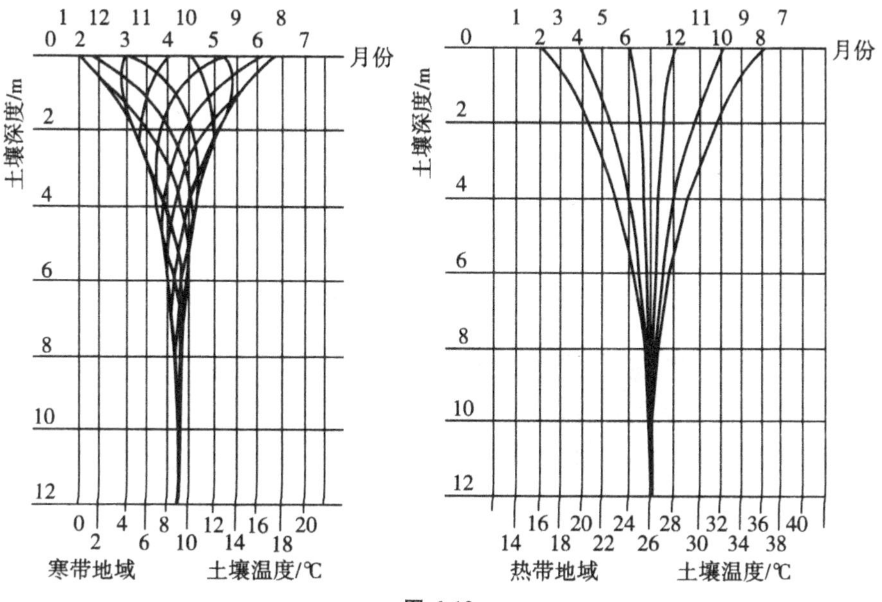

图 6-12

2. 体量的部分下沉

覆土建筑遵循了特定气候、特定地理条件的规律，是对环境保持最大的尊重，还能有效解决能源危机。

大型体育场馆不仅极具表现力，还能弥补城市环境的空白处，所以在进行设计时，不仅要遵循环境的特点，还要努力创造自身的环境。

3. 柔性边界的同化消隐

巴黎贝西体育馆（图 6-13）在建筑设计中，除了屋顶构架和玻璃天窗外，其他立面全部被覆土并植草，天衣无缝地与体育馆前的大草坪融合在一起。

该馆在设计时，就突出了设计者的精妙构思，不仅能与环境有机和谐地相处，而且尽可能地保留环境中原有的植被。在建筑基部常见一两棵法桐穿越通风口的遮盖板，枝叶繁茂地生长着，洋溢着勃勃生气。

（二）设计与环境气候深度协调

气候也是影响建筑生态性能和建筑形态的因素之一，虽然可以通过设备对建筑环境进行控制，但是，为了更好地凸显生态理念，根据当地的气候规律进行建筑设计，在一定程度上可以减少建筑能耗。

位于多雪区域的建筑馆，可以采用V形褶的双层膜结构屋面造型，避免屋面积雪，这种结构还使雪易于下滑。图6-14所示为日本札幌的某个建筑体，根据当地夏季主导风向(东南—西北)设换气窗，下部进风，上部天窗排风。模拟计算结果室内比室外高2℃，经运行一年实测，据居留区域1 m处温度与室外温度相近。

图 6-13

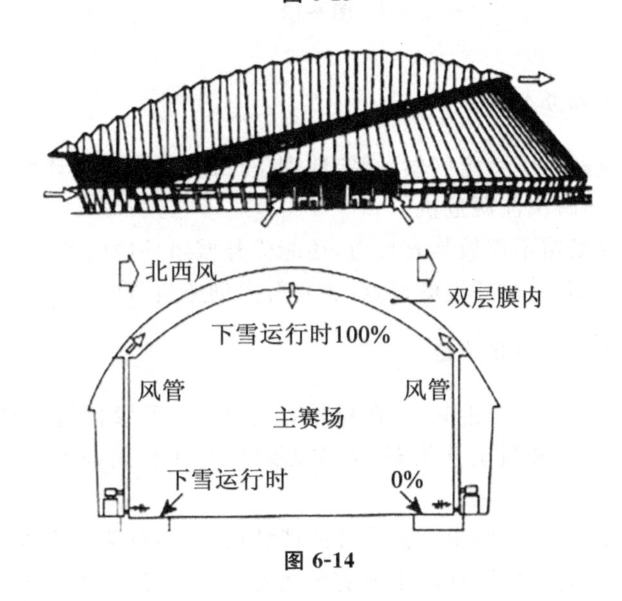

图 6-14

总的来说，环境也能为建筑师提供构思灵感，建筑师既要把握好实际场址地形地貌，又要对适宜的气候做深入了解，这样才能设计出最佳的具有生态理念的建筑。

二、集约的有机建筑体形

传统公共建筑体形设计仅满足于从无到有的飞跃，却忽视了空间景观创造、运营生态、适宜优化等多元化的需要。因此，生态化建筑体形设计应统筹"上下、左右、前后"多维文脉的全面关照。

所谓"上下"，即对场址与气候的积极应答，所谓"左右"，就是对周围自然环境的融合考虑，所谓"前后"，意即对历史环境的协调呼应，而非只是解决重力问题的单向思维。

（一）建筑体形的适宜化

传统建筑的活动区域恰好集中于底部，而上部多为非使用功能的视觉空间，在量的要求上具有一定的弹性，可多可少，对其形态也无硬性规定，可方可圆。这就使千篇一律的六面体空间失去功能本体内容支持的合理性，而建筑的多功能通用性和兼容性使其可能具有一种空间原型，即视觉空间的通约化结果。

正是这种空间原型的存在及其对功能的适应性，才给了基于环境影响的建筑体形创作巨大的灵活性。

（二）建筑体形的环境优化

1.基于空间几何学的体形系数优化

体形是建筑作为实物存在必不可少的直接形象和形状，所包容的空间是功能的载体，除满足一定文化背景的美学要求外，其丰富的内涵令建筑师神往，是反映建筑类型、特征、性质、风格、科技水平和社会背景等的标志。它是根据内部功能、用地条件、环境关系等来决定的。

从建筑节能角度出发，单位面积对应的外表面积越小，外围护结构的热损失越小，这一特性可用体形系数来描述，因此将体形系数控制在一个较低的水平是其气候优化原则的重中之重。

建筑的热得失受室外综合温度影响。所谓室外综合温度是由太阳辐射所产生的当量温度和室外气温之和，也即建筑受太阳辐射和室外气温两个热源的共同作用。气温对任何朝向的影响都是相同的，但太阳辐射热的影响就不同了。图 6-15 所示为在南方夏季时对各朝向面接受太阳辐射的强度实测结果。

同样体积的不同形体，以球体的表面积最小，而立方体、长方体的体形系数渐次增大。

大跨平面结构的强度、刚度方面的劣势也使六面体在空间中作为不大，因此建筑大多采用空间曲面屋顶，特别是屋顶与墙体一气呵成的一体化形式备受青睐，并且在平面布局外形不宜凹凸太多，尽可能力求完整，以避免因凹凸形成外墙面积大而提高体形系数。

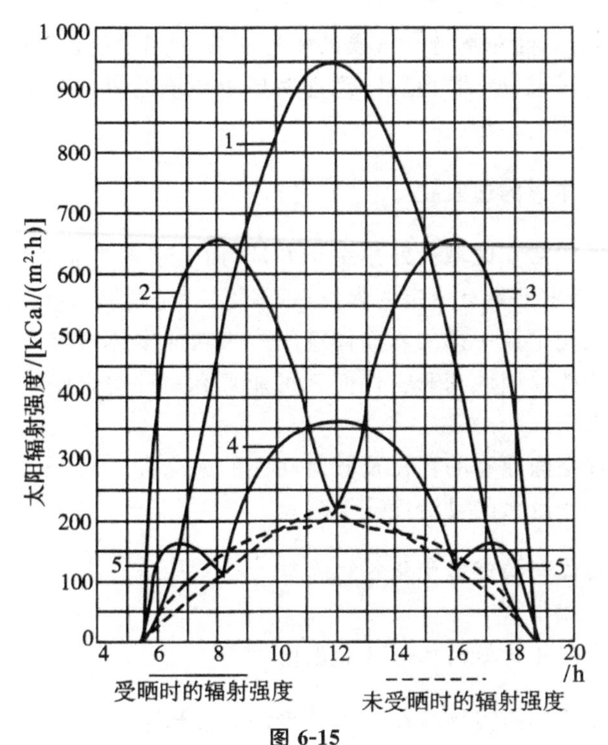

图 6-15

1—水平面；2—东向垂直面；3—西向垂直面；

4—南向垂直面；5—北向垂直面

圆形平面的名古屋穹顶、椭圆形平面的黑龙江速滑馆（图 6-16）等都选用简洁大气的空间曲面体形，其目的就是要减小体形系数。当然体形系数过小，将制约建筑师的创造性，使建筑造型呆板，平面布局困难。因此设计中应权衡利弊，兼顾造型原则，尽量控制体形系数。

图 6-16

2.基于空气动力学的有机流线化

由于一般建筑基地相对开敞，环境的风流场就决定了建筑体形，建筑迎风面受压力作用为正值。非流线型建筑物，背风面、侧面和屋面角都会产生一定的旋涡，从而引起吸力，为负值。在边界层风作用下，对钝体建筑物正面，气流对该表面有向下流的趋势，而且绕两侧和顶面流动，大约在建筑物2/3高度处，气流有一正面停滞点。气流从该停滞点向外辐射扩散：在该点以上，流动上升并越过建筑物顶面；在该点以下，流动向下并流向地面；在该区域，其动能比同一水平高度的气流大，因此它可以呈现反风向流动，能量逐渐损失直至在地面分离点处于静止。

建筑生态化设计的新内容是大自然的法则将决定其形状和运营，并更为确切地将其流程具体化，如能量的流程、空气的流程、光线的流程、水的流程等。这标志着建筑师对非固定形态的建筑隐性要素如气流、能流的态度发生了变化，从简单几何学的生硬规定到复杂形态。

大阪关西空港航站楼设计基于人工岛选址中经常性的台风，采用了“几何轨迹论”，建筑造型主要是根据气体流动动力学的研究成果而来的，其流线型体形是对外部风流场的本体应答，同时也是候机厅空调气流轨迹的直观映象。

气流的自然流动规律决定了空间形式，四层空间结构、室内景观以及机械系统整合而成的开放式管道的使用保持新风的分布是均匀的，其高度由烟气储藏所需要的空间来决定，因此确定了从位于空间一侧高处的喷口出来的新风穿过空间的准确路径，其空间形态就水到渠成，而且使建筑内外有机一体。其气流分布及温度场计算机辅助数值模拟验证了方案的合理性和可行性(图6-17)。航站楼有机浪漫的体形却是空气动力学与现场环境的理性演绎的结果，其能量随着建筑形式而流动，建筑形式随能量流动的需要而改变。通过这个设计可以看出结构体形设计的原动力来自空气流程的路径。

由于建筑物与周边环境的关系只能基于其实际环境状况来评估，因此并不存在可重复使用的种类或通用的结构体系。

札幌穹顶的巨型银灰色穹隆形屋顶特征明显，就像一个漂浮在空气中的巨形“气泡”，或一颗静卧在大地上的巨型水滴，简洁流畅的体形与北海道广袤的地域景观十分相宜。

利用空气动力学原理，其流质塑性的穹顶形状通过计算机及实物模型风洞试验而确定，屋面设计成可防屋面积雪、减少风力影响并适应棒球飞行轨迹的抛物曲面造型，冬季的主导风被流线型穹顶引走，从而减少了寒气对室内环境的不利影响和供暖能耗(图6-18)。

C部的中型喷口（SP6）的送风气流（6.0 m/s17°C）也立即降速并流向回风口（EX3）方向，这股气流一部分由玻璃面加热后沿壁面上升，流入B部

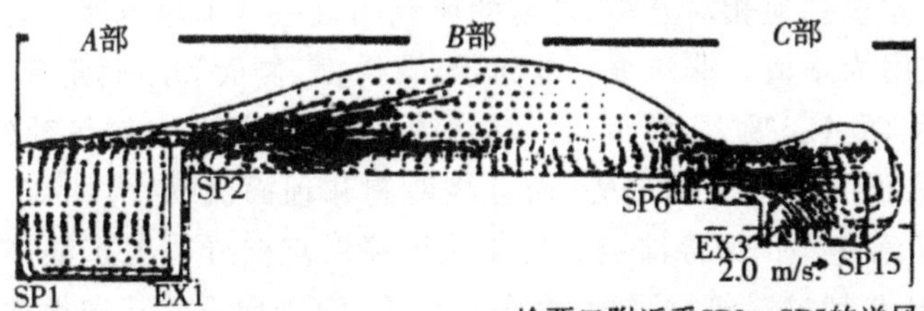

B部大型喷口（SP2）的送风气流（5.9 m/s17°C），受空气密度的影响，急速下降

检票口附近受SP3、SP5的送风气流影响形成冷空气团块，SP2的送风气流沿此冷空气团块流动

A部的其他部分也同样形成了温度分层现象

C部的吊顶的附近形成较强的温度分层，空气基本不流动

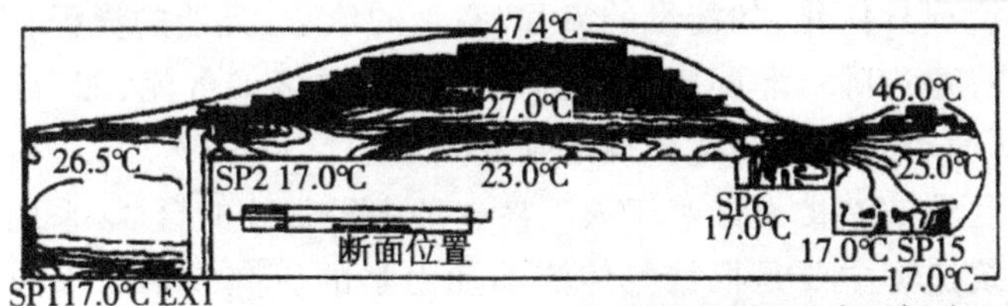

在B部吊顶附近的高温部（47.4°C）至地板附近的低温部（23°C）的等温线基本沿水平方向分布，形成了大空间特有的温度分层现象

图 6-17

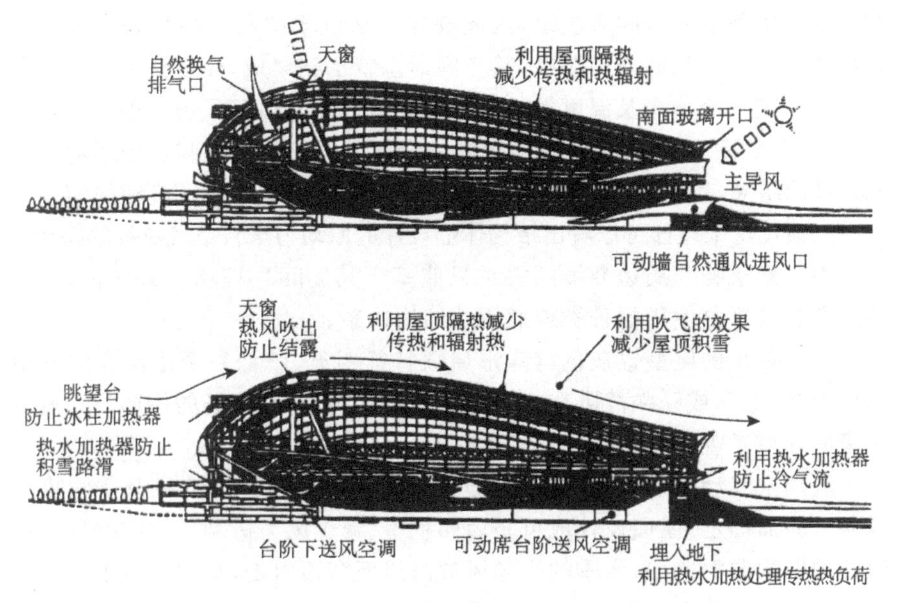

图 6-18

当然除了气候作用以外，场址现状干扰对建筑体形也能产生较大的影响。只是良好的建筑形态能使室内物理环境接近生态要求，降低了通过设备对环境的修正量，从而达到生态高效的目的。

（三）建筑体形的主题景观创造

自然形态无疑是生态的形态，其深层的内在和谐绝非人工形式轻易所能达到。自现代主义建筑以来，所谓建筑形式的"理性"往往与其视觉可认知的规律性紧密联系，然而很多高效生态的方式在人们看来并不符合视觉的审美习惯，因为生态和效率是事物与环境之间深层的和谐关系，而不是表面的现象。

这就给建筑师的主题发挥留有余地，反过来主体的创作也给中规中矩的建筑景观平添了几分韵味。西班牙坎那瑞岛的特尼瑞夫会展中心建筑的各部分唤起肋骨、翅膀、嘴巴的意蕴，整体上勾起在海边休息的海鸟的意象。

诚如密斯所说："形式不是设计的目的，形式只是设计的结局。"建筑师用正确的方法通过合理的途径达到优异的成果是水到渠成的事。只有返回最基本的完美性，真理和美才能满足。

三、理性高效的结构优化

（一）结构与空间形式一体的真实建筑观

建筑设计就是驾驭材料结构组织空间的过程，材料与结构形式的水乳交融是优秀建筑的必要条件，二者相互缠绕交织在一起而不能孤立地存在。

结构是空间建筑的首要基础，材料结构是分类中实在美的典型，充分发挥材料性能的结构形式或说材料的最佳技术形态是建筑造型与空间构思的主要根据。真正的形式与功能、材料结构本体不是两张皮的剥离关系，形式不是肤浅的，结构也不是封闭的，而是相互依存、浑然一体的。

由此，建筑师的结构思维对于建筑生态化设计而言至关重要。所谓结构思维，即以开放的结构视角思考建筑设计，通过全面地确定合理的材料结构形态，寻求结构与建筑的统一，形成结构因形式而精美，形式因结构而有力的良性互动状态。

（二）基于全寿命周期原则的结构选择

建筑材料先天决定了建成效果的基调，又关系到环境负荷的大小，因此应首先从全寿命周期原则出发进行筛选。以一般的经济概念衡量，钢筋混凝土结构比钢结构更经济，有更好的适应性及耐用性，但从节能和环保角度考虑，钢结构比钢筋混凝土结构总能源消耗量和排放量分别少 25% 和 40%，而且使用寿命结束后，钢材还能再循环利用，具有更大的生态优势，因此设计中应优先应用钢结构。

（三）基于“奥卡姆剃刀”原则的结构优化

“奥卡姆剃刀”原则是“如无必要，勿增实体”，节约高效是生态学原理的核心，“最美的形式也是最经济的形式”，对于材料结构也如此，这里的“经济”即简洁、合理，符合科学。

建筑师运用结构的艺术可分为三个层次：第一层次表现为“无知者无畏”，第二层次表现为“有知者有畏”，第三层次表现为“艺高人胆大”。建筑师应在不断增强结构意识的同时，不落窠臼地自主创造，结构规律并非僵死的知识，而需在实践中活学活用并寻求超越。

1. 整体构成层面的材料结构优化

在建筑创作中，取决于不变的物理法则的因素正变得越来越重要。结构技术的演进及其对建筑形式的影响所带来的“冲击力”毕竟要大于因循守旧的陨性力，通过壳体结构材料用量的比较，可以看出结构技术进步对建筑的巨大影响。

结构的正确性与功能和经济的真实性一样，是形成建筑令人信服的美学价值的充分必要条件。建筑创新往往与非常规结构的非线性设计相关，建筑师和工程师必须充分认识其非线性机理，才能防患于未然。

结构的正确性是一种重力的传承关系，在这种传承关系中，结构材料的效能得到了最大的发挥。当然，每一种结构体系都有其不足之处，因此优势互补的杂交结构体系应运而生，如索与桁架结合的索桁架或张弦梁，索与膜结合的索膜结构等，都对材料结构的优化大有裨益。

2. 索膜结构体系

索膜结构体系是节约结构用材的一种典型，它通过由骨架与覆盖其上的膜体共同组成的预张力的空间整体结构，将结构与建筑围合部分结为一体，最大限度地发挥了膜材料的承载能力，大大提高了结构力学效率，并且创造出一种既飘逸自然又刚劲有力的动人建筑形式，成为“形是力的图解”的最佳注脚。

索膜结构体系具有易建、易拆、易搬迁、易更新，充分利用阳光、空气及与自然环境融合等特长。1967 年蒙特利尔博览会的德国馆第一次成功地运用了索膜结构。丹佛国际机场航站楼(图 6-19)屋盖就采用了 17 对张拉式帐篷膜单元,篷膜材为双层,间距 60 cm。具有良好的抵御灾害和生态适应能力。

图 6-19

3.索穹顶结构体系

索穹顶结构是由拉索和压杆及膜组成的自应力空间结构体系,具有受力合理、自重轻、跨度大和结构形式美观、新颖等特点,是一种结构效率极高的全张力体系。索穹顶结构适合于大跨度建筑的屋盖,能满足体育场馆和展览厅等大跨度建筑的要求,有广阔的应用和发展前景。

4.攀达穹顶结构体系

攀达穹顶结构法并非只是一种施工方法,而是一种合理地选择施工方法的结构体系。其优势在于:①能大幅度提高施工精度、安全性和效率。②易于控制。③这种结构方法可用于多种可能的平面形状和穹顶形式,而且穹顶的规模越大其效果越显著。④可以抵抗风、地震等水平荷载的作用,而不必再增加稳定索或支撑杆件等其他保证稳定的措施。

圣乔地体育馆是为巴塞罗那奥运会而建的。在设计之初就考虑了利用攀达穹顶结构法以简化施工作业,提高效率,并从这种结构的技术特点和要求考虑建筑布局与造型(图 6-20)。按攀达穹顶原理把网壳分为五个部分,中央为双曲扁壳,周圈为四片弯曲的筒壳,整体形成微微起伏的外轮廓,与所在山坡相呼应。拱起的屋盖在建筑立面上占据了主导地位,五块屋盖单元之间的连接部分处理成天窗,用于采光通风,形成的光影效果和质地变化清楚地表达了屋盖的结构逻辑和攀达穹顶顶升过程中的运动状态。

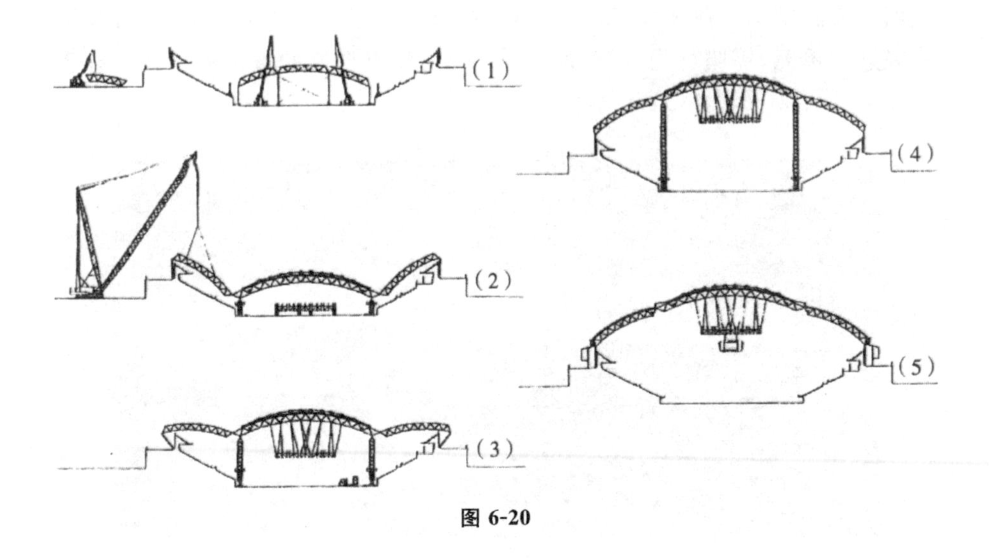

图 6-20

5.轴力穹顶结构体系

轴力穹顶结构大大优化了传统的网架结构形式，并且是一种不同大小、形状都可以适用的专利技术，是早稻田大学松井源吾教授的研究成果。通过用同一构件，同一接缝进行的单纯加工，可以很方便地组装或解体钢构架。

北九州岛梅迪亚穹顶体育馆采用了轴力穹顶结构，为了确保屋面刚性，分散轴向力，网格桁架采用了梁高 3 m 的双层桁架，上弦材相对于下弦材做 45°转角，起到支撑的效果(图 6-21)。与其他有代表性的穹顶相比，重量约减轻 20%左右，并缩短了工期，可谓一举多得。

图 6-21

(四)细部处理层面的材料结构优化

在计算机出现之前,类似的自由形式的设计和表达是极其困难的,形式设计的简化单调也就无法苛责。传统上简洁的结构与空间往往是不得已的选择,绝非不可动摇的建筑模式。由计算机开发出的数字式理性概念改善着人们的思维取向,理性思维已由原来生硬的形象变得有机化并接近于"自然思维",这给建筑表达带来了新的契机,追求理性的结构表达已不再给人以机械式的冰冷的印象,它正在成为建筑多元文化中一种自然的表达。

这种微妙的平衡将传统的空间概念和这个科学时代相结合,拓展了建筑文化的范围,也给建筑空间艺术打上了时代的烙印。圣地亚歌·卡拉特拉瓦把细部构造潜能挖掘到极致,其构件形态、节点构造独具个性,在解决工程问题的同时也塑造了形态特征,如组合梁、折叠门、人形柱、倾斜拱等,其构件均为变截面形,我们仿佛看到力量在构件节点间的流动和传递。

(五)基于真实表达天性质感的材料优化

材料真实性表达,即表现材质本身的美,而不使用附加装饰,材料质感由材料自身及材料加工工艺决定。艺术的潜力总是要借助于技术的方法来展现。随着材料技术的发展,受性能缺陷困扰的传统天然材料纷纷获得了新生。

集成材料有许多优点:首先,能够保证施工后构件尺寸和形状的稳定。其次,能够有效地避免自然木材的个体偏差,具有相对均匀的结构强度,并达到防腐、防火的要求。最后,使得木造建筑设计成为可能。

大馆穹顶就是采用三维桁架并以集成材作为主要结构支撑体,集成材构件之间插入钢板进行连接,以保证节点的强度(图 6-22)。有别于常见的钢结构体育馆,让人在巨型空间中也能领略到木材带来的宜人感受。

图 6-22

从功能的角度来看，各层位序对表皮综合性能的优劣具有关键作用。各层构件系统的位置不仅作用于其本身的功能效用，而且还会影响相邻构件系统功能的发挥。建筑材料能在视觉上表现天然质感，其表现效果一方面来自材料本身的特征，另一方面来自建筑师对其合理的运用和控制。

生态时代在计算机辅助设计和制造的帮助下，遵循结构规律和生态法则的材料结构优化使其效能大幅度提高，建筑也因此重新获得了形而下的真实。

四、缓冲气候的开放生态界面

气候相对严酷是不争的事实，这对于建筑室内自由气候控制非常不利，采暖和制冷的能耗在我国的建筑使用能耗中占相当大的比重。因此，如何在内外环境之间求得协调稳定的平衡是生态建筑设计的关键。

气候设计是解决室外气候和室内适用环境之间的“偏差”的设计过程，其调控手段分为建筑气候控制和环境设计控制。其目标是创造出低能耗高舒适建筑，图 6-23 表示了建筑设计手段调节室外气候并获得舒适的潜力，波动幅度最大的曲线代表了室外气候，第二条曲线代表了通过室外环境规划使室外气候波动程度有一定的降低，第三条曲线代表了建筑的被动式技术控制气候的能力，室外气候的波动程度有了进一步的降低，横坐标轴表示了设备调控下的室内微气候环境，是一条稳定的直线。可以看出，由于建筑的调控措施而减少了设备部分需要调节的那部分偏差。

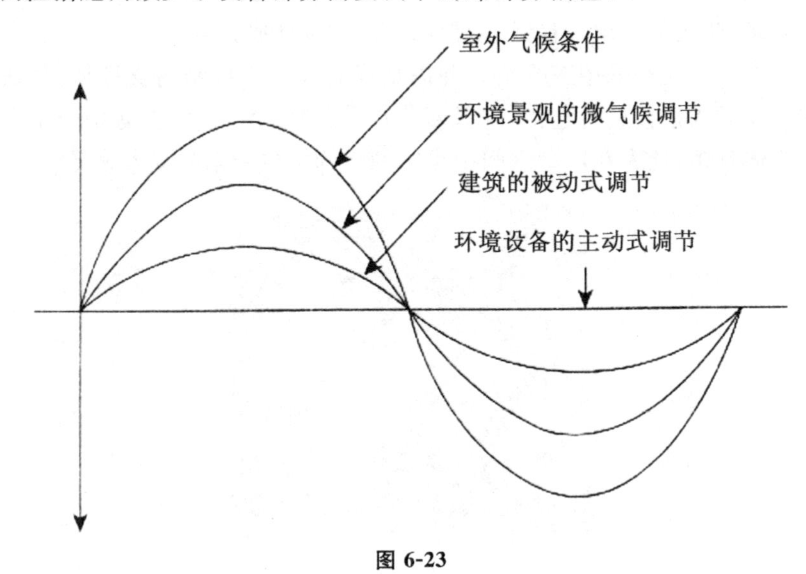

图 6-23

从生态角度看，充分利用建筑气候调节能力获得适用环境的被动式设计方法无疑更加具有建设性。

五、多功能复合的建筑构造

在前科学时代，实践、技术和科学之间的主导作用传递模式可概括为：实践—技术—科学，建筑科学主要产生于人们对技术经验的归纳和总结。而工业技术社会时期，三者之间的主导传递模式可概括为：科学—技术—建筑。建筑构件均起因于某种具体实在的功能，随着科技的进步，建筑构件通过功能的分化与整合，升级为集多功能于一体的有机单元。

窗户是建筑界面中热工性能最薄弱的环节，一方面要保持室内适用的气候，避免夏季室内过热和眩光的始作俑者——过量阳光的不利干扰；另一方面又要充分利用太阳能、空气等自然资源，在这两者之间的取舍关涉到生态设计的合理性问题。对此建筑设计有两种方法，即遮阳策略和光电策略。

（一）遮阳策略

遮阳设施可分为以下四类。

(1)绿化遮阳。这种遮阳方式比较经济实惠，可根据窗口位置，利用太阳方位角和高度角来选择栽种植物的种类和数量。

(2)根据建筑构件遮阳。这种遮阳方式比较死板，不能随气候变化。

(3)专门设置的遮阳。这种遮阳有多种方式，可以采用混凝土遮阳板固定死的遮阳。也可选择铝合金、工程塑料、玻璃等轻质遮阳板等材料，随着时间和气象变化可拆卸的活动式遮阳。板状遮阳的方式有四种，分别为水平式、垂直式、综合式和挡板式。

(4)各种热反射玻璃如镀膜玻璃、阳光控制膜、低发射率膜玻璃等。

一般而言，在阳光尚未进入室内之前就能进行阻挡对于遮阳节能最有效。将遮阳板(百叶)置于室外的效果明显优于室内，这与遮阳板通风散热有关，垂直悬挂的遮阳百叶，当采用外遮阳，约 30%热量进入室内，而采用内遮阳时提高到 60%。同时，其形式处理可极大丰富建筑立面形态。

（二）太阳能利用的建筑一体化策略

诚然遮阳策略可以解决建筑适用问题，不过从更高的角度讲，它却把大量的太阳能拒之门外，无疑是一种浪费，因此对这部分能量的利用将有助于积极拓展生态设计的内涵深度。

太阳能利用的建筑一体化策略包含光热和建筑光电一体式系统。其中光热一体式系统又包含有空气集热系统、热水系统；建筑光电一体式系统又包括光电玻璃窗系统、光电遮阳板系统、光电屋顶系统。

综上所述，通过遮阳策略和太阳能利用的建筑一体化策略，既能使建筑获得适用的空间环境，又能节约能源，同时，还能主动地产生能源，意义非凡。

第三节　功能结合生态的创作策略

当代建筑正处于以数量扩张为特征的粗放型增长向以效益提高为特征的集约型增长的转型期，传统型建筑发展的瓶颈在于运行成本、环境品质及经济外部性之间的死结。

尽管由于建筑设计的复杂性，对方案阶段节能措施的规范具有相当难度，2005 年实施的《公共建筑节能设计标准》中将节能重点仍放在构造设计阶段，但这并不意味着构造设计可以取代整体生态构思，建筑师构思优化的不作为在一定程度上导致了非生态建筑与节能墙体的综合怪胎的出现。

因此，如何把演绎规律与创造个性辩证地统一起来，是建筑生态化设计的精髓。本节拟从城市总体功能布局、功能可持续、功能高效性三个角度阐述“内容结合生态”的功能完善策略，这也正是建筑生态化设计的关键所在。

一、从城市总体功能布局出发

在城市营销策略中，节事是其中重要的一环。节事可以成为城市连续发展过程中的一个组成部分，在时间上具有持久性，激发并带动城市建设。

根据建筑的选址地段不同、建筑位置不同，可以将公共建筑分为城市中心型、城郊结合型、郊野型三种。注意的是，这三种分类在动态变化中具有相对意义，动态变化也是由最初的城郊结合部变化发展为市区，接下来，则着重根据选址时的相对状态角度来进行分类。

（一）城市中心型

在建筑选址于城市中心区时，会有以下几个优势。

（1）城市的基础设施建设得非常完备。

（2）具有快捷便利的环境交通。

（3）功能辐射范围广阔。

(4)能很快地发挥出效益。

此外,城市中心型也具有一些缺陷,比如,周围限定条件多,发展空间有限。早期选址一般以城市中心为佳,这类建筑以法兰克福、科隆和斯图加特会展中心及娱乐体育建筑为代表。

(二)城郊结合型

对于公共建筑来说,城郊结合型的地段是非常理想的模式,既有发展得比较成熟的市政设施和交通条件,又有宽广腹地和机会来整合城市空间、促动地区繁荣。

城郊结合类型更为开放自由,少了很多制约。比如德国汉诺威会展中心,其拥有近 47 万 m^2 的展览面积,俨然是个小城市的规模(图 6-24)。通过 2000 年世界博览会的机会,改造扩建了部分场馆,进一步加强了其会展城市的功能。

图 6-24

(三)郊野型

通过对以上两种类型的比较,无论是城市中心型,还是城郊结合型,在选址上,或多或少都对建筑的发展有一定制约。还有一种类型,更为自由开放——郊野型。它近乎一张白纸,能提供前所未有的自由发展平台。而且,郊区的自然条件可以为建筑提供良好的景观环境。

符合郊野型的建筑,通常以会展中心、体育中心、机场航站楼为代表。新建会展中心多靠近高速公路,一般距市中心 10 km 左右。

比如,上海浦东机场选址时,从空域情况看,为保证两个机场的顺利运行,相邻的两个机场之间间距必须在 30 km 以上,因此在浦西选址非常困难。从社会和经济发展布局来看，即使不考虑浦东的开发，选址在上海西部从空域、公共设施、地面交通的保证、客货流的组织都不合理。

因此新机场选在广阔的尚未城市化的浦东新区顺理成章(图 6-25)。通过对沿海滩涂的过境候鸟进行“驱引结合”的生态规划，避免了鸟类的飞行干扰，保证了鸟类的生态安全，圆满地解决了鸟类影响飞行安全的问题，做到了工程建设与环境保护相协调。

图 6-25

当然，这三种选址都各有优缺点，当遇到不可预知的因素时，也有可能造成不同的结果。因此，建筑师在实际策划和选址操作中，应多进行实地考察，根据实际情况综合权衡，为建筑生态化设计奠定良好的基础。

二、从功能可持续出发

(一)从功能可持续出发策划“生态位”

1.“生态位”原理

“生态位”这一概念最早是由美国学者葛瑞里尔在 1917 年时就提出的观点。苏联生态学家高斯 1934 年根据生态位现象提出生态学竞争排斥法则：“当两个物种利用同一种资源和空间时产生种间竞争，两个物种越相似，其生态位重叠越多，种间竞争也就越激烈，结果将可能导致某一种物种灭亡，但只有在外力介入或新物种进入的情况下才可能发生，而更多的情况是通过自然选择使生态位分化从而消除生态位重叠得以共存。”①所以，要使

① 史立刚，等.建筑生态设计[M].北京：中国建筑工业出版社，2009：93.

两物种的生态位接近，可以采取种内竞争的方法。而种间竞争又促使两物种生态位分离。

生态位的多层次化可以保持生物群落结构相对稳定，建筑生态位策略的核心是错位竞争，其具体内容体现在以下两个方面。

(1)寻找城市生态位。原始生态位也称虚生态位或竞争前生态位，是指生态环境的竞争尚未形成。没有形成竞争的市场空间比较大，导致生态环境也很宽松。因此，拥有原始生态位的公共建筑就能率先占领市场，从一个稳定的生存环境中获取利益。

(2)应时之需是生态位功能策划最主要的策略，根据不同功能建立各自的功能网络体系，这样才能更直观便捷地确定建设项目所处的层级、规模和基调。

2. 错开生态位

采取生态位策略最主要的目的是避免市场恶性竞争，具体表现在两个方面：一方面能帮助经营者掌控城市全局动态，开发市场；另一方面对建筑结构和资源进行调整，使建筑的功能有一个良性循环。

(二)公共建筑的"生态位"策划

公共建筑是城市生活的枢纽节点，可以对建筑的功能进行深入研究，成为经济发展中最重要的力量。在保证主体功能最大限度地满足，适度开发出与其相辅相成的良性功能结构，根据角色地位可定性地划分为功能主导型、功能互动型和功能从属型三种模式(图 6-26)。

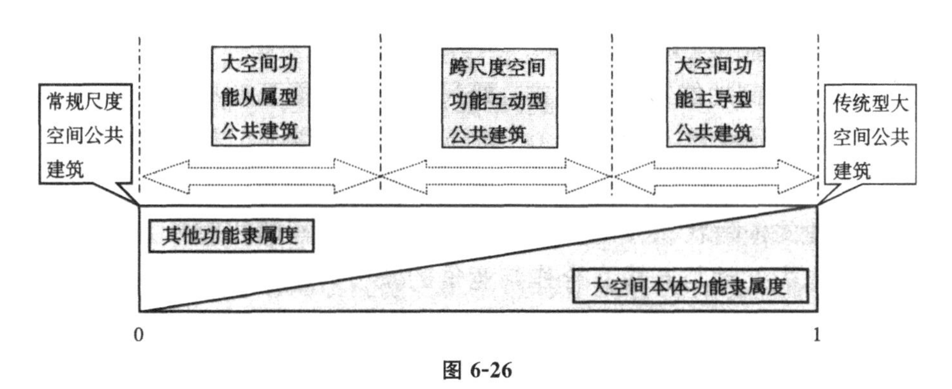

图 6-26

1. 大空间功能主导型模式

在功能体系中处于绝对主导地位的是功能内容，它还能带动辅助功能发展。只是传统型空间的辅助功能很弱，主体功能隶属度接近，属于功能主导型的极端典型。

根据这些特点，建筑师应从专业角度出发，提高功能结构的多元化程度，并将与体育、商业等具有展览功能兼容的空间单元集中起来，分散互补的如住宿、会议等互补空间单元。

2. 跨尺度空间功能互动型模式

跨尺度空间功能互动型模式是指建筑的功能与其他功能之间的影响作用是一致的，二者既能保持平行，又能相互作用促成完整的整体。

功能互动型的空间类型包括休闲体育中心和娱乐体育公园。比如，英国建筑师罗德斯瑞德的“2020 赛场”构想（图 6-27）。他意在重新激发城市活力的主要体育和休闲设施，在旧城区中建造一个重要的实体，可以一天 24 小时进行活动，通过休闲、娱乐设施，附属的居住、旅馆、办公等设施，对城市原有的结构设施进行补充，形成一个综合性性能强的城市活动空间。

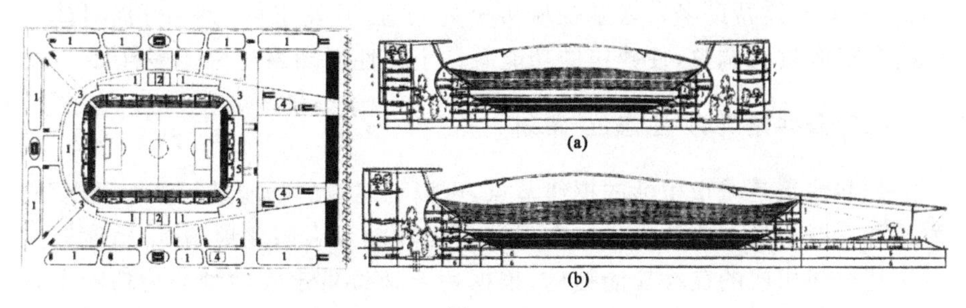

图 6-27

(a)横剖面：1—大厅；2—包厢；3—俱乐部；4—办公；5—出租；6—健身中心；7—住宅；
(b)纵剖面：1—大厅；2—包厢；3—俱乐部；4—宴会厅；5—出租；6—停车

3. 大空间功能从属型模式

当进一步提高了功能结构集约程度，空间的本体功能就只是一个普通部分，空间的其他功能却有可能超越本体功能，这种情况也被称为空间功能从属型模式。

典型代表就是机场航站楼。航站楼是机场的一个主要环节，机场的声誉取决于航站楼的质量，不仅包括建筑外观，还有其功能满意度。

同传统的机场相比，现代机场不仅仅是一个大型的、综合的交通枢纽，可以自由换乘小汽车、公车、铁路、地铁和飞机的地方（图 6-28）。还具备各种休闲娱乐功能。事实上，这种在现代机场交通系统中的多样化，会使很多经过和换乘的旅客不再意识到他们是在使用机场。

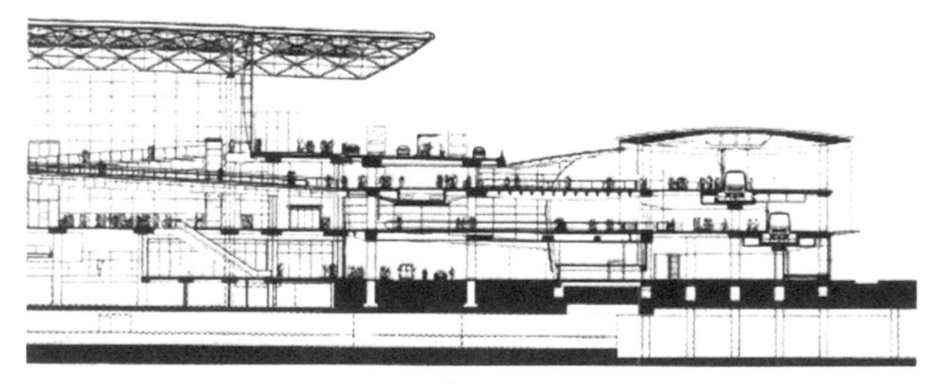

图 6-28

综上所述，建筑师应依据生态位原理，通过寻找原始生态位和错开生态位使得空间之间进行良性的错位竞争寻求共存。在此基础上，通过多元功能的优化组合形成集约程度各异的公共建筑。

三、从功能高效性出发

作为一种产品，建筑的功能效益是其终极目的，生态设计的主旨就是将其功能效益最大化。传统型建筑大多功能结构单一，造成"功能特化"现象，空间效益低下。

事实上由于空间尺度大，建筑具备容纳各种公共活动的空间框架，功能的兼容性优势顺理成章，即使当本体功能实在难以为继时，为了延续生命力而进行的彻底空间改造利用也有先天优势，如巴黎奥尔塞艺术博物馆就是由 1900 年建成的奥尔塞火车站改造而成的，蒙特利尔奥运会自行车馆则在赛后成功地转型为生态博物馆。

由于各种专业活动工艺要求的差异使其在空间形态、尺度、流线、品质方面需求不尽相同，为了高标准地满足各种功能需要，除了在空间尺度方面做好统筹整合设计外，对各种活动建筑界面、活动设施的考虑也不可或缺。

（一）多功能灵活一体化整合

基于提高空间使用效率与经济效益、社会效益的初衷，建筑的多功能灵活整合可谓适需对路且生态意义颇为显著，既避免了大量社会空间资源的闲置，又在一定程度上满足了不断增长的社会经济需求。

建筑多功能灵活整合设计的潜质突出，其功能适应性包括主体空间的多功能灵活整合与辅助空间的多元复合两方面。

1. 主体空间的多功能灵活整合

主体空间的多功能灵活整合应解决好功能的合理组合和优化综合布局。在功能合理组合层面,应注意各功能种类之间的相近或相通的职能关系,如体育与文艺演出、展览、会议之间的共通互融关系促成了这几种功能的整合设计。空间的灵活性为迅速地改造和恢复创造了条件。

2000 年悉尼奥运会充分利用现有设施经过改造用作比赛场馆。在达令港利用悉尼展览中心展厅改造成摔跤、举重、击剑等比赛场地,在奥林匹克公园则利用皇家农业协会的展馆改造成篮球、手球、排球、羽毛球等比赛场,赛后所有设施均可恢复原有功能的使用。灵活空间设计保证了空间的共性,稍加改造即可共同使用,大大发挥了空间效益,资源得到了合理的利用。在优化综合布局层面,应以不同项目的工艺需求为基准,如梅季魁教授提出的多功能Ⅰ型场地和多功能Ⅱ型场地及后来的 45 m×75 m 场地,都是在综合了篮球、排球、手球、羽毛球、网球、乒乓球、搭台体操等体育项目和不同展览项目的场地需求后而进行的理论升华。

在广东外语外贸大学体育馆(图 6-29)设计中,我们结合高校体育馆的使用特点,又在 40 m×50 m 场地基础上,打破体育馆座席周圈布置的传统思维,开放一面看台与训练场连通,将舞台与训练场整合设计,取得了多功能灵活设计质的提高。

图 6-29

原先体育场馆举行会议、演出时将舞台置于中间场地多是无奈之举,而且还牺牲了至少一面看台的视觉质量,而这种将观演与体育功能深度整合的设计思想则既解放了一面看台的空间资源,又提高了空间综合品质和效益,可谓两全其美,因此值得在高校体育馆实践中推广。

2.辅助空间的多元复合

建筑的辅助空间同样也面临着功能结构单一而低效的弊病，同时对城市空间也是消极的因素，其超人的尺度和令人禁欲的空间界面破坏了城市生活和结构肌理连续性。为此应利用各功能之间的互补机制，开放性地引入异质因素形成趋于自足的多元复合结构。

体育、展览、机场逐步走向大众化必将使建筑的社会化、市场化运作问题日趋严峻。纪念性与娱乐性、专业性与商业性之间并非如表面看似的那样风马牛不相及，在商业化生存的语境中，专业本体功能与商业娱乐功能之间的联姻使功能复合体的造血机制大大加强，而专业功能系列化和互补功能捆绑式组合对提高空间效益也大有裨益，研究表明多种功能的并置混杂是商业空间的魅力之源。因此，无论从建筑的运营角度还是城市积极生活空间的塑造角度，都需要多种功能的复合渗透，达到优势互补、多元共生的生态学良性循环。

以体育建筑为例，其一般与会展（哈尔滨国际会展中心）、休闲娱乐、购物（如斯坦伯尔斯体育中心）、餐饮（如大阪穹顶）、旅馆、俱乐部（杭州黄龙体育中心）、健康医疗咨询（横滨体育场、伦敦新温布利体育场）等性质相似的类型复合，形成互为吸引人流的服务性组合。体育与商业的整合降低了竞技功能的主导地位，却使其在更广泛的层面上接近社会生活，使其重新焕发了生命力。

作为一种特殊的社会媒介，融入商业、广告传媒、健身、休闲等内容而形成的产业化体育逐渐对社会、经济等多方面产生影响。体育场馆作为体育运动的重要载体，也形成了以体育健身运动为核心，文化、娱乐、社交、购物等活动做补充的多元化的内涵。阿姆斯特丹体育场是欧洲第一个活动屋盖体育场，引进“商贸体育场”的新概念，是目前世界上空间利用最成功的体育场之一（图 6-30）。

图 6-30

首先，主体空间立足体育本体优势，增加相关活动的使用率，特色经营，更好地与体育空间的性格协调，为作为开发空间的互动空间找到了合理而独到的切入点，其商业、餐饮、展览、俱乐部等辅助功能有明显的体育特色，从而产生了竞争力。并且与最大的演出娱乐公司密切结合，最大限度地利用体育场的资源，获取了大量经济效益。

其次，辅助互动的酒店、办公、娱乐等功能通过周边的“竞技场大道”上的专门设施来满足，既减少了多余的投资和管理负担，又带动了周边的经济。同时该场实现了功能系列化，可提供中等规模的“场内多功能剧场”。根据最佳的演出规模、视觉效果产生了 14 000 人仿真剧场空间，提供了 1 500 m^2 的舞台面积和 25 m 的舞台净高，适合任何的表演和活动，突破了传统剧场的限制。排球、滑冰等原来认为在体育场中不适合的项目在此成为可能，歌剧、舞剧、冰上表演等演出同样胜任，这是一般大规模体育场无法企及的。同时它也是出色的商务活动平台：50～14 000 人的商务会议、产品展示会等，并配备了 50 m^2 的巨型显示屏。

另外设置了 66 个包厢、8 个休息厅、9 个股东休息厅及含有 114 个座位的特权休息厅，与 8 个国际知名公司的合作，使体育场得到了有力的财政支持。由此可见，主体空间的多功能灵活整合与辅助空间的多元复合是实现建筑整体功能效益最大化行之有效的措施。

（二）活动建筑界面

对于功能周时性变化的建筑而言，通过活动界面的调节可以提供不同品质、规模的空间以适应不同时间的空间需求，其中包括活动屋盖、活动墙体和活动设施。

1. 活动屋盖

建筑的技术难点在于大跨度屋盖结构。以体育建筑为例，全天候使用的内在诉求使体育场馆逐渐室内化，而由于一时未能攻克超大跨度结构及其配套的技术经济性难题使得体育场未能实现完全室内化，其运行也一度承受着集会活动的预期定时与天气状况的变化莫测之间的固有矛盾。

当高科技的迅猛发展使结构技术不再是体育建筑跨度和规模发展的瓶颈之时，从机动灵活地应变气候出发，集场馆功能一体化的活动屋盖体育场的出场便成为必然。尽管美国 HOK 事务所认为，一个可开闭棒球场的造价等于造一个室外场再造一个室内馆的总和，但其强大的广告效应、功能优势和综合效益使得经济问题在体育场馆一体化面前显得如此无力。

体育馆则受规模所限，容纳的活动内容相对较少，当经济的发展对其提出拓展增容的需求时，体育馆与时俱进的升级在所难免，这从乔治亚穹顶、大阪穹顶、名古屋穹顶、札幌穹顶等室内棒球场、足球场的相继出现可见一斑。并且，体育馆的封闭界面在对不利环境防护的同时也屏蔽了自然的有益因素，而在可持续发展的语境下，体育馆空间环境的复归自然也是大势所趋，天然采光和自然通风已经得风气之先，与自然更开放的连通是体育馆发展的必然。内在召唤和外部氛围的合力促使“一种空间、两种效果”的体育场馆的一体化提上了议事日程。荷兰阿姆斯特丹体育场，日本小松穹顶、大分穹顶，英国加的夫千禧体育场，美国亚利桑那红衣主教体育场，上海旗森网球中心等一批活动屋盖体育场馆都纷纷随时而动，不同程度地体现出这一动态。在休闲娱乐设施方面，室内外的空间体验可谓大异其趣，其复归自然的张力更加强烈。日本宫崎海洋穹顶作为全天候型水上乐园，其开合屋盖功不可没：一般夏季晴天屋顶开启，游乐大厅与室外融为一体，使人身处室内却复归自然；天气不良时则屋顶闭合回归室内本位，而透明的活动 PTFE 膜屋顶使满室生辉，以及模仿自然的造浪、沙滩、绿树等场景又使人恍若置身室外一般。

2. 活动墙体

活动墙体为建筑的扩席增容提供了有利条件。体育建筑面临着赛时与赛后不同规模的空间需要，而且二者之间的矛盾较为尖锐，单纯为比赛需求设计的空间规模对其赛后的消化吸收无疑是一种负担，而只考虑平时利用的体育空间对于大型赛事则无法胜任。在比赛空间不变的前提下，折中的办法便是通过活动墙体扩大座席空间以满足赛时的需求。慕尼黑奥林匹克游泳馆的张拉式屋面结构免去了侧墙的支撑任务，使其成为活动墙体。

看台处理成单侧固定，奥运会时则打开其对面的侧墙以布置 10 000 个室外临时座席，会后则将其拆除，竖起大片玻璃幕墙维护，为平时以群众娱乐为主的游泳馆营造出轻松活跃的氛围。

悉尼国际水上运动中心为满足奥运会游泳跳水赛事的要求，设计中采用一个拱形的钢桁架以使柱子能方便自行移动，使建筑物长度加大，来满足比赛期间增容的需要，在比赛期间观众席位可从平常的 4 400 座提高到 17 500 座。由此可见活动墙体是有效地改变体育建筑空间规模的得力措施，以适应平赛不同状态的功能需要。

3. 活动设施

如果说活动建筑界面只是提供了空间规模、品质改变的框架和基础的话，那么活动设施的存在则更完备地保证了得以举行各种活动的空间品质。

活动设施包括活动顶棚、活动隔断、活动座席、活动地面等。

（1）活动顶棚。随机变化的功能需求使动态适应性成为建筑生态化设计的主旨，而当不同需求之间发生矛盾时，就必须通过活动设施调节空间状态的隶属度，使其游走于性质各异的功能之间。运动空间与文化演出空间的差别可谓云泥之别：前者要求空间要大，而且最好有明亮的自然采光，但音响方面要求不高；而后者则相反，舞台演出时需要完全转暗，混响时间和声音的清晰度是首要问题。对于音质要求较高的空间，活动顶棚能有效地改变空间体积从而改变声场的混响时间。大阪穹顶（图 6-31）由于对音响不利的空间形状，配置了升降式顶棚系统以在短时间内将场地变为适宜体育、音乐会、展示会等多样活动所需要的最佳空间。

图 6-31

该系统由 7 个 9 m 宽的环状单元构成，以 2 m/min 的速度升降，顶环全部下降时，穹顶净高为最低 36 m，适用于音乐演奏会，顶环不遮挡时，穹顶净高为最低 72 m，适用于棒球比赛等。

透光、遮阳两种模式也为功能空间提供了选择余地，从而达到不同活动所需要的空间形态、音响特性及采光状态适宜化。室内体积也有 120 万 m^3，所见为 95 万 m^3，随之而来的是混响时间由 5.1 s 变为 4.9 s，可见活动顶棚不失为一条高标准满足不同功能需求的可行之选。

（2）活动隔断。侧界面围合对空间规模、性质、氛围的影响颇大，直接决定了空间的不同形态、质感、音质、私密性等性能。因此主体空间的多功能规划在建筑设计之初就应当详尽考虑，通过活动隔断把空间同时划分成若干个小空间，达到既能各自独立使用，又能随时合并为一体，在一元与多元之间即时转换，机动适应不同功能需要，大幅度提高空间利用率。

而且，场地的预埋件、隔断的形式、规模由建筑师整合设计，有利于高品质空间氛围的塑造。这种方式对于体育建筑平时的多功能利用可谓适需对路。大阪穹顶装备了活动隔断幕墙及其配套吊杆要求的网格桁架等，与升降式顶棚系统共同为体育、大型音乐会、展览会等活动项目提供最灵活而专业的空间计划，可组装成多个动态的“剧场式”空间以应不时之需。

熊谷穹顶将体育馆与多功能运动场紧临配置，相邻处设置大型活动空间隔断(60 m×10 m)，使二者空间可分可合，灵活机动，可见活动隔断对建筑的多功能利用行之有效。

(3)活动座席。座席是观演性建筑的必要设施。对于体育建筑而言，座席在相当程度上发挥了空间界面功能，塑造出比赛空间的围合氛围，其数量直接决定了该建筑的规模。但固定看台占据了有限空间资源的相当部分，平时得不到充分利用，而收放自如的活动座席的出现解放了这部分空间，使其有可能灵活地改为他用，最大限度地发挥空间效益。而且，由于活动座席简便易行，技术经济性相对适宜，使其成为生态化体育建筑中不可或缺的标志性装备。

长野奥林匹克纪念体育馆空间宏大，为了高质高效地满足其他功用，活动座席的引入功不可没。在进行冰球比赛时，利用可动座席在速滑馆的一端围成临时的比赛馆，把剩余空间作为训练热身之用，主次分明、空间贯通。大阪穹顶的旋转式可动座席可灵活改变场地形状在各种功能之间适应，活动座席为其空间形态、氛围、规模的转换提供了必要的设备保证。而小型体育馆则可将固定座席完全置换为活动座席以恢复空间的彻底自由，笔者参与的白城师范学院体育馆工程在这方面做了可贵的尝试，其效果得到业主和社会的广泛认可。

由此可见，活动座席是改变空间状态以多功能利用的切实可行的得力措施。

(4)活动地面。如果说活动顶棚、活动隔断、活动座席是灵活空间高端需求的话，那么活动地面则是其容纳专业功能的必要条件。底界面的品质状态直接决定了本体活动的功能度，由于各种活动所需场地不尽相同，地面系统也需在不同状态之间进行相变以满足工艺要求，活动地面也就自然成为必备之选。活动地面又分为活动草坪、活动地板、活动池底等。为了从棒球到演出的即时转换，提高演出(比赛)场的使用周转率，大阪穹顶设置了大型人工草坪卷取装置(图 6-32)，在棒球场边沟中设有卷轴，同时利用气垫原理减少卷取时草皮与场地的摩擦，将地面上的送风口开启并送入空气，使人工草坪全部从地面浮起后再进行卷取，十分方便。当铺设人工草坪时，先用埋设在本垒侧的卷扬机将钢索拉直，然后再利用卷扬机把草坪从边沟内拉出。札幌穹顶的“整体式移动草坪”则别出心裁，把 120 m×86 m 中 8 000 t 的天然草坪利用气垫技术，使其浮起 2 cm 左右，整体在室内外之间平移。

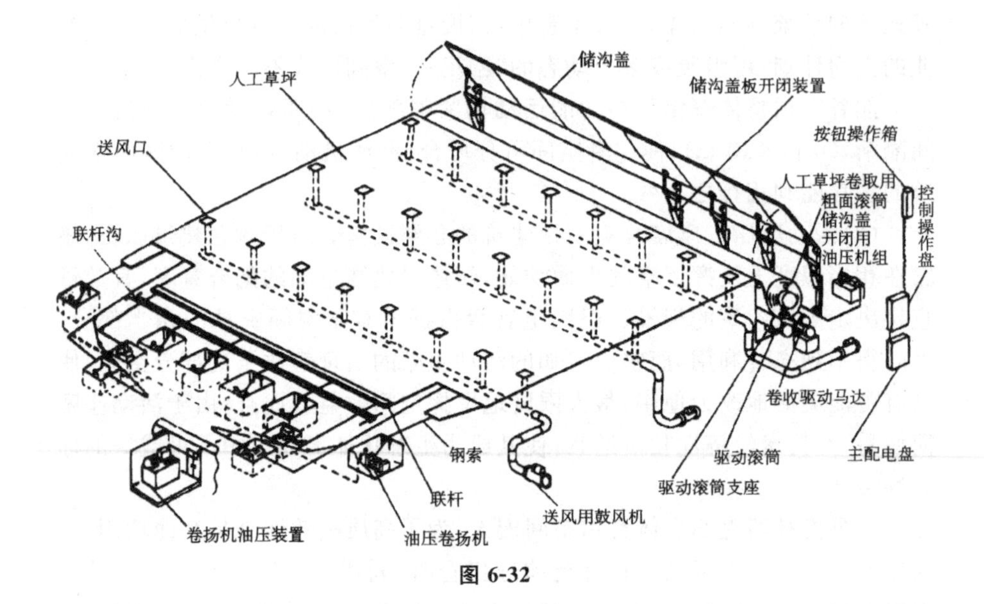

图 6-32

在没有足球比赛时，天然草皮在室外平台生长，同时进行训练和非正式球赛使用，室内则利用人工草坪进行棒球比赛；足球赛时则将其卷起来收于场地下方，再将天然草皮整体平移到室内场地上来，并将其旋转 90°，同时调整活动看台的布局，实现棒球场到足球场的转换。

活动木地板则对于陆上项目的适应行之有效，提供了不同活动项目之间的自由转换平台，它可以解决篮排球、体操、冰球以及展览对地面面层的不同需要。例如，黑龙江速滑馆和慕尼黑冰球馆利用活动木地板创造了灵活变换的场地。巴黎贝西体育馆可满足包括 200 m 赛跑在内的 24 种体育项目的比赛需要，并可作为各种不同形式的演出场所，其中活动木地板的作用居功至伟。

活动池底则可通过上下浮动调节池深，照顾平时儿童和游泳初学者的需要，设置可提高到与池岸平齐而实现水、陆、冰项目的兼顾，如代代木游泳馆和熊本综合室内游泳馆在冬季就利用活动池底技术改造成滑冰场。可见活动地面对于各种活动的灵活适应是必不可少的基础。

随着技术的进步，各种活动设施技术的系统集成是大势所趋。琦玉竞技场开创了整体移动建筑空间的先河，其最大特征就是把观众席、大厅、洗手间、小卖部、机械室等组成一体，构成重达 1.5 t 的钢结构建筑体，依靠滑轮装置改变空间大小。

举办大型比赛时，移至竞技场一侧，形成可容纳 36 500 人的比赛空间。而平时移动体则处于建筑中央，将比赛厅分为两部分：一部分 23 000 人的体育馆可供中小型比赛和市民健身适用；一部分弧形的多功能前厅供社区活动使用，为我们提供了可资借鉴的设计思路。亚利桑那红衣主教体育场同时拥有了伸缩屋顶和活动球场，成为建筑史上的里程碑。

伦敦新温布利体育场勾勒出未来体育场的轮廓。600 个电视屏组成的电子显示屏，精确的音响效果，下层看台可灵活机动地转变为竞技场地，以及通过 133 m、高 315 m 跨的拱吊挂的活动屋盖等。以体育场馆为代表的建筑通过活动界面及活动设施等技术再次螺旋式发展到“综合—分化—综合”的逻辑起点。

当然高效适应的建筑功能设计本身是个整体的概念，注重人与自然的有机和谐和共生，所以将生态分解为若干部分不可能达到综合效果。“建设性后现代主义告诉我们：从思维方法上看，我们首要的错误是假设我们能够把某些元素从整体中抽象出来，并可在分离的状态下认识它们的真相。”

因此，只有根据具体工程实际，通过多功能灵活一体化整合，活动界面和活动设施等全方位的综合调度才能使建筑的功能效益实现最大化。通过前面大量的实例分析，这里尝试提出一下建筑生态化设计的模式图解，如图 6-33～图 6-36 所示。

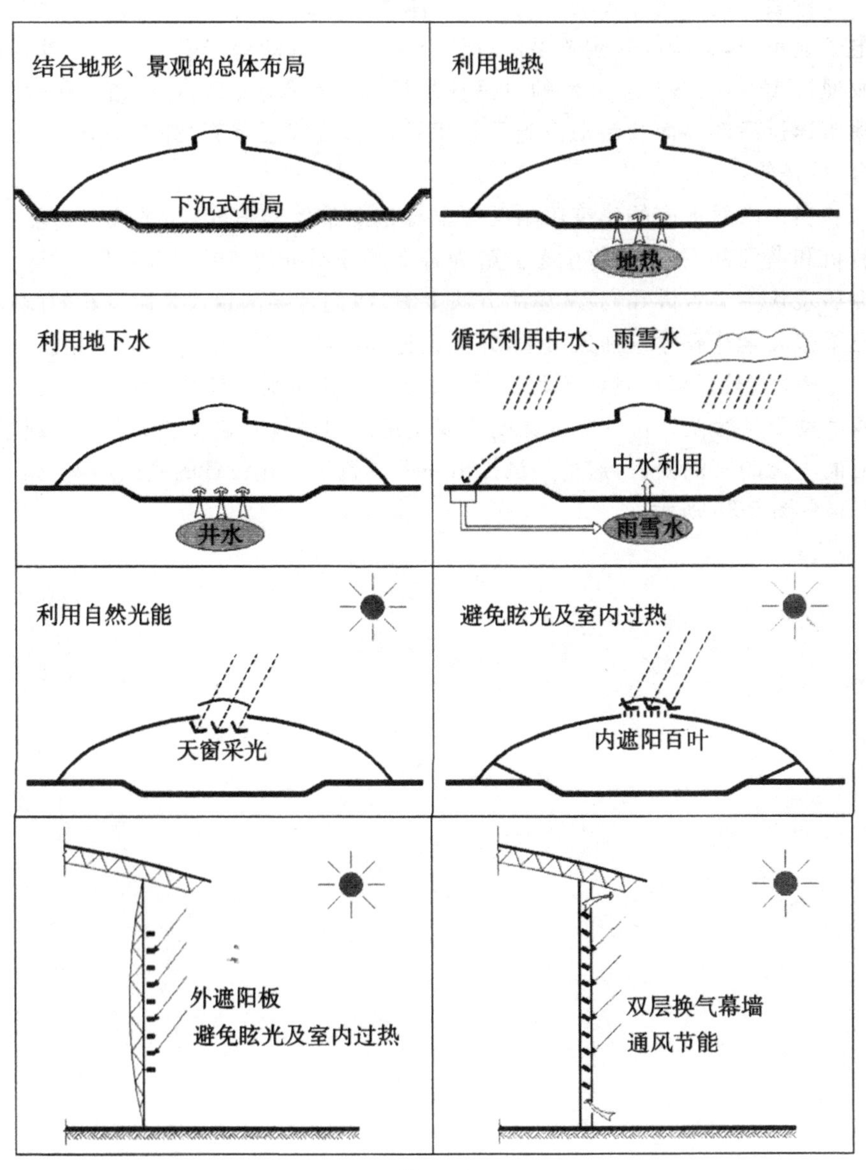
结合地形、景观的总体布局
下沉式布局
利用地热
地热
利用地下水
井水
循环利用中水、雨雪水
中水利用
雨雪水
利用自然光能
天窗采光
避免眩光及室内过热
内遮阳百叶
外遮阳板
避免眩光及室内过热
双层换气幕墙
通风节能

图 6-33

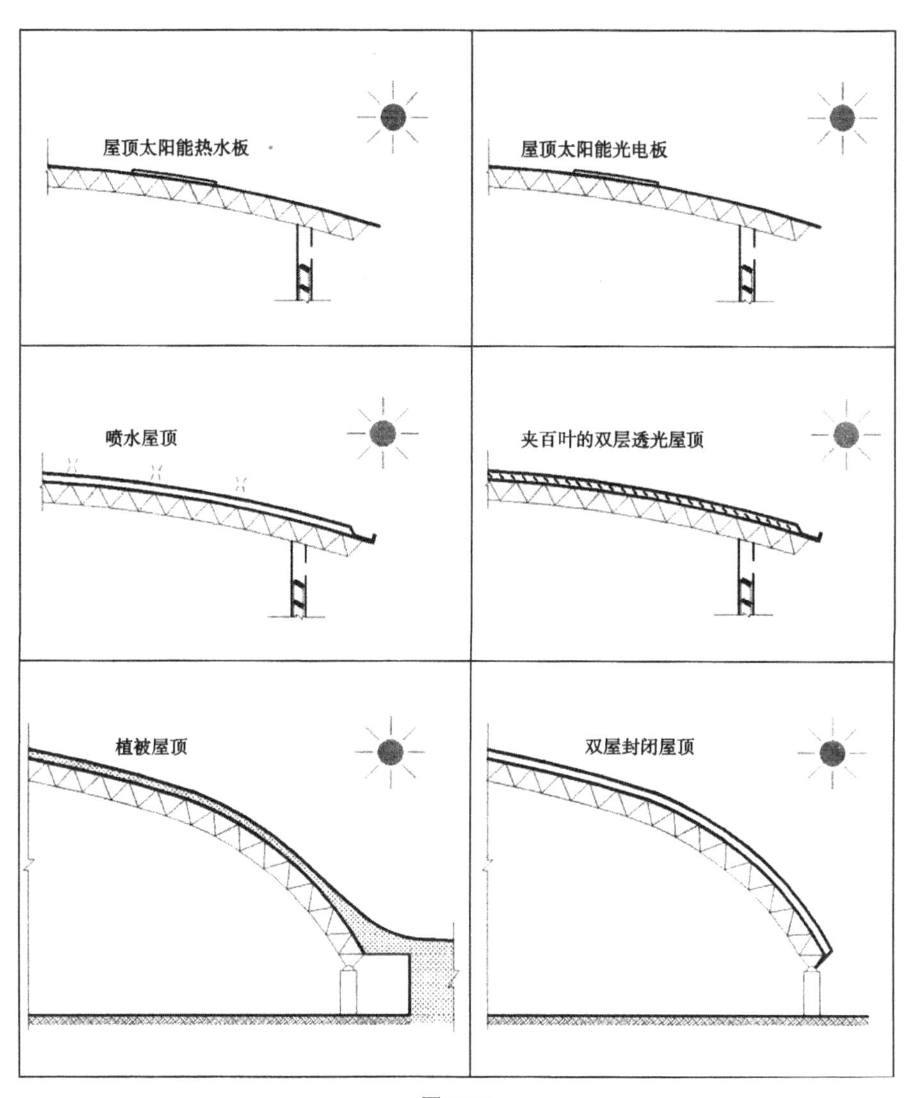

图 6-34

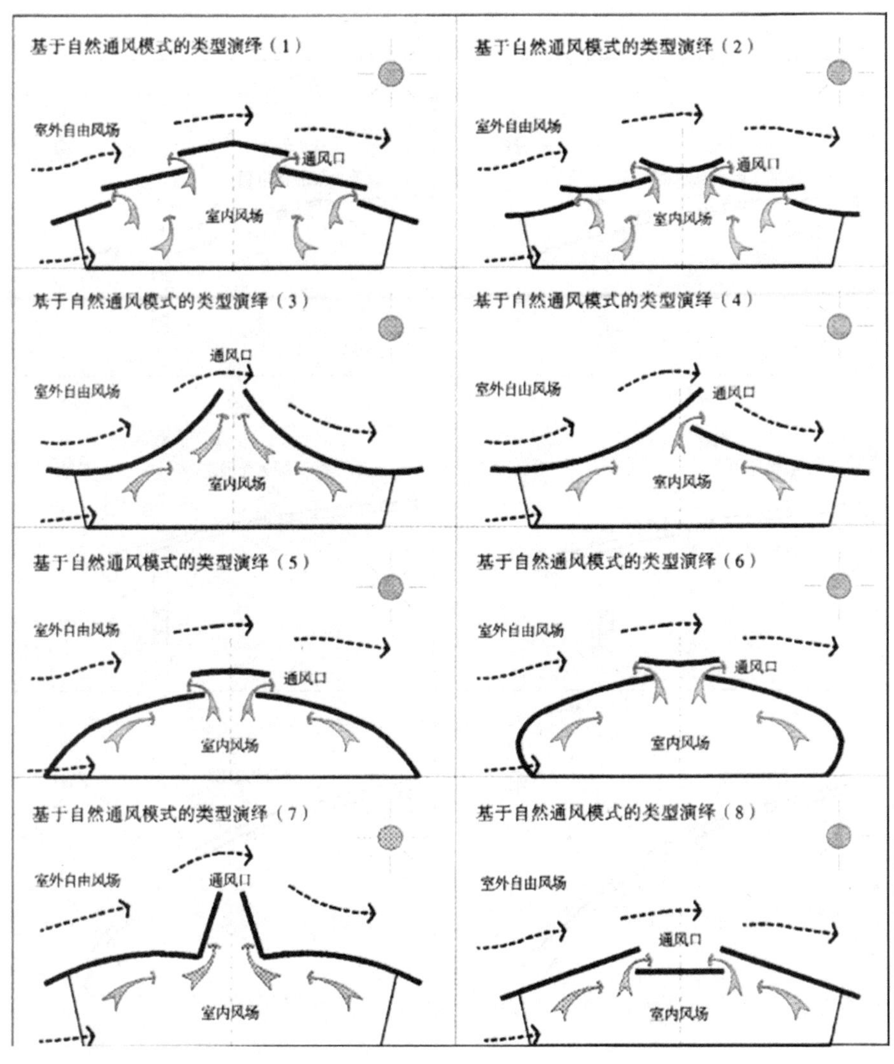
基于自然通风模式的类型演绎（1）
室外自由风场
通风口
室内风场
基于自然通风模式的类型演绎（2）
室外自由风场
通风口
室内风场
基于自然通风模式的类型演绎（3）
通风口
室外自由风场
室内风场
基于自然通风模式的类型演绎（4）
室外自山风场
通风口
室内风场
基于自然通风模式的类型演绎（5）
室外自由风场
通风口
室内风场
基于自然通风模式的类型演绎（6）
室外自由风场
通风口
室内风场
基于自然通风模式的类型演绎（7）
室外自由风场
通风口
室内风场
基于自然通风模式的类型演绎（8）
室外自由风场
通风口
室内风场

图 6-35

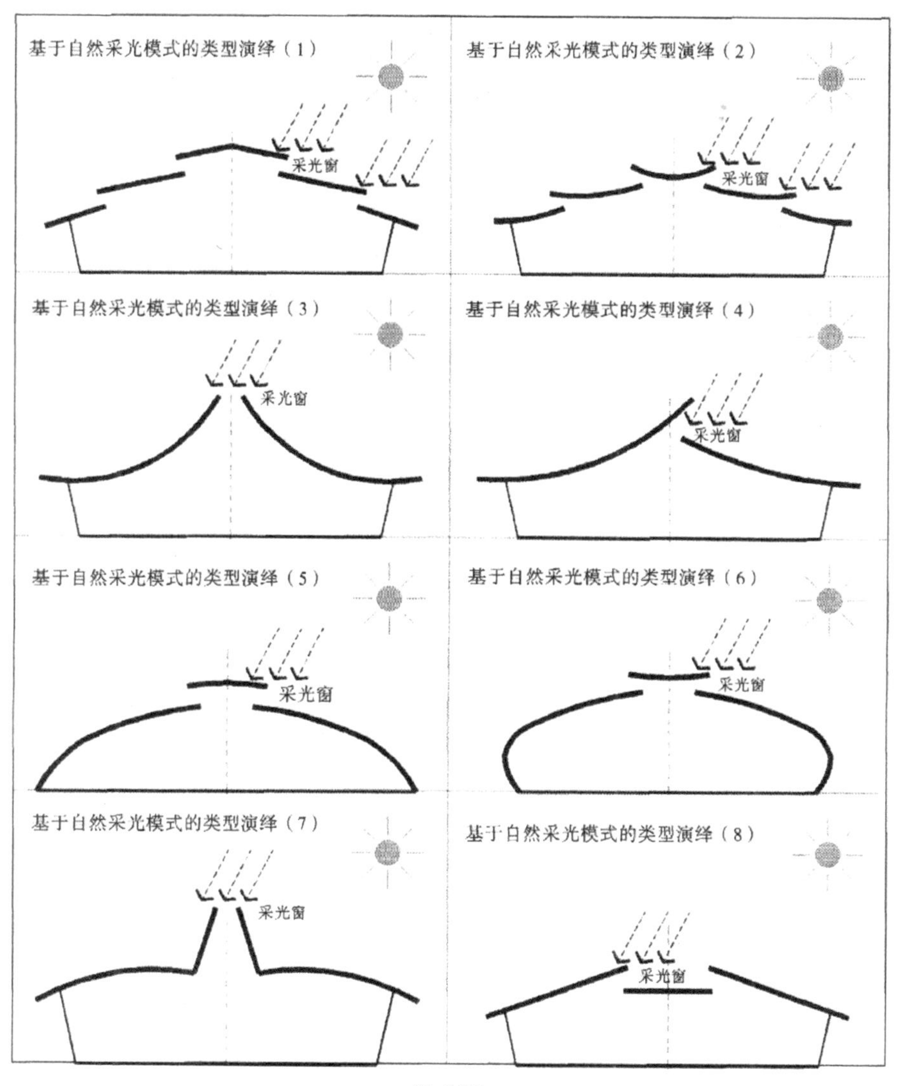
基于自然采光模式的类型演绎（1）
采光窗
基于自然采光模式的类型演绎（2）
采光窗
基于自然采光模式的类型演绎（3）
采光窗
基于自然采光模式的类型演绎（4）
采光窗
基于自然采光模式的类型演绎（5）
采光窗
基于自然采光模式的类型演绎（6）
采光窗
基于自然采光模式的类型演绎（7）
采光窗
基于自然采光模式的类型演绎（8）
采光窗

图 6-36

第七章　生态理念下的建筑设计美学导向

美的内涵最初只有“完整统一”，后来“美”与“崇高”分开，再后来“宏伟”从“崇高”中分出，18世纪后，美又有了悲剧、秀雅、尊贵、冷嘲、热讽、浪漫等范畴。随着时代的变化，美学范畴的概念还在不断扩展。可见美的内涵并非一成不变而是不断拓展的，试图用僵化传统的“美”的标准去评价与时俱进的建筑无异于以管窥豹。本章将从美学角度出发，探讨美学在建筑设计中的作用。

第一节　建筑美学的内涵与外延

一、传统建筑的美学内涵

（一）美学内涵

黑格尔认为，“建筑的美就在于这种符合目的性本身”，即对建筑物的审美就是对其合目的性的一种观照，而建筑形式的和谐配合便使单纯的合目的性上升到美。

传统建筑在特定时空背景下创造出一种本体美，并奠定了建筑美的基础。格雷夫斯明确地把建筑创作当作两种作文体裁的结合，一种相当于所谓的“应用文”惯常体，另一种是蕴含“诗意”的文学体，用类似“应用文”的方法解决建筑创作中物质功能、工程技术问题，又用“诗意文”方法解决建筑创作中意义表达、精神情感和艺术审美方面的问题。二者应有机地统一方能实现建筑自在而自由的表达。

传统建筑是技术理性指导下的产物，其中包括人类征服。自然、自然的定量化、有效性思维、社会组织生活的理性化、人类物质需求的先决性等。由于技术的异化，技术理性恶性膨胀成为“统治着一个特定社会的社会理性”，传统建筑也遗传了技术理性固有的矛盾，因此在形式表达上形成了服务于人而又压抑人性的逻辑悖论。

建筑属实用美学形态，由于物质性逻辑相对较强，其内在精神功能的承载度偏低，但其外在城市空间秩序中举足轻重的节点地位又使建筑承受了不可承受之重，这种内在焦虑正是其双重分裂气质的症结所在。

（二）建筑纪念话语

由于美学的过分负荷，即直接的或间接的功利影响，建筑美学长期以来致力于对宏伟体系、总体性解释、权威话语的追求，成了内容压倒形式的“象征型”建筑典型。

传统建筑牺牲了自身功能、形式的丰富性，通过一种单一纯净的空间、功能获得了视觉显著性，因其与大众日常生活的超然距离使其成为禁欲主义的化身，成为与变动不居的社会生活脱节的纪念碑。建筑集中式的超尺度空间使其具有先天的内容表达优势，用气势恢宏来形容也不为过，一度成为崇高感和纪念性的代名词，由此而致的空间环境序列、构件艺术处理相对那种言不由衷的形式主义建筑而言应算得上是一种进步。

但一则纪念性表达在不断拓展其内涵、外延，二则传统建筑内在生命力在社会变迁背景下的萎缩也是不争的事实，因此这种以不变应万变的经典纪念性模式也注定了传统建筑的悲剧宿命。

（三）逻辑自治

自治论和他治论是美学中的两个极端。自治论以形式主义艺术为典型表现，他治论以模仿说和因果表现论为典型表现。他治论认为艺术由其题材（一是外部世界上的各种事物，一是人的内在感情状态）决定；自治论认为艺术与题材毫无关系，完全由艺术自身的形式结构所决定。

Walter Beniamin 提出美的艺术和“后审美艺术”的概念，认为美的艺术指本身具有审美属性的艺术，而后审美艺术本身则不具有这种直接的审美属性，其审美属性是后人加上去的，是间接而来的，建筑艺术属于典型的后审美艺术。建筑物以双重方式被接受：通过使用和对它的感知。建筑物本身最初不是为审美目的而被制造出来的，其审美属性是后来派生的。

由于更强的功能技术要求，建筑“后审美艺术”的特质毋庸置疑，因此功能技术逻辑成为其艺术表现的主要源泉，而主观先验的概念风格在建筑中鲜有市场。

功能技术作为其设计的序参量，对最终建筑形象具有决定性的意义，因此建筑基本上是逻辑自治的结果。从古罗马万神庙到伦敦水晶宫，从耶鲁大学冰球馆到罗马小体育宫，经典的建筑无不遵循空间的建构逻辑生成，从而构成了本体美。建筑创作可比喻成“带着镣铐跳舞”，忘记镣铐的存在，难免就会绊跟头。

不过在环境处理方面，传统建筑逻辑自治的特点也表现出其消极的一面。另外，建筑又难免被打上时代风格的印记，从巴黎机械馆到纽约航站楼，从布雷斯劳世纪大厅到布鲁塞尔博览会美国馆，某种外力强加的不和谐因素打破了应有的平衡，虽然也实现了功能承载，但其作茧自缚似的形式与内容之间的矛盾未免遗憾。

正如克劳德·佩罗所认为的那样，材质、工艺等实在美是最基本的，而形式、风格等任意美只取决于人们的习惯，建筑只有跳出形式风格的局限，通过建筑本体的表达，才能达到形式与内容的统一。

（四）雄壮豪放

正如“羊大为美”的起源说所揭示的那样，尽管“大”与后来出现的“壮美”不能简单等同，但“壮美”无疑渊源于“大”。建筑无疑是“壮美”的最佳注脚。

尽管功能结构相对单一，但由于技术尤其是结构、材料技术的瓶颈，传统建筑还是不能自由地空间表达，无论从整体体形还是构件节点，都体现出实体化的结构理性，健硕有余而精巧不足，是为雄壮。而对能源消耗的无所顾忌则使其在结构有效覆盖范围内空间规模可得以夸张，可谓豪放，“豪则我有可盖乎世，放则物无可羁”。

可见，相对粗放的功能技术建构了传统建筑雄壮豪放的艺术风格。不过也正因如此注重自身的张扬，导致了其设计逡巡于既定套路之中，而且忽视了环境负荷与氛围和人们的心理感受，成为其发展的软肋。

由此可见，传统建筑是人类中心主义的产物，其美学着眼点只放在纪念话语、本体功能、传统技术的演绎上，而对更大范围内与社会、环境的整体关系却缺乏应有的观照，况且其技术也只是粗放的机械技术。

因此，传统建筑在建构相对粗陋而蹩脚的局部本体美的同时，仍未能摆脱线性思维、狭隘视阈和模式化处理的羁绊而获得整体超越。

二、建筑生态化的美学拓展与超越

正如儒家美学思想经历了要求致用、目观、比德、畅神的不断发展与逐渐丰富的过程，从致用为美到目观为美再到比德为美，表现出一种有所超越的关系，其比德为美的观点赋予美以社会伦理的意识，而没有停留于满足物质需求与感官快适。

传统建筑的美止步于致用和目观，而且在致用和目观层次上远未达到完美，在比德层次上也只是通过一味夸张体量建立简单脆弱的空间秩序而缺乏更大的作为。在传统建筑身陷囹圄难以为继之时，其围墙也悄然松动，作为建设性力量的建筑生态化设计拓展了前者的生存空间，使原先困扰其发展的矛盾迎刃而解，不失为一种适应时势的可行之道。

（一）功能结构优化适应

《论语》中讲“里仁为美”，可见其对内容的重视。曾几何时，简单一直被认为是世界的本质，然而随着复杂性范式的出现，人们认识到复杂性是事物的根本属性，它是普遍存在的，任何复杂性现象都不只是简单现象的叠加，复杂现象具有简单成分所没有的性质，并且简单只是研究复杂行为的起点而非终点。当然复杂性方法更多情况下只是对经典还原论的补充和修正，是建立在还原论基础上的更全面、更系统的研究方法，它并不能完全取代还原论。即使这样，复杂性范式还是为困扰于还原论旋涡中的建筑师提供了新的思路，促使其从单纯建筑系统的各要素中抽身而出，开始关注更为本质的要素间关系以及系统演化的过程。

生态学认为，生态系统中营养关系越复杂其系统结构越稳定。建筑设计是一个适应的过程，在建筑中不存在一成不变的功能和自始至终的美，更大的灵活性不可避免地使建筑远离既定的完美形式。

建筑生态化设计打破了原先封闭单一而静态的功能结构，为自身注入了生命力，使其更加适应复杂社会生活的变化。随着市民社会的到来，体育社会化、产业化使体育功能融入了日常生活轨道，成为生活中不可或缺的调味剂，竞技、健身、休闲娱乐、购物、社交等功能的多元一体化使一度“只可远观而不可亵玩”的体育建筑拉近了与大众的距离。

体育建筑功能系列化、商业化、娱乐化大大增强了自身的造血机制和功能效益，使其在市场经济大潮中稳坐钓鱼台，对自身、城市空间、社会都有益无害，多元互补的功能结构可谓一举多得。同样，交通建筑、展览建筑也不同程度地引入异质功能，进而带动了整体的有机应变。由此可见，建筑生态化设计以优化功能结构为引擎，引发了由内而外的多米诺骨牌效应，从而脱去了被动脆弱的存在模式。

（二）环境文脉有机契合

在自身功能“善”的基础上，生态化建筑突破狭隘的自说自话模式，引入环境文脉的有机契合机制，使其更加真实自在。传统建筑美显露出来的往往是一种“独自”——建筑以“绝对之我”的身份发言，认为自己可以完全从逻辑上把握自己，制约对象。

由于对功能技术逻辑的过分自我陶醉导致传统建筑大多以其特立独行的性格、君临天下的气势主宰城市空间，有一种“舍我其谁”的霸气。它以否认美学思考的有限性为前提，强调的是自身美学模式的可通用性，美学理论的“放之四海而皆准”，以及自身的显赫地位。

这种策略固然有其特定的依据，但并非万全之策处处皆宜，而灵活变通、因地制宜才是设计的灵魂。随着人们对环境认识的深入和强化，环境在建筑中扮演着越发重要的角色，并且率真地表现在外在形象上。生态化建筑更多地体现出一种“对话”。所谓对话，就是建筑以“相对之我”的身份发言，强调的是美学范式的不可通用性以及自我的非中心化。在处理历史地段或特定地形环境中建筑师需要转攻为守、以退为进的智慧。生态学上并非一味地讲究竞争，同时也讲协同，二者相互依存，互为条件，缺一不可。二者之间的张力正是环境秩序之源。

这种辩证的整体综合观念为建筑创作提供了另辟蹊径的指导思想。纯粹自治的建筑难免显得拘谨内向，有一种“独善其身”的出世之感，而适度吸纳环境营养则会使其在微妙复杂的城市环境中游刃有余、收放有度，从而在更高的层次上主导城市空间，并实现在更深意义上的自治。

（三）空间话语真实返魅

建筑形式是混沌的建筑创作系统（包括形式、功能、结构、观念等）的奇怪吸引子，能否取得与潜意识的共鸣是其成败的关键。

在模式化的还原论思想指导下，传统建筑尽显祛魅之态，而在复杂性范式的时空背景下，建筑的返魅大势所趋。基于功能结构上体育与商业、娱乐的联姻使体育建筑日益摆脱了素面朝天的老面孔，昔日不食人间烟火的纪念性日趋淡出，相反却表现出越来越强烈的生活性和世俗性，由原来的正襟危坐的拘谨凝重逐渐蜕变为自在洒脱的轻松休闲氛围，由四平八稳、静态呆板的“锅炉房建筑学”的形象到生动有机、风度翩翩而别开生面的异质塑造，由面无表情的贫乏意味到丰富微妙的内涵彰显，由中规中矩的“无我之境”走向张弛有度、诗意表现的“有我之境”。

生态化建筑更多采用木材、石材、竹等天然材料并真实地表现出来，这在工业社会被认为是落后的代名词，但在生态学大行其道的今天却是生态美学魅力的自在生发，有一种返璞归真的品位。而由生态逻辑优先原则确定的建筑空间形象打破了传统建筑结构理性的霸权，获得了更高层次和更全面意义上的真实。

与注重实体“壮美”的传统砖石建筑不同，基于材料、结构技术的进步，生态化建筑通过环境的地缘性、能量的节省性、物料的集约性等建构的轻灵精巧的结构构件与曲线轮廓，强调了刚柔并济的“秀美”，这与信息社会否定崇拜和压迫的社会思想如出一辙，并由此得以在后工业时代中广为盛行。

（四）生态秩序伦理观照

在生态化建筑表象的背后，无不基于对环境生态伦理的深层思考。轻灵构件渗透着材尽其用的优化思想，有机体形无疑包含着节材节能及环境负荷最小化的初衷，多元功能结构和个性形象塑造则有助于提高空间有序度和实现功能效益最大化。

“伦理”的含义是一种约束更是一种方法，其目的是使“美”来得更自然、得体。真正的建筑应是这样一种既能随心所欲又不失大方得体且与人互动的空间体，因此生态化建筑的美与传统的建筑美最大的区别就在于其对整体性自然环境的充分观照。

整体性关注焦点不是传统意义上的功能和形式，而是作为建筑深层结构的其在特定环境当中的适当地位。通过这种追求，建造不是强加于自然，而是融合于其中；取代“空间序列”的将是“生态序”；取代“有意味的形式”应该是“共生形态”；取代“永恒”的将是“超越”。

只有跳出线性思维，进入整体维度的思考，生态化建筑的美才能实现更富有创造性、更自由、更开放和更具有自组织性的整体性表达。因此建筑生态化设计将其视为一个人工生态系统，一个自组织、自调节的开放系统，是一个有人参与、受人控制的主动系统，侧重于建筑系统的功能运动机理和能量传递及其环境负荷，而且折射出深刻的环境伦理学观念，其目标是多元多维的“万类霜天竞自由”，达到“万物并育而不相害，道并行而不相悖”的境界。这就使其摆脱了把功能与形式或空间与视觉的美作为创作的终极参量的二维模式，建筑与自然环境的可持续发展关系被纳入审美思维的范畴中，不亚于一场建筑界的革新，大大推动了其发展进程。

（五）生态美的升华

生态化建筑具有传统建筑所不具备的复杂性，因此对其理解就必然与后者有所不同——它负载了更深远的含义。

同样是要解决空间问题，生态化建筑的空间必须比传统建筑空间更舒适；同样是要表现特定的地域文化，生态化建筑要表现的，不仅包括某一地域的自然的建筑材料，还要充分利用当地的气候条件，表现当地的文脉；同样是利用高技术，生态化建筑首先要考虑高技术对环境生态的影响，而且更多的是把高技术用来解决低能耗和污染，控制建筑的反生态性，同时它只能采用合乎生态原则或有利于生态平衡的造型。同样一句“少就是多”，密斯注重的是视觉效果，而奥托关注的则是资源的优化。

对其独特的建筑形式，奥托自己解释道：我不是从形式出发，而是从高效的生物适应性得到启发。同样的变化形式，福斯特与盖里都采用曲面并都利用 catia 等航空汽车工业的计算机软件来辅助设计，着眼点却大不相同：前者的曲面导致建筑形式更节能及适应结构逻辑，后者仅仅是用先进技术来实现传统思想范畴中的艺术创新。

因此生态化建筑的美可称为生态美，它能够充分体现关乎生态秩序与建筑空间的多维关系，是自然美、艺术美与技术美的高度结合与统一，从而拓宽了建筑美的内涵。其美学模式是在不断的修正自我、超越自我的进化过程中逐渐体现出来的。

任何一种艺术形式其实都有自己的生命历程，正如法国艺术史家热尔曼·巴赞提出的“四阶段”说：艺术风格的演变首先是古风阶段，此时内容压倒形式，这是实验期；随后进入古典阶段，与所表现的内容达到平衡与和谐，这是成熟期；再往后是学院的和风格主义的阶段，形式逐渐脱离更新的生活内容，可以称之为贫血期；最末演变为巴洛克阶段，可称之为奔突期，旧形式的生命力已经枯竭，一些艺术家力图冲破旧形式的桎梏，创造新形式以取而代之。

艺术审美在一种艺术积淀（内容积淀为形式，即由再现和表现到装饰）和突破积淀（由装饰风、形式美再回到再现或表现）的“二律背反”的运动中发展。生态化建筑虽不以风格形式为目的，但最终总会有意无意地表现出一定的形式。其生态美脱胎于生机勃勃的自然母体，通过柔化的结构体形和精致的细部节点表现一种生态逻辑，因此是一种超越时空的理性美。

如果说建筑的发展经历了古典皮、现代骨折中主义庄重朴雅的实验期，现代结构造型主义粗野雄浑的成熟期，以及后现代主义多元互补的贫血期，那么在当今技术发展的大背景下，生态美孕育了一种新型美学机制：单纯注重结构理性的传统设计理念向时代最强音的生态理性跃迁，直到生态理性成为支配建筑设计的出发点和优先原则，从而由内而外、自上而下地呈现出建筑自在逻辑美。

综上所述，生态化建筑美的内涵在原先基础上融入了环境伦理与生态人文关怀，从而实现了拓展与超越，对建筑的发展和环境生态的改善都可谓善莫大焉。

三、建筑进步的评价标准

现代科学认为发展是系统减熵的过程。系统在变化过程中，总熵减少，系统就会向有序化的方向变化和发展，并保持发展的潜力。总熵增加了，系统就会退化。任何一个事物的发展，一定要有可持续的发展能力，健康的、正常的发展应是总熵减少的可持续发展。可见建筑进化的目的是提高人的活动的自由和资源利用的功效，进而使建筑环境系统与其子系统更为有序。因此，能否使建筑得以可持续发展便成为进步建筑的重要评价尺度。

（一）技术理性与价值理性的平衡

技术理性与价值理性代表了两种不同的理性概念，保持二者之间必要的张力关系也是事物有序化发展的动力。技术理性是外在技术层面征服自然而实现的人的自由的理性向度，它关心的是手段的有效性与合理性，也称工具理性或实践理性。

价值理性是内在精神层面的维系人的生命存在的目的与根据的理性向度，是一种涉及人的终极关怀的理性，也称目的理性与纯粹理性。技术理性是技术内在价值取向的文化化身，有着特定的旨趣和意义，价值理性总是与生活在特定的区域自然环境里、具有特定历史传统和文化背景的人的价值理想和彼岸追求联系在一起。真正完备的理性应当是技术理性与价值理性的内在统一与和谐。

现代主义建筑技术理性急剧膨胀，而价值理性受到遮蔽，二者的深刻分裂和严重对立造成了其内在的焦虑。对此我们必须建立多重批判体系，为技术理性安装上价值理性坐标，从而取二者的辩证平衡。在朝向人与自然和谐共生可持续发展的轨道上，技术理性至上必须让位于价值理性对技术理性虚无主义发展的介入与范导。

在从掩蔽所向舒适建筑、健康建筑、生态建筑演变的过程中，可以清楚地看出对价值理性的关怀不断提升。传统建筑以技术理性为基点，空间塑造堕入了程序化的结构围合—隔离自然—设备解决的封闭循环，失去了应有的开放性，扼杀了建筑的存在意义，其环境死气沉沉，同时对生态系统的负荷与日俱增，从而对人的生存根本造成威胁，其有序化贡献更无从谈起。

价值理性的缺失抽空了传统建筑的合理内核。作为价值理性的重要维度，生态理性与建筑的结合无疑给后者注入了一股起死回生的力量，使其自身环境、大环境系统各得其所，对其可持续发展极具建设性。与此同时，生态理性引导了自在设计潮流，顺理成章地演绎出建筑形式，从而从根本上形成了对人的关怀。

（二）伦理化的美学——生态美学的建立

传统建筑呈现出趋同化和奇观化倾向，前者使其堕入了忽视环境负荷的技术产品的层次，后者则是形式主义的产物。但建筑绝非以视觉和功能享乐为目标的既有形式和手法的拼贴、组合，而应是对时代可取的生活方式的全方位诠释。因此，辩证地理顺建筑与环境、功能与形式之间的关系是建筑设计的当务之急，“少一些美学，多一些伦理”是其客观需要，走向伦理化的生态美学担当了建筑文化救赎和重建秩序的角色。

维纳从美学同生态科学结合的角度提出了审美必须与反对熵增加联系起来的思想，“任何一个学派都不能垄断美。美就像秩序一样，会在这世界上的许多地方出现，但它只是局部和暂时的战斗，用以反对熵增加的尼加拉（按：尼加拉此处喻指稳定有序之美）。”

审美和享乐要付出代价，一切美的创造和享乐活动都必须参照熵定律。大自然的经验告诉我们，美存在于以最小的资源代价获得最大限度的丰富性，这也是可持续时代具有重大意义的目标。把节省资源和减少污染作为大空间公共建筑设计中一项重要指标和规定对其可持续发展可谓关键，同时也渗透着一种环境伦理美。

追求物欲的现代人已把生活中一切美好的东西都变成了赤裸裸的功利计算，为了醉生梦死的奢侈生活变本加厉地掠夺自然，瓦解整个生命维持系统。人不是存在者的中心，不是存在者的主人，人是存在者的看护者。人类必须打破人类中心主义，应向生态中心主义过渡将其作为安身立命的基本原则。对我们来说，活生生的生态美不光是一种静观默想的体验功课，更应遵循生态规律和美的创造法则，深切领悟天人合一之道，发挥人的参赞化育作用，恢复和改善生态环境，努力创造人与自然和睦相处的生态美的世界。

传统建筑把人作为考虑问题的出发点，一味地满足人的欲望，违背生态规律，破坏生态平衡，最终是对人本体存在的一种否定。与人文主义不同，生态理性观察、考虑问题的出发点不再是自然界中狭隘的人类子系统，而是整个生态系统，这样使生态美学有了更为坚实的基础。当然绝对意义上的生态化建筑并不存在，我们赞同超越人类中心论，并不意味着否定人类的利益，超越之意为走出原来系统的边界而进入更大的系统中去，使人类利益在自然系统中与环境利益通过相互依存关系协调为一个有机整体。人类利益受到其他部分利益和整体系统利益的约束，同时它也不会否定人的能动性的发挥。

美的实质与根源是“真与善、合规律性与合目的性的统一”。自然界本身的规律为“真”，人类实践主体的根本规律为“善”，当人的主观目的合乎客观规律而达到预期的实践效果时，主体“善”的目的性与客观事物“真”的规律将会融合达到美的效果。

由于技巧的熟练，庖丁透彻地把握了客体的规律性，才能从“所见无非全牛者”到“目无全牛”，因牛之“固然”而动刀。不会因碰上坚硬的牛骨使刀受损，也只有这样，才能做到牛体之解“如土委地”而“刀刃如新”，这也即“技进乎道”。而这个“技进乎道”不正是把孔子“游于艺”提升到“依乎天理”的形而上学的高度吗？任何技巧包括建筑设计，达到这种合目的性与规律性的熟练统一，便是美的创造。

源于生态关怀的设计初衷并非出于审美的考究，但建筑形态中呈现的表里如一的环境关怀和诚实健康的本体建构却因融“真”“善”于一体而成为当前审美体验的热点。生态美来自内而不是外——通过探寻建筑与自然系统之间美学联系的深层结构，再利用这种美学去赋予事物以形式，这是其“真”。而生态美的体验内在于建筑生态系统之中，是人通过与生态过程亲密地融合而体验到的，它不能与培育它的母体严格区分开来，这是其“善”。生态美学以“适应”代替或者说拓展了传统美的概念，强调形式是自然的物体和生物长期适应大自然的结果。“具有自由的完善的表现将立即转化为美”，适应这一概念正好切中美的内涵。

生态化超越了原先风格嬗变的既定思维，而从更高的层面引进了更具存在性的源泉，其科学性与“知其然，而不知其所以然”的设计模式彻底划清了界限。盐湖城奥林匹克速滑馆屋顶采用净跨 90 m 的悬索吊挂系统，比传统构架轻 1 200 t，并安装了白色 PVC 膜屋面材料用来反射热。由于空间高度比普通的顶部低 6 m，使该馆体积减小，效能提高，可以更好地控制场地的温度和湿度。同时该馆只使用了同等规模场馆的一半钢材，通过加强房间窗户的隔热性而起到节能效果，适应了速滑馆的运营需求。

悬臂屋顶悬挂系统和现代外表使建筑外表十分壮观，而造价仅为 3 000 万美元，可谓惠而不费。该馆是美国绿色建筑委员会评定的 19 座按照 LEED 标准设计的建筑之一，并成为建筑生态美学的最佳注脚。李泽厚将美感分为悦耳悦目、悦心悦意、悦志悦神三个层次，悦耳悦目一般是在生理基础上但又超出生理的一种社会性愉悦，它主要是培养人的感性能力。悦心悦意则一般是在认识的基础上培养人的审美观念和人生态度。悦志悦神则是在道德的基础上达到一种超道德的境界。传统美学一般止步于悦耳悦目，部分能达到悦心悦意，建筑的生态美学则触及悦志悦神层次，开辟了建筑美学新天地。

从某种意义上说，改善还是破坏了生活质量和环境是我们评价建筑物是否有价值及价值大小的根本标准。生态美学对美学学科的发展来说最重要的突破在于其产生标志着从人类中心过渡到了生态中心、从工具理性世界观过渡到生态世界观，在方法上则是从主客二分过渡到了有机整体。这可以说是具有划时代意义的，意味着一个旧的美学时代的结束和一个新的美学时代的开始。

第二节　建筑生态美学的形态表现

一、建筑的美学表象

虽然美是合规律性与和合目的性的统一，但真和善都只是美的必要条件，而非充分条件。建筑毕竟不是各式标准零件的杂烩，尽管我们大力提倡建筑设计的生态性，但塑造美观与舒适同样是对建筑师的基本要求。无视审美和功能的建筑无论多么环保，充其量只能算“生态工程”。

生态理性要以一种有机生命观看待建筑，并且在设计中将这种生命观自然而然地表达出来。建筑中的生态因素和元素完全可以也应该成为建筑美学效果的有机组成部分，优秀的生态建筑应该具有诗意的品质而不是材料和技术的堆砌。

生态化设计的建筑从外在表现看，符合现代艺术追求的标准——事物直接呈现自身来获得一种特殊的美感，形式在它的“消失”的边缘又建立起来。

二、优美和谐的景观环境

优美和谐的景观环境是生态化建筑的招牌，以区别于传统生硬做作的纪念性景观。

作为环境主体，生态化建筑应在总图和形体设计上力求与基地环境空间秩序相吻合，与场址的地形地貌、文化氛围等呼应，恰如其分地配置在基地环境中，并以自律的态度调整建筑形态，消减庞大体量对环境的压力。在此基础上，精心调配组织绿化、水面、小品等景观要素，提高环境的绿化率，以营造有机生动的景观。

慕尼黑奥林匹克体育公园场址为第二次世界大战时飞机场废墟，根据凹凸不平的地形特点，在瓦砾堆上把从地下铁和人工湖工程中挖出的土方堆成小山，在 85 万 m^2 的土地上铺了草皮，种了 18 万棵灌木和 3 000 棵树木，形成自然优雅的公园环境，将各体育设施灵活依托地形，部分座席利用坡地以减小外露体量，建筑与山丘、路堤、湖面、庭院、林荫路相协调，并使建筑尽量接近人的尺度，结果在这座拥有 8 万席体育场、9 000 席游泳馆的大型体育中心成功地抛弃了直角的统治,采用了连绵起伏的透明帐篷式屋顶,索网结构和玻璃钢创造性的结合,避免了大而压抑的感觉,令人感到十分亲切,营造了一处充满诗意的有机景观(图 7-1)。

图 7-1

整个奥运会场馆区域,塑造的地形,宛然一个天然起伏式公园,场馆观众席及联廊的屋盖均覆以高低起伏的帐篷式屋盖,犹如群鸟展翅。在建筑师冈特·本尼施、弗莱·奥托和景观设计师冈策·格雷茨麦克的设计下,预制混凝土结构和索网结构作为人工地景公园被建造,成为生态化建筑的经典之作。

随着对景观环境的重视程度的提高,其摆脱了原先的附属被动地位和千篇一律的简单机械模式,实现了建筑与环境的有机一体化,越发成为生态化建筑不可或缺的因素。鉴于京都是日本极具代表性的传统都市,西京极综合运动公园游泳馆除了通过下沉式布局和覆土屋面减小体量的负效应外,在色彩选择上尽可能与当地的历史景观、公园的绿色景观相协调,烘托出难能可贵的文化氛围。

当然以上都是在建筑"隐"的策略下的表现,在其"显"状态时同样需要环境景观的塑造。慕尼黑安联体育场(2005 年)运用智能电子技术变换膜表皮颜色和图案塑造不同的主场景观,实现其可识别性和归属感。

同时,在单一表皮的包裹下,传统体育场形象似乎被消解,变身为信息传达的媒介和社会意义的载体,与高速公路交叉口的环境背景相得益彰。起伏的停车库在视觉上与球场基座连为一体,可上人屋面覆盖绿化,使巨大体量的车库融入周围环境之中,并成为观众入场仪式的一部分。蜿蜒交织的步行道呈网络状覆盖在车库上,向球场方向绵延开去,形成有趣的地景肌理(图 7-2)。

可见在不减小环境压力的情况下,建筑仍可调度环境元素成就富有张力的景观。与此同时,优美和谐的景观环境也成为生态化建筑的标志性特征。

图 7-2

三、有机轻灵的建构优化

对建筑结构的着重体现和对建造逻辑的清晰表达是建构学毫无二致的审美原则。结构理性在建筑中举足轻重,成为其赖以存在的基础,占据了一票否决的中心话语权。

伴随着建筑学从风格和历史主义的解放,结构被提升到艺术工作的地位,代替已经从建筑中消除的装饰手段,结构几何学被赋予了美学品质。与此同时,材料的天性质感和力学逻辑也获得了真实表现。

诚如鲍姆·嘉道所言:“美就是表现于理性认识中时被称为真理的那种属性在感性认识中的表现。”相对于传统空间,生态化建筑中建构力量的释放可谓淋漓尽致,而且摆脱了传统厚重敦实的“壮美”模式,在结构优化的基础上大胆倾向于轻盈灵透的“秀美”特色。

在当代建筑材料工业已抽完了传统材料建构的“本体”内涵时,建筑师对传统材料现象学特征的美学留恋实际上会阻碍建筑师对当代建构的表现力的积极探索。对于建筑师来说,建构就是根据材料的特性和本质来使用材料,用最简单又最强烈的方式表现满足既定目的的意愿,这也意味着需要赋予建筑结构以一定的表现内容。

当然也需根据每种建筑的特殊要求以及建造者所处环境的文化而变

化。材料、结构技术的进步赋予了建筑更丰富而深入的表现手段，PVC、PTFE、ETFE、阳光板等材料解放了原先封闭压抑的屋面和沉重僵化的结构，点式玻璃则使侧界面更为纯粹通透，精确计算的索穹顶、攀达穹顶、轴力穹顶等结构效率空前提高，变截面的组合梁柱更具真实合理性。被这些轻型技术武装的生态化建筑形象也更为自然生动，令人耳目一新。

作为典型的生态化建筑，熊谷穹顶同时容纳了一个多功能运动场和一个体育馆，但体量感并不厚重，这其中有机的建构功不可没：钢束柱将穹顶尺度化大为小，而且深远屋檐下通透的玻璃侧界面将空间“非物质化”消解了体量，运动场膜屋面解放了屋顶结构，真实反映出内部结构逻辑和功能需要，并为外界面平添了丰富的肌理（图 7-3）。

图 7-3

如果说熊谷穹顶骨架式膜结构的表现力尚有所保留的话，那么丹佛机场航站楼的索膜结构屋面无异于一幕自在生动的建构表演，其张拉式膜结构获得了结构与建筑浑然一体的效果，并与印第安人的帐篷有异曲同工之妙，如此大规模的建筑在生态理性指导下创造了富于张力的轻盈形象。由此可见，有机轻灵的建构逻辑是生态化建筑不可或缺的表象。

四、自律宜人的空间品质

对于生态化建筑而言，自律宜人的空间品质可谓其终极目标，也是生态理性的最佳注脚。建筑终究是人类活动的容器和特定气候的调节器，如果其不能建立自然与人类之间有机联系的中介结构，将与传统建筑毫无二致，后者就是因其空间未能充分满足人类健康需求和有效疏导环境负荷而难以为继的。

健康是人的发育和环境相互作用过程中周期性的或短暂的体验的一种基本良好状态，在生理、心理层面都有体现，生态化建筑与这一内在需求一拍即合，而且出于对环境和能源的关怀，自然化的室内空间使其获得了前所未有的外在合理性。当然这种空间品质并非视觉中心论的产物，而必须身临其境才能全方位体验其中的奥妙，恢复了建筑原本存在而被异化剥离的感知维度，而这种多层面的体验也正是其生态美的基本特征。

建筑技术的进步为建筑提供了强有力的支持，当代建筑师所面临的挑战，是把这些起点固化为连贯理性的优雅建筑，并把对“新时尚”的判断建立在健康的环境因素上。生态化建筑通过自然采光与遮阳、自然通风、生物气候功能体系的开放性融入，使作为内在价值的空间品质外显化，从而成为典型的表现要素。PTFE 膜材的活动屋盖为小松穹顶开放自律的空间品质加分不少，解决了其全天候使用的难题（图 7-4）。同时比赛场地基本上不设空调，经对夏季自然通风（室外最高温度约 30℃）的模拟计算，确认可以满足环境要求，即使雨天屋顶关闭，通过部分天窗（可遥控）在风力和热压作用下也能确保室内环境。膜屋顶透光性较好，使满室生辉同时没有眩光的伴生现象，创造出轻快而令人兴奋的空间。活动屋盖在适宜气候打开时，置身室内更与自然环境融为一体，实现了生理、心理层面健康自然的环境需要。这与传统建筑那种全封闭、依靠空调和照明等匿名服务维持的空间品质具有本质区别，无论从经济性还是健康舒适性上其高下都一目了然。由此而言，自律宜人的空间品质是生态化建筑区别于传统建筑的根本特征。

图 7-4

五、精致高效的建筑构件

黑格尔曾经提出：“目的通过手段与客观性结合，只有经过手段的中项，才有目的的实现。正是在这个意义上，手段比目的更高，手段是一个比外在目的性的有限目的更高的东西——犁是比犁所造成的、作为目的的、直接的享受更尊贵些。工具保留下来，而直接的享受则会消逝并忘却。”

对于建筑而言，健康适宜的环境是通过界面和设备构件的维护实现的，其精致高效与否直接关乎环境品质，其中对空气、阳光等生态因子控制的设备整合颇为关键，同时也成为建筑表现力的重要源泉。

早在 20 世纪中期，建筑对精致高效的探索就已起步。1967 年蒙特利尔世界博览会美国馆和德国馆是其典型。前者根据“自然界存在着能以最小结构提供最大向量系统”的形态学理论，以最短小的标准构件组装成八面体单元的“octahedron”来组成直径 76 m、高 61 m 的张力短线穹隆的外围护结构，实现了“压杆的孤岛存在于拉杆的海洋中”的理想（图 7-5）。

图 7-5

由 1 900 多块透明丙烯酸玻璃构成的围护使馆内有充足的自然采光。为控制室内的光线量和抑制眩光，外层玻璃做成铜绿色，而且整个球体色泽上深下淡呈退晕状。为控制温室效应，顶板开有孔洞并且安装了特殊的卷帘式遮阳装置，由 4 700 块三角形的镀铝帘幕组成，每三个六角形“晶格”为一组，每组 18 块帘幕，用穿孔带按程控马达卷收帘幕。后者源于自然的创作灵感则开创了索网建筑的先河，体现了“最少”的原始建筑学“能将结构和装饰结合起来”和“轻、节能、灵活、适应性强”的特征。

建筑的“设备化”和设备的“建筑化”策略对积极表现建筑的生态性能极具建设性。前者把建筑物视为一个巨大而精密的设备系统，这样建筑设计时便可有意识地演绎生态原理，通过建筑的手法来协助实现设备的功能，以免环境和能耗先天不足。

汉诺威世博会 26 号馆基于空气动力学原理利用空间上、下部的开口引导自然通风降温，将机械通风减到最小，并且在顶部精心打造标志性的通风帽，成为建筑形象的亮点（图 7-6）。高知游泳馆侧界面为避免眩光而采用的木质活动遮阳百叶为其生态美的表达增色不少（图 7-7）。“遮阳设计不仅仅是对舒适度的控制，它已经成为而且能够成为一种美学设计载体，为了获得建筑的整体感，这些因素必须与基本的建筑意义结合起来，并且成为建筑形式优美的一个传达者。遮阳设施可以成为创造建筑形体的调节者。遮阳设施是建筑形式的一种表达性媒介。”遮阳美学可谓生态化建筑生态美的特色，也大有可为。

图 7-6

图 7-7

设备的“建筑化”是把设备与建筑整合设计，使设备不再是建筑艺术处理的负担，而成为有机的装饰。大阪机场航站楼流线型屋面是顶层大厅的空调气流轨迹的直观映象，如此形成特有的“开口风道”，而不必使用空调管道，实现了建筑设备与空间的有机一体化(图 7-8)。汉诺威世博会 26 号馆为最大限度减小通风管道对空间采光的影响，将其设计成透明结构，精致的通风口也被整合为空间的装饰，颇具表现力。由此看来，精致高效的建筑构件是生态化建筑必不可少的积极表征。

图 7-8

其实我们目前所接受的形式美规律何尝不是经过人类的实践而获得的“自然的人化”的成果呢？那些原来所谓“有意味的形式”天长日久，看得多了，普遍化了，就逐渐变为一般的形式美、装饰美，对它的特定的审美情感也就逐渐变为一般的形式感了。

当生态建筑的形式因其合目的性而逐渐积淀为“有意味的形式”，就会为大家所接受并被抽象剥离而广为传扬践行，最终由于深入人心而成为一种集体无意识，从而完成它入主时代典型理念的循环全过程。

一种新的形式语言被用作一种“通货”使用，是一切艺术创造物的最终命运。曾经前卫的建筑形式语言，其复杂的情感力量在他们不断普遍化的过程中，转变成了“美”或一种风格，成为一种新的范式，积淀在定型的建筑语言某一层面上，这种被提起来的建筑形象如果与其他形象相适应，结合而形成新的张力，还可能得出一些新的结果，否则它就会完全丧失其表现力。

生态建筑语言的创造正是在这种意义上获得了它的合理性并进入了人们的接受视野，为塑造全新地域风格奠定了基础。

历史本体论从社会实践角度强调形式感由于人的造型力量随时代——科技发展日益强大，而在不断翻新和变异，新的形式感有时与旧的形式感及既有的审美理念相对立、相冲突，但由于经验的成功，生活的享用而被人们接受和习惯，开始是惊世骇俗，不能忍受，而后则习以为常，喜闻乐见。

从美学上说，这是从内容向形式的积淀，从哲学上说，它是“度”的本体性又一次新的开拓。当生态建筑的形式语言如外遮阳板、通风天窗等因其合目的性、合规律性而逐渐积淀为“有意味的形式”,也就获得了合法性并进入人们的接受视野,最终演变为一种集体无意识,从而占据话语权力的中心。在建筑整体形式生成的过程中,那只“看不见的手”从幕后逐渐走向前台,使得简单线性的功能——技术二元决定论还原为非线性的多元生成论,由此生态设计才显得更为有机合理。

生态建筑当然不会颠覆既成的构图法则和形式规律,而只能是改良和发展,当然这种渐变会随技术的发展持续下去,以至于从量变到质变,由客串到主角,最终实现“演、导、拍”的一体化。通过这种“无我”而自治地呈现建筑自身来获得一种特殊的美感正是生态设计所要阐述的美学诉求。

综上所述,生态化设计的建筑不是一种“主义”,更不是一种“风格”,而是一种原则,没有一种单一的风格可以包含所有的生态原则,因而生态建筑在形式上没有定式。它作为一种未来的取向,其美学是在不断的修正自我、超越自我的进化过程当中逐渐体现出来的。

当前建筑生态化设计的探索也并非取代原有的形式,而是通过理念与技术的配合,充实、完善原有的形式,拓展传统建筑语言的范围,将原先消极隐没在传统空间中的要素挖掘出来并付诸逻辑的表达,实现技术到艺术的升华,成为彰显其生态美学魅力的典型表象。

第三节　建筑生态美学的深层逻辑

一、建筑的美学深层逻辑

生态化设计的建筑虽然呈现出前所未有的丰富表象,但其根本要义却并非形式,而是与所在环境的物质能量关系的和谐。生态美学尊重自然的内在价值,庄子有言:“天地有大美而不言,四时有明法而不议,万物有成理而不说。圣人者,原天地之美而达万物之理,是故至人无为,大圣不作,观于天地之谓也。”这也是生态化设计的建筑所体现出的生态美学的真实写照。

二、生态理性的有机彰显

传统建筑美学是人类中心主义的衍生物,是以满足人的感官享受,一切为了人类的美学。由于其营造所造成的资源、环境、健康问题对于未来的发展影响是致命性的，以资本利益驱动的部分开发正在盗用发展的名义，以其最快的速度摧毁着环境、社会文化、经济和道德体系的协调状态，所以罗杰斯用“新启蒙运动”来形容生态理念对营造领域的影响绝不为过。

生态化设计的建筑美学在与人类中心主义保持适当距离的同时弘扬了生态中心主义，将生态美纳入其建筑美学的范畴，又为生态美输入了积极而具体的功能营养，实现了二者互动整合的有机一体化，从而超越了传统建筑美学。自然是人类最好的老师，其美在于以最小的代价获得最大程度的丰富多样性的内在机制，因此以“少费多用”为旨归的生态化建筑开创了建筑美学的新篇章。

生态化设计的建筑对美的感知建立在生态影响等大是大非问题之上，因为所欣赏的不止其外形，而是透过其“形”，欣赏其“德”——使其形者，这也就是“道”，欣赏所得也并不是耳目心意的愉悦感受，而是“与道冥同”的超越的形上品格，从而在生态伦理基础上达到“万物与我为一”的永恒境界，即达到悦神悦志的层次。

通过对传统美学的语言中心主义、视觉中心主义、主题中心主义的消解，生态化设计的建筑美学否定了人类中心主义。

首先，它认为在建筑中存在比语言及建筑本身的表意策略更为深层次的东西，将语言强加于建筑身上也未免过于武断。生态化设计的建筑的意义不仅在于它自身，而且蕴含于观者、使用者与建筑接触时的体悟，因此生态化设计的建筑给人的不再是某种预设的意义，而是一种心灵的解放。

其次，生态化设计的建筑美学对视觉中心主义的消解与其说是表现主义的，不如说是未来主义的；它所追求的不是主观意态，而是在更大范围内的视觉解放；它要达到的不是基于现代性上的美学量变，而是基于生态哲学上的美学质变。因此生态化设计的建筑可能给人们带来一种强烈的审美愉悦和视觉冲击，也可能采取一种极其平淡的造型，但它肯定会在建筑中体现一种生态智慧，使人的身体和精神获得一种超越感官享受的审美体验。

最后，对主题中心主义消解的目的是卸载强加在大空间建筑上的意义，从而使其能自在地对更为深刻的意义进行追问。生态化设计的建筑美学内涵通过全方位的真实体验而非虚设的概念译码来传达，作为一种体验美学，它将视角直接针对于人类心灵的本性和主观的解放。在这种意义上，生态化设计的建筑成为人类解放的一种积极力量，对人类生活和环境伦理给予深入的关怀，并试图建构一种人境交融、与物同化的豁达且意味深远的建筑美。

狄德罗提出“美在关系”说，认为美要靠对象和情境的关系，情境改变，对象的意义就随之改变，而美的有无和多寡深浅也就相应地改变。“关系”

要在“情境”中才能显出，以至于他越到后来越拿“情境”的概念代替“关系”的概念。该观点是基于传统美学背景下的产物，但其合理内核对于生态化设计的建筑美学而言却依然颇具建设性，并在当代生态美学语境中获得了新生，当然基于环境伦理和人文关怀的生态化设计的建筑美学的“关系”内涵也大大超越了狄氏学说所指的范围，生态圈内的所有关系都包罗其中。

林林总总的关系构成的网络系统成为塑造生态化设计的建筑的拓扑原型，顺其自然地保持各种关系之间的张力而非斩断环境伦理正是生态化建筑美学的内在价值所在。真是美的基础，没有真便没有美；善是美的前提，不善则不美；真、善是美的条件，美蕴含着真和善。真只有以善为中介时才能具有美的意味，同样善也只有以真为中介才转化为美。正因为这些真实关系对建筑从内到外的彻底重塑，伦理关怀的善实现了美的升华。

生态化设计的建筑美学就是能够充分体现关乎生态秩序与建筑空间的多维关系的一种新的、综合的功能主义美学。没有一种建筑会比生态建筑更细致、更深入、更全面地协调人与建筑、人与自然、人与生态以及人和建筑与未来的关系。也没有一种建筑会为了人类的舒适而推及自然及生物的舒适，更没有一种建筑会为了人类空间的美而顾及非人类生态环境的美。

凡是那些来自眼睛所能直接看到的东西的快速解答——这一度被建筑师称作“文脉”——都只涉及我们所面临的问题的表层，建筑师的义务是把建筑放在一个不断发展的、由所有人造物与自然物所构成的系统中考虑问题，进而将进步的技术起点固化为连贯理性的优雅建筑，并把对“新时尚”的判断建立在健康的环境因素上，从而超越狭隘的人类中心主义，在生态圈这个更大的坐标系中还原建筑的本来面目。

生态化设计的建筑美学打破了旧有审美思维囿于人类中心主义而只重物质属性和感官感受的僵化模式，将深层的生态理性和环境人文关怀提到应有的重视高度并实现由真、善到美的升华。

三、生态美学的本体内涵

由于与生俱来的未完成性和非特定化，使得人后天的一切实践和努力都是苦苦去追求着完善和完美，审美活动站在现实与理想的交叉点上。典型论美学和实践论美学大体都属于传统认识论美学的范围，以主体与客体、理性与感性的对立统一为其内涵，以反映并认识现实为其旨归。其致命弱点是从主客二分思维模式出发，以抽象的美的本质的追寻为其目的，同时追求一种从概念到概念的逻辑推演，完全忽视了美学作为人学、反映人性的基本追求的根本特点。因此对认识论美学的突破成为当前我国美学界十分重要而紧迫的课题，而生态美学的产生对于徘徊彷徨中的美学而言，无异于导入了一种新序，成为美学发展的新动力。而对于生态学来说，生态美学的产生则为其增添了新的视角和具有宝贵价值的理论资源，使其更具人文精神。

生态美学是在后现代语境下，以崭新的生态世界观为指导，以探索人与自然的审美关系为出发点，涉及人与社会、人与宇宙以及人与自身等多重审美关系，最后落脚到改善人类当下非美的存在状态，建立起一种符合生态规律的审美的存在状态。生态美学的产生使存在论美学获得了丰富的营养，发展成影响巨大的生态存在论美学观，同时又极大地拓展了存在论美学。

生态美学的"存在"内涵不再局限于人，而是扩大到"人—自然—社会"这样一个系统整体之中；同时将人与自然放在平等和谐共生的"间性"关系之中，从而改变了"存在"内部"人化自然"的关系；而坚持可持续发展则拓宽了观照"存在"的视角，承认自然界统统具有自身的"内在价值"，包括自身内在的"审美价值"，进一步完善与丰富了它的审美价值内涵；将生态学的一系列原则借鉴吸收于生态存在论美学观之中，成为其美学理论中的"绿色原则"，极大地丰富了美学理论的内容。

根据生态学的场本体论，主体在与生态景观发生审美的关系时，很难像对其他审美客体那样，把生态环境也当成与自身分离开来的对象，难以同环境保持一种非利害关系的距离，体现了审美境界的主客同一和物我交融。这也是对传统认识论美学的重大拓展。如果说生命是本体论意义上的"存在"，那么这种生命关联和生命共感便是生态美的本体特征，它反映出整个地球生态系统是一个活生生的有机整体。

对生态美的深刻感知不能停留在感性直观形式方面，而要深入到包含着生态规律和道德规范的内容中去，将真善美有机地统一起来。生态美的审美体验充满着智力结构中多种知识的综合作用。

如果不明白热力学第二定律的基本含义，不知道生命起源、生态系统的形成和演化的起码知识，就不能领会到生物圈在漫长的进化过程中的创造之美，也不能深刻感受到生态系统中生命的多样性及其和谐共存之美。同样，如果不超越人类中心论的传统伦理观，把所有生命物种的共同利益当作人类道德的基础，就不能懂得自然生态系统的内在价值，也无法体验到生态美博大而渊深的含义。

抽象的生态美学往往失之针对性而流于泛泛的空谈，因此必须结合具体类型深化以保证其建设性，生态化建筑美学积极的内容使其与虚无主义的传统美学划清了界限：它所展现出来的不是出世空心，而是入世决心；不是逍遥顺世，而是逆世进取。

生态是自然生命的表现形态，生态美是一种生命的样态之美。这种感性形象总是以人与自然的关系为核心，离开了这一中心便失去生态美的独特生命力。“美是人与自然环境长期的交往而产生的复杂而丰富的反应”，生态美的形式与所有的进化过程是不可分离的。生态化建筑美学的深层内涵表现为以下三方面。

（1）充满着蓬勃旺盛、永恒不息的生命力。自然界的生态美是以生命过程的持续流动来维持的。良好的生态系统遵循物质循环和能量守恒定律，具有生命维持存在的条件。通过建立高效的组织结构，生态化建筑实现了对物质流、能量流的有机控制疏导，体现出勃勃生机和永续活力这一生态美的核心语义。

（2）有机体相互支持、互惠共生，与环境融为一体的和谐性。大自然生态美的和谐性是通过一定空间中的生态景观来表现的。生态审美并不完全止于对象的形象观照和玩味，而是一种意境的动态审美。作为人工系统与自然的和谐共生，生态化大空间公共建筑的和谐不仅是视觉上的文脉融合，更包括地尽其力、物尽其用、持续发展的深层机制，这种有机的机制使其功能需要与生态系统特性各有所得，相得益彰。

（3）有机体与环境在共同进化过程中的创造性。在生物圈中生命的多样性及其与环境的一体和谐，都是两者长期的共同进化的产物。一个能使人类天性得到充分表现的环境才是进化的环境。生态化建筑美学体现出前所未有的健康和有机特征，达到了真正的人性化创造。

综上所述，生态美学作为对认识论美学的超越开创了美学的新纪元，生态化建筑美学则作为其类型深化，将生命关联和生命共感的本体内涵具体物化，成为其生态美的根源。

参考文献

[1]李计钟.生态景观与建筑艺术[M].北京:团结出版社,2016.

[2]冉茂宇,刘煜.生态建筑[M].武汉:华中科技大学出版社,2014.

[3]朱鹏飞.建筑生态学[M].北京:中国建筑工业出版社,2010.

[4]田慧峰,等.绿色建筑适宜技术指南[M].北京:中国建筑工业出版社,2014.

[5]姚兵,等.建筑节能学研究[M].北京:北京交通大学出版社,2014.

[6]孔戈.建筑能效评估[M].北京:中国建材工业出版社,2013.

[7]刘加平,等.绿色建筑概论[M].北京:中国建筑工业出版社,2010.

[8]庄惟敏,等.环境生态导向的建筑复合表皮设计策略[M].北京:中国建筑工业出版社,2014.

[9]杨柳.建筑节能综合设计[M].北京:中国建材工业出版社,2014.

[10]丛大鸣.节能生态技术在建筑中的应用及案例分析[M].济南:山东大学出版社,2009.

[11]黄煜镔.绿色建筑生态材料[M].北京:化学工业出版社,2011.

[12]褚冬竹.可持续建筑设计生成与评价一体化机制[M].北京:科学出版社,2015.

[13]周建强.可再生能源利用技术[M].北京:中国电力出版社,2015.

[14]林宪德.绿色建筑生态·节能·减废·健康[M].2版.北京:中国建筑工业出版社,2011.

[15]刘先觉,等.生态建筑学[M].北京:中国建筑工业出版社,2009.

[16]李海英,等.生态建筑节能技术及案例分析[M].北京:中国电力出版社,2007.

[17]杨维菊.夏热冬冷地区生态建筑与节能技术[M].北京:中国建筑工业出版社,2007.

[18]刘仲秋,等.绿色生态建筑评估与实例[M].北京:化学工业出版社,2013.

[19]陈剑峰,等.生态建筑材料[M].北京:北京大学出版社,2011.

[20]夏云.生态可持续建筑[M].2版.北京:中国建筑工业出版社,2013.

[21]周浩明,张晓东.生态建筑——面向未来的建筑[M].南京:东南大学出版社,2002.

[22]刘云胜.高技术生态建筑发展历程:从高技派建筑到高技生态建筑的演进[M].北京:中国建筑工业出版社,2008.

[23]吴庆洲.生态的城市与建筑[M].北京:中国建筑工业出版社,2005.

[24]李德英.建筑节能技术[M].北京:机械工业出版社,2006.

[25]史立刚,等.大空间公共建筑生态设计[M].北京:中国建筑工业出版社,2009.

[26]黄丹麾.建筑生态学[M].济南:山东美术出版社,2006.

[27]何强,等.环境学导论[M].北京:清华大学出版社,1994.

[28]夏菁,黄作栋.英国贝丁顿零能耗发展项目[J].世界建筑,2004(8).

[29]徐千里.走向过程的建筑创作与审美[J].时代建筑,1992(3).

[30]徐卫国.非线性建筑设计[J].建筑学报,2005(12).

[31]信息化发展纲要编写组.以信息细化推动建筑业跨越式发展——《2011—2015年建筑业信息化发展纲要》解读[J].建筑,2011(15).

[32]荆其敏.生态建筑学[J].建筑学报,2000(7).

[33]耿晓蕊.试论生态建筑设计的实施[J].建筑科学,2011(S2).

[34]申志强.绿色建筑的技术研究[D].河北工业大学硕士论文,2007.

[35]杨震.建筑创作中的生态构思[D].重庆大学硕士论文,2003.

[36]崔英姿,赵源.持续发展中的生态建筑与绿色建筑[J].山西建筑,2004(8).

[37]张亚民.生态建筑设计的原则及对策研究[J].节能技术.2004(22).

[38]沈丽.生态建筑理念解析[J].国外建材科技,2002(1).

[39]中建建筑承包公司.绿色建筑概论[J].建筑学报,2002(7).

[40]杨柳.建筑气候分析与策略研究[D].西安建筑科技大学博士学位论文,2003.

[41]吴丽莉.绿色施工中的节能措施[J].建筑技术,2009(6).

[42]周文娟,陈家珑,路宏波.我国建筑垃圾资源化现状与对策[J].建筑技术,2009(8).

[43]杨之安.施工用电节能的控制措施[J].建筑安全,2010(2).

[44]徐文瑾.浅析现阶段建筑给排水施工中的节能措施[J].建材发展导向,2011(6).

[45]丁园园，贾宏俊. 浅谈当前我国建筑节能[J]. 山西建筑，2010(35).

[46]李慧，卢才武，李芊. 中国建筑节能政策管理研究[J]. 科技进步与对策，2008(25).

[47]吴建琪，石皓文，倪萍. 生态建筑初探[J]. 陕西建筑，2005(6).

[48]宋海林，胡绍学. 关于生态建筑的几点认识和思考[J]. 建筑学报，1999(3).

[49]林晓兵，冯四清. 略谈生态建筑[J]. 安徽建筑，2006(3).

[50]文剑钢，邱德华，俞长泉. 论当代中国的“生态主义”室内设计[J]. 装饰，2003(7).

[51]蔺学江，毛佳心. 生态建筑研究[J]. 兵团教育学院学报，2002(4).

[52]何庆华，梁智雄. 浅谈我国生态建筑设计的研究现状及对策[J]. 科技经济市场，2006(3).

[53]刘文合，等. 生态建筑的研究现状、问题与对策[J]. 沈阳农业大学学报，2004(Z1).

[54]钱锋. 我国生态建筑实践需解决的问题[J]. 现代城市研究，2003(3).